湖北省社科基金一般项目(后期资助项目)“中国古代艺术之线的审美范畴研究”(2019193)资助成果
教育部人文社会科学研究青年基金项目“宋代绘画的意识形态研究”(19YJC760146)资助成果
华中师范大学中央高校基本科研业务费资助项目(CCNU19TD013)

新出图证(鄂)字 10 号

图书在版编目(CIP)数据

中国古代艺术之线的审美范畴/喻　颖 著.—武汉:华中师范大学出版社,2020.12

(美术文化研究丛书)

ISBN 978-7-5622-9301-9

Ⅰ.① 中…　Ⅱ.① 喻…　Ⅲ.① 审美—美学范畴—研究—中国—古代　Ⅳ.① B83—092

中国版本图书馆 CIP 数据核字(2021)第 016019 号

ZHONGGUO GUDAI YISHU ZHI XIAN DE SHENMEI FANCHOU

中国古代艺术之线的审美范畴

©喻　颖　著

责任编辑:苏　睿　　**装帧设计**:甘　英

责任校对:王　胜　　**封面制作**:胡　灿

编辑室:综合编辑室　　**电话**:027—67867370

出版发行:华中师范大学出版社

社址:湖北省武汉市珞喻路 152 号　　**邮编**:430079

电话:027—67863426 /3280(发行部)　027—67861321(邮购)

传真:027—67863291

网址:http://press.ccnu.edu.cn　　**电子信箱**:press@mail.ccnu.edu.cn

印刷:湖北恒泰印务有限公司　　**督印**:刘 敏

字数:268 千字

开本:710mm×1000mm　1/16　　**印张**:15.75

版次:2021 年 12 月第 1 版　　**印次**:2021 年 12 月第 1 次印刷

定价:68.00 元

欢迎上网查询、购书

总　序

英国艺术评论家拉斯金说过："伟大的民族以三种手稿撰写自己的传记：记载行为之书、记载言论之书和记载艺术之书。欲理解其中一部必以其他两部为基础，但尤以艺术之书最值得信赖。"中华民族是一个拥有数千年历史的伟大民族，其艺术之书丰富而独特。记载艺术之书与记载行为之书和记载言论之书有更加密切的关系，可以说，当下提倡的多学科交叉、跨学科的研究方式与这"三种手稿"之间的天然关系是相吻合的。

华中师范大学美术学院推出的美术文化研究丛书表达了一种具有方向感的学术追求。这种追求属于一个拥有数千年艺术史研究传统的自然延伸。研究者们打破画地为牢的艺术学科分类，采取多学科整合的研究取向，将艺术史、美术文献、美术考古、设计史、民间美术、美术批评、美术管理等相关学科进行有机结合，对美术文化领域相关专题进行专项研究，为其提供互动性的平台和动力。从这个意义上说，这套丛书不仅是提供给那些倾心于艺术史的人们阅读的，同时也是提供给热爱文化史的人们阅览的。该丛书强调学术传统与个人情感的融合。在具体研究中，作者既把个案的、区域的研究置于对整体艺术史的关怀之中，注意从中国历史的实际和中国人的意识出发理解传统艺术史中的中国艺术现象，又关注西方的艺术传统和当下的艺术思潮。在这样一个大的思维框架下，每一个研究领域既注重整合相关资源，又注重整理与之相适应的新方法和视角，对涉及该领域的多个方面进行了更为深入的探索和阐释，借以获得对该领域的全息观照。

这套丛书的作者们都是长期共事的研究群体。在我看来，最值得注意的是他们这种研究方式所产生的文化意义，这种文化意义在很大程度上体现了美术文化的终极价值。在大多数情况下，丛书的作者所从事的是一项与个人情感交融在一起的研究，学术传统与个人情感的交融赋予这样的工作以独特的魅力。

同时，他们也期望这样的工作可以参与到一个更大的学术共同体所共同关注的问题中去。在理论假定、研究方法、资料分析和过程重建等多个层次进行有深度的理论探索，并以此回应艺术史研究中面对的各种重要问题，力图对人文社会科学的整体发展有所贡献。

我知道要将同仁们进行的对理想主义精神复兴的研究进行定义和归类是一件十分困难的事情，不过也不必这样做。事实上，我们的研究不属于任何定义，我们只属于拥有自己方式的艺术品格和由此搭建的文化体系，这正是人们期待已久的精神旨归和真正意义上的艺术方向。

肖　丰

2009 年 4 月 16 日

序　言

线是人类自觉地在大自然中画的第一个道道，是人类自觉地在大自然中留下自己的第一个印记。在无文时代，人类制造工具打磨第一道痕迹是线，人类装饰自身在身上刺的第一道痕迹是线，人类在岩石上涂画的第一个符号是线。

从无文时代进入有文时代，线就开始了它的发展历程。人类的审美意识伴随着线的发展，在双向的逆向建构中，线就不断地彰显着自己的审美价值，而艺术家则在不断地认识并按照线条美的规律创造出美的艺术作品。因此古往今来，我们的艺术家和美学家在谈到美、谈到艺术时就不能不谈到线，如有的从线的发展运动轨迹中，总结出线的美学传统；有的从艺术的表达机制，对线的形成、演变、理论基础、分类标准及内在联系做多层次研究，揭示出线的发展运动规律；有的从线的存在形式和表现形态，探讨艺术的审美特征；有的通过对中西线条的历史比较研究，寻找中西线条的差异，等等。喻颖博士的《中国古代艺术之线的审美范畴》在前人研究的成果基础上，深化了线的本体内容研究，扩展了线的功能结构张力。本书从范畴论的层面，将线的基本范畴进行了类型化、系统化和体系化，创造性提出了“线的艺术媒介范畴”“线的历史类型范畴”“线的表现形态范畴”“线的审美标准范畴”“线的审美风格范畴”“线的文化精神范畴”。这里要指出的是，如此划分虽非陈言，但学界未必全同其说，然其则是拓展问题之视域。

喻颖君是我在华中师范大学做兼职博士导师时招收的第一位博士生，他勤奋踏实，锐意求新，近些年来在艺术美学、艺术史论方面已有相当可观的研究成果。我相信他的这部著作一定会引起美学界、艺术学界同仁和广大读者的关注。

彭修银

2020 年 12 月

序言

前　言

线是中国古代艺术的重要艺术语言，其美学价值广泛地体现在绘画、书法、建筑、雕塑等各类艺术之中，因此，在一定意义上，线是中国古代艺术的灵魂所在。从古至今，关于线的研究已是卷帙浩繁，前人的研究涉及线的各个方面，前辈们不仅在艺术技法、造型功能的研究上积累了丰富的成果，而且在艺术风格、艺术价值以及美学观念的研究上著述颇丰，这些都为后来的研究者在此问题上的进一步挖掘打下了坚实的基础。正是着眼于线在中国古代艺术体系中的重要地位，本书力图在融合前人研究成果的基础上，尝试从审美范畴的视角切入，对中国古代艺术中的线进行范畴化和理论化的提升，初步形成关于线的审美范畴的认识框架，为其他艺术语言的理论化研究提供参考，这也是本书写作的初衷所在。

基于对线的审美范畴的思考，笔者试图从线的基本概念入手，以范畴化的视角考察线的内涵、媒介、演变、形态、审美标准、审美风格，通过条分缕析的理论展开，对线的各个审美范畴进行分析、对照与归纳，最终对中国古代艺术中线的美学思想和文化精神进行理论概括，使得我们能够以一种理论化的视角对线的审美范畴形成一个完整的认识，并在此基础上提炼出对中国当代艺术发展具有启发意义的艺术观念，因此，在研究内容方面，本书主要从六个部分展开：第一部分研究线的媒介，即从艺术媒介与线的关系入手，探讨线的双重媒介属性，即体现为工具载体的砖石纸帛以及体现为形式载体的笔墨。第一个层面探讨作为工具意义的线载体，分析线的载体从硬质向软质特性的转变；第二个层面探讨作为线的第二重媒介笔墨的发展过程，从有笔无墨向笔墨融合发展。两种媒介意义的发展过程体现了中国古代阴阳思想的深刻影响。第二部分研究线的历史形态，从美学角度概括中国古代艺术中线的三种“历史形态”，即抽象的形态、具象的形态和意象的形态。第三部分从艺术形态的角度，以线为切入点将中国古代造型艺术分为线的平面艺术与线的空间艺术，并对不同艺术类型中的线进行理论阐释。以比较的方法，探讨中国古代绘画线的自律性与西方传统绘画线的他律性；从书法与文字、书法与绘画关系入手分析书法中线的基本特征；分析园林、建筑和雕塑等空间艺术中的线性特征以及民族性特色。第四部分探讨线的审美标准，研究线的虚实、形神、气韵和趣味四种审美标准。虚实关系是构成其他审美标准的基础和前提，形神、气韵、趣味则是前后相联逐步深入的关系。第五部分探讨线的审美风格，分析四对审美范畴，即简练与丰富、生疏与娴熟、古朴与高华、疏薄与缜密。第六部分探讨线的“和合”文化精神。从“和合”概念入手，探讨中国古代艺术中线的各审美范畴所蕴含的文化精神，表现为道家的“与道合一”、儒家的“天人合一”、释家的“梵我一如”三种观念。最后，在前文对线的审美范畴分析的基础上，提炼出了三个对于中国当代艺术发展具有借鉴和启示意义的观念，即线的自由精神、线的独立性，以及技、象、道的融合。

对艺术语言进行理论探讨始终存在着一定的难度，线作为一种艺术语言具有先在的实践性，因此，对其造型方法与技法功能的探讨较为常见，而审美范畴则属抽象的理论话语体系，因此，线的实践性与研究问题的抽象性两者之间如何实现跨越，如何寻找跨越点，也是本书研究的难点所在。另外，线所具有文化精神内核及其与儒释道思想关系的研究是另一个难点，儒释道思想博大而精深，其思想的宏大体系以及内涵的丰富性如何与作为造型语言的线发生联系，也是一个复杂的问题。鉴于研究中的难点，同时也由于笔者自身研究水平的局限，本书的写作难免出现纰漏之处，请各位同仁和读者批评指正，提供宝贵的意见。

目录

绪　论

线是什么？从现象层面来说，头发、电线、光线等都是具体的线；在理念世界中，几何学的直线、曲线、斜线、抛物线是线；物理学中，带箭头的矢量图标是线；地理学中，大气环流线路、地球的经线纬线也是线；在艺术领域，素描以线为基本的造型方法，中国书法是纯粹的线条艺术。线不仅表现在视觉直观上，还体现在非视觉直观上，如文学中小说的单线叙事结构是一种隐在的"线的结构"。线还可以演变为一种思维方式，即线性思维，线性思维是一种简化、概括化的思维方式，对于人们透过复杂的现象认识事物的本质具有重要意义。因此，可以这样说，线是人们认识世界、把握世界、感受世界、表达自身的重要方式之一，具有重要的研究价值，本书所研究的"线"是艺术范畴的线。

一、问题的提出：线作为艺术元素的研究意义

线在造型艺术中的表现最为典型和直观，在中国与西方的绘画中，中国的线描，西方的素描，都将线作为造型的基本方式之一，中国书法则演变为一种纯线条的艺术。不仅如此，线还具有审美的意味，是"有意味的形式"，因此，线是艺术和美学中不可回避的一个重要研究话题。

（一）线是人类把握世界的基本方式

首先，需要从一般意义上来认识线。人类认识世界的方式有很多种，概括起来主要分为两大类：认知的方式和体验的方式，前者催生了科学，后者催生了艺术。客观世界在人的头脑中呈现出怎样的图景，很大程度上取决于人们以何种方式认识世界。线在科学和艺术之中都扮演了十分重要的角色。

第一个问题，线是一种视觉直观形态。无论用怎样的语言、词汇、概念来描述线，终究不及在人们眼前呈现一条具体的线显得生动鲜明。观察儿童的学习过程可以发现，儿童对图像的敏感度远远高于对语言描述的敏感度，向一个

儿童解释一条线不如给他看一张有线条的图片，因为感官的把握比抽象的思维更直接明了，印象深刻。因此，可以说线首先是一种视觉化的事物，或者说线具有视觉上的优越性。医学解剖学解释了人类对线条的敏感度："视网膜（而不是脑神经）对物体轮廓线的处理能力是人类包括儿童能够仅用线条识别物体的主要生理学基础，这也是人类绘画多离不开线条的原因。相比之下对颜色和质地的分辨就要低得多。"①

第二个问题，线如何产生。在感性经验中，线是被画出来的，是从一个位置向另一个位置延伸的轨迹。这种感性的经验说明了一个事实：线是一种运动轨迹。那么，它是什么的运动轨迹呢？是点，也就是说，线是点运动的轨迹，这是就一般意义对线最为直接的解释。点也是一种视觉形态，是比线更细微的形态，因为它只有位置，无法计算大小和质量，点在二维或者三维的空间中运行的轨迹便形成了线。文艺复兴时期的艺术理论家阿尔贝蒂曾谈到点与线的关系："点是一种不能分割的符号，彼此连接成串的点，变为线。"② 作为视觉形态，几何学很好地诠释了线的一般属性，因为几何形态的线是一种抽象的存在，它没有厚度，没有体积，在视觉中有一种延伸性，也就是有长度的感觉，根据人们学习几何学的经验，我们只会去测量一条线的长度，而不会去测量一条线的宽度和厚度。

由此便产生了第三个问题：线是抽象的。如果进一步思考线的特性，可以发现，实际上线是一种抽象的结果。现实生活中本没有线，如一张桌子的边缘，我们无法说线到底是什么，只能说它是两个面交界的地方。当我们欣赏古希腊的人体雕像时，能够感受到人体优美的曲线，却无法指出这条线究竟在哪。这些困惑其实说明了一个道理，线是人在意识中进行抽象运算的结果。人类最初认识世界时，会通过各种方式记录认知和感受的结果，这些方式中包括两种基本的形态：图形和文字。从图形和文字的视觉直观来说，它们基本都是由线构成，中国的象形文字、古巴比伦的楔形文字、古埃及的象形文字，无不是用线刻画而成。原始先民采用树枝、石块，在任何材料上划出一道道划痕，从无意识到有意识的积累，图形和文字便具有了意义，成为一种"符号"。我们从古代

① 胡晓英：《视觉艺术与眼球生理》，《中国实用眼科杂志》2005年4月，第23卷第4期，第332页。

② 杨身源：《西方画论辑要》，江苏美术出版社2010年版，第118页。

的原始图形中发现，线往往被作为一种轮廓在使用，也就是轮廓线，也就是说，在古代先民头脑中，形成了轮廓感。轮廓感的觉醒在人类认知世界的过程中具有的意义是极其重大的，将物体的轮廓抽象出来，标志着人类能够认识并进而理解个体事物，能够将自己面对的世界进行有意识的划分，使思维进一步明晰化，进而将认识世界进行分类、归纳和概括。

第四个问题，沿着线的抽象性，它从视觉形态延伸到非视觉形态，延伸到抽象的思维。随着人们对于线的认识的不断深入，对于线的理解不仅仅局限于直观视觉，而延伸出更广泛的意义，线被再一次抽象化。具有线的基本特征的其他形态也被看作线，这些形态可能是视觉直观的，也可能是非视觉直观的，很多艺术上的形态都要通过想象、联想才会发现其中所具有的线的基本特征。与此同时，线也可以被思维化而成为线性思维，线性成为一种思考问题的方式，这种方式可以运用在科学领域，也可以被运用到艺术领域。“线性”的概念最初出现在数学领域，数学上对于线性的普通解释是：“线性是指两个变量之间具有正比例关系，它在笛卡儿坐标平面上表示为一条直线，线性由此得名。”[①] 线性虽然在后来的科学发展中被证明是有缺陷的，但并不能以此否定其价值。线性思维的优点在于其直接性、简单性和概括性。线性的思维方式往往把复杂的问题简化为几类相对简单的问题加以分析和解决，它舍弃非线性的因素，直接抓住事物的本质。就艺术领域而言，线具有一种方向感、延伸性、集中性、单一性和时间性，具有这些特征的艺术形态或元素，便可以称之为具有线性。在造型艺术中，用线性的观点来思考，便有了明线和暗线之分。明线即典型的可视的线条形态，如绘画、书法之中由工具画出的线；暗线则是没有直观可视的线条形态，但是具有线的特征，通过人们的联想和想象可以形成线的形态，如中国园林之中的线性布局，中国传统绘画构图中有些物象布置在画面边缘，从而产生延伸感并引起画外的联想，由此提升了意境，即是利用了暗线的线性特征。在其他艺术类型中，同样存在着暗线的特性，如中国传统音乐，其音乐旋律主要在于流动性、时间的绵延性。“中国音乐表现出对横向旋律思维的强烈兴趣，注意横向性线形的展开，其最高的旨趣不在音响的浑厚、结实、丰满，而是旋律线形游动的起伏、强弱、虚实、张弛所产生的韵律感及所带来的生动、韵味和深邃悠远之意境。西方文化是空间型的，以实体的块面为基本的造型手段，

---

① 林夏水：《分形的哲学漫步》，首都师范大学出版社 1999 年版，第 2 页。

追求艺术的立体感、雕塑感、体积感，因而西方音乐则表现出对纵向和声和色彩丰满的重视。”① 这段论述说明了中国传统音乐与西方古典音乐的区别，前者强调时间性，强调横向的延伸，后者强调空间性，强调纵向的立体感；前者如书法，后者如雕塑，因此，有学者认为“书法是凝固的音乐”，而“音乐是流动的书法”，即说明了二者所共同具有的线性特征。在中国传统艺术中，绘画与书法之中的线条是直观可视的，可视为明线；而音乐、文学之中的线是通过一定的想象而产生的，可视为暗线。

综上所述，如果对一般意义上的线进行概括，可以这样说，线是一种认识世界的基本方式，它是一种带有方向的运动轨迹，它既是抽象的，也具有视觉直观上的优先性，同时，它又延伸到非视觉形态和抽象的思维领域。

（二）线是基本的艺术元素

首先，考察中外艺术史，可以发现，中外原始时期的造型艺术都是以线作为基本的造型手段。上文已述，轮廓感是线产生的重要基础，轮廓线是人们认识世界最初的方式之一。在绘画的雏形阶段，线条成为人们区分物体间轮廓的界限，线可以将物体描绘成一个视觉形象，世界各民族的原始艺术中很多都是以线作为基本手段。艺术家罗丹说：“通贯大宇宙的一条线，万物在它里面感到自由自在，就不会产生出丑来。”② 美国艺术家库克引用瑞士画家保罗·克利的话：“线条可以是绘画中的一个独立因素，它有自己的生命、表现方式和人格，你如果能驾驭它，就等于拥有了一个最能干的驯服的奴隶。”③ 绘画最初是在对自然世界中客观物象的模仿中形成的，而模仿的方式最早就是勾画轮廓。画家布莱克曾说：“自然没有轮廓，然而想象力则有。”④ 线条勾勒出这些物象，使之成为一种艺术形象，轮廓感在艺术中得到了实现。达·芬奇对此给出了高度的评价：“最初的画怎样产生——最初的画只有一条线，这就是墙壁上包围着太阳投下的人影的线。”⑤

其次，作为艺术形式的线具有美感。艺术中的线与几何学以及其他自然学

---

① 包树德：《中国音乐审美导论》，中国文史出版社 2006 年版，第 225 页。

② 宗白华：《美学散步》，上海人民出版社 1981 年版，第 143 页。

③ 范梦：《中外画家谈素描》，河南美术出版社 1987 年版，第 39 页。

④ ［美］希尔沃德·莱斯特·库克：《向大师学绘画：油画技法》，诸迪、于冰译，中国青年出版社 2000 年版，第 18 页。

⑤ ［意］达·芬奇：《芬奇论绘画》，戴勉编译，人民美术出版社 1986 年版，第 178 页。

科中的线之所以不同，在于我们以审美的眼光来看待它，线不仅是一种认识符号，而且也是一种艺术符号，具有美感。不同形态的线各有其相应的审美内涵：水平线在各种线形中最为平和，给人稳定、平静、舒适之感；垂直线是一种向上延伸的轨迹，给人严肃、端正、敬畏之感，具有正直、坚强、有秩序的审美内涵；斜线则给人倾斜不稳定的感觉，因而具有比较强烈的动感，表示运动、上升、坠落的不同含义；曲线温和、丰满、柔顺，具有流动性、韵律美和节奏感。18 世纪英国美学家荷加斯认为蛇形线是各种线之中最美的线条，他在《美的分析》一书中说："它不仅使想象得以自由，从而使眼睛看着舒服，而且说明这其中所包含的空间的容量和多样。"① 人体的曲线是最为典型的线条形态之一，在古希腊的雕塑和西方古典绘画中，优美的人体曲线一直是艺术家着力表现的典范。荷加斯高度评价人体线条的美："人体较之于自然创造出来的任何形体具有更多的由蛇形线构成的部分，这就是它比所有其他的形体更美的证据，也是它的美产生于这些线条的根据。"②

二、西方艺术理论关于线的研究

在西方，古希腊时期线条在艺术创作中就得到重视，古希腊历史学家狄奥尼西奥斯说："在古代的绘画中，色彩的组合是简单的，没有多种色调的表现，而线的运用却是精致和完美的。"③ 亚里士多德说："一幅黑白素描比各种最好看的颜料的胡乱堆砌更能使人产生快感。"④ 古希腊的先哲们将素描与色彩比较，实际肯定了线条的造型地位和审美价值。到了文艺复兴时期，对于线的认识更加科学化、精确化，线不仅是轮廓线，是事物的分界线，而且与明暗法、透视法结合起来，当时的艺术家普遍对素描相当重视，素描是造型的基础。文艺复兴时期艺术理论家阿尔贝蒂说："好的轮廓，即好的素描，本身就非常诱人。因此，在这里应该把主要的精力用到轮廓的勾勒上。"⑤ 以娴熟的色彩技巧著称的提香也认为："使人物美的不是明亮的色彩而是好的素描。"⑥ 18 世纪英

---

① ［英］威廉·荷加斯：《美的分析》，杨成寅译，人民美术出版社 1984 年版，第 56 页。

② ［英］威廉·荷加斯：《美的分析》，杨成寅译，人民美术出版社 1984 年版，第 59 页。

③ 杨身源：《西方画论辑要》，江苏美术出版社 2010 年版，第 46—47 页。

④ ［古希腊］亚里士多德：《诗学》，陈中梅译注，商务印书馆 1996 年版，第 65 页。

⑤ ［俄］阿·阿·古贝尔、［俄］符·符·巴符洛夫：《返回源始——艺术大师论艺术》，刘惠民译，文化艺术出版社 1997 年版，第 26 页。

⑥ 邓福星：《美术概论》，上海人民美术出版社 2009 年版，第 198 页。

国画家、美学家荷加斯在其美学著作《美的分析》中用大量的篇幅论述了线的审美特征，他将艺术中的线归结为直线、曲线、波状线、蛇形线等几个大的类别，并且认为蛇形线是最美的线条，他说："一切直线只是在长度上有所不同，因而最少装饰性。曲线，由于互相之间的曲度和长度上都不同，因此而具有装饰性。直线与曲线结合形成复杂的线条，比单纯的曲线更多样，因此也更有装饰性。"① 这段论述对不同线形的审美特征进行了理论性的归纳，在艺术和美学史上具有重要理论意义。到了19世纪尤其是20世纪，新的学科融入使线的研究开始走向深入，格式塔心理学、艺术风格学等新的知识和观点使得对线的研究的理论色彩更为突出。美学家阿恩海姆将格式塔心理学与视觉艺术研究结合起来，开拓了视觉艺术研究的视野，他在《艺术与视知觉》中说："人的诸种心理能力在任何时候都是作为一个整体活动着，一切知觉中都包含着思维，一切推理中都包含着直觉，一切观测中都包含着创造。"② 在此书中，他以儿童绘画为例，绘画从简化的圆圈、直线发展为复杂的形体和色彩，这就是从整体到局部的过程。英国当代艺术理论家贡布里希认为，艺术形式的发展是图示的发现和纠正的过程，艺术家的创造都是依据已有的"图式"来进行加工的，先前的艺术发展积累的艺术风格和样式具有重要影响，图示是"发现"的而不是"发明"的，比如绘画中，由线条勾勒而成的形象，中世纪与文艺复兴的特点完全不同。艺术理论家沃尔夫林关于"线描"与"图绘"两种艺术形式的观念十分具有启发意义，他在《艺术风格学》一书中将视觉或者观看的方式分为两种基本类型：线描和图绘。他认为："线描的视觉明显地把形体与形体区别开来，而图绘的观察则旨在看到事物在总体上进行的那种运动。"③ 他认为线描是客观的，明确的；图绘是主观的，模糊的。线描以线条作为观看方式，其风格是坚实的，清晰的，会产生出触觉的效果；图绘以块面作为观看方式，其风格是变化的，模糊的，会产生更纯粹的视觉效果。线描的美首先体现在轮廓上，而图绘的美则是远离轮廓的地方。沃尔夫林关于线描与图绘两种观看方式的观点，在理论上大大深化了我们对于线的理解。抽象艺术大师康定斯基认为，点、线、

---

① ［英］威廉·荷加斯：《美的分析》，人民美术出版社1984年版，第45页。

② ［美］鲁道夫·阿恩海姆：《艺术与视知觉》，滕守尧译，四川人民出版社2019年版，第4—5页。

③ ［瑞士］海因里希·沃尔夫林：《艺术风格学——美术史的基本概念》，潘耀昌译，辽宁人民出版社1987年版，第23页。

面是视觉艺术的基础，本身就可以唤起人们足够的美感，并且强调形式本身的抽象性和纯粹性。他在《论点线面》一书中，对线的各种形态和审美特征做了深入系统的分析，指出了线能产生张力，具有运动的特性，使得它具有韵律和节奏感，因而在造型艺术中具有重要作用。英国艺术批评家克莱夫·贝尔提出了“有意味的形式”的说法，明确指出包括线条在内的艺术形式及形式之间的关系，能够激起人们的审美情感，这种形式是一切视觉艺术的共同的特质。不同时期的西方艺术家、美学家，从线的造型功能、审美意味、审美风格、审美形式、创作心理等方面进行了研究，其理论深度不断加深，对于我们今天的研究起到了巨大的启发作用。

三、国内关于中国古代艺术中线的研究

实际上，中国古代艺术和美学理论，很早就关注到艺术中线的意义和价值。中国古代艺术以书画为代表，更是将线作为了主要的造型手段，同时线具有独立的审美价值。关于线的研究问题主要集中在笔墨、线的风格、书画关系等方面，而历代书论画论中的有关论述更是汗牛充栋，现就几个具有代表性的观点作一个简述。首先，关于笔墨的论述最为集中。线与笔墨具有密切关系，笔墨是工具意义、技法意义、审美意义等多重意义统一的概念。中国古代书画论中非常著名的莫过于南朝谢赫在《古画品录》中所提出的六法之中“骨法用笔”之说，谈的是笔法，即线应该具有骨力，也指用线的功力，此说成为中国书画创作几千年的创作法则。后来荆浩提出“六要”“二病”，宋代刘道醇提出“六要”“六长”。其次，关于筋、骨、血、肉之说。这些比喻性的概念最初出现在书论之中，指的是用线的粗细、肥瘦以及力量等方面的特征和美感，东晋卫夫人在《笔阵图》中就已经提到了筋、骨、肉的说法，后来的书论对这些概念不断丰富。再次，需要特别关注唐代张彦远以及他的《历代名画记》。张彦远在此书中提出和发展了诸多影响后世的观念。其一，他认为，笔法不同，线条风格也就不同。他对“顾、陆、张、吴”的用笔进行了评判，指出了历史上具有代表性的大画家用线的不同特点，如顾恺之的线细而有劲，吴道子用线力健飞动。其二，他指出了书画用笔的关系，认为书画用笔同法，如吴道子受张旭书法影响而形成自己线条的风格。其三，他指出了用线的风格的不同类别，即疏体和密体，顾、陆笔迹周密，是为密体，张、吴笔迹疏略，是为疏体。其四，他提出“意存笔先”，涉及了线的形与神的问题。张彦远的这些观点对后来有关笔法以及线的研究具有深远影响，如北宋郭若虚谈到了用笔的三病，即版、刻、结，从反面指出了用线的弊病，用线之弊乃是画家笔法功力不足，这是对张彦远“意存笔先”观念的丰富和发展。另外，关于线的理论从造型技法、审美价值、欣赏价值后来又扩展到艺术批评、审美风格等其他领域，如“四格”说、形神论、逸笔、逸气等。

近几十年国内对于线的研究不断深入，国内的艺术前辈和美学家对中国书画艺术的线都有论述，他们或者从书画创作经验，或者从美学的理论视角，对线的艺术性进行了探讨。美学前辈宗白华在《中国古代的绘画美学思想》《论中西画法的渊源与基础》等文章中将线作为中国艺术的精髓给予了高度肯定，认为线是中国传统艺术主要的形式语言，不仅存在于绘画、书法，而且在音乐、舞蹈、建筑、雕塑等其他艺术类型中也具有重要地位，是中国艺术区别于西方艺术的主要形式特征之一。现代画家黄宾虹将古代绘画笔法总结为“平、圆、留、重、变”；潘天寿认为线是中国绘画的基础，他在《听天阁画谈随笔》中说：“盖吾国绘画，以线为基础，故画法以一画为始。”[①] 李泽厚在《美的历程》中，谈到了商周青铜纹饰狞厉之美，把书法称为线条的艺术，赞扬了汉代线刻艺术雄壮的气势。近几年，一些关于中国古代艺术中线的研究专著也陆续问世，如陈龙海的《中国线性艺术论》、林若熹的《线意志》、罗莹的《线形象：中国绘画的起源与形成》等，这些研究成果从不同角度对中国古代绘画、书法、雕塑、建筑等不同艺术类型中的线进行了研究。

四、本书的研究内容

本书以审美范畴的视角对中国古代艺术语境中的线进行了研究，众多的研究成果已经对线的造型功能、审美特征、美学思想等进行过探讨，如何将前人的研究成果进一步深化，以一种关系和范畴的视野来审视，发掘其内在的规律与联系，拓展新的研究领域。正是基于这种思考，本书尝试从线的基本概念、形态和特性入手，探讨中国传统艺术中线的基本范畴，包括线的艺术媒介范畴，线的历史类型范畴，线的形态范畴，线的审美标准范畴，线的审美风格范畴，线的文化精神范畴。从艺术媒介与线的关系作为切入点，探讨了线作为艺术媒介的复杂性，中国线艺术在工具媒介选择上具有历史必然性，媒介的选择与中国传统阴阳观念具有密切联系；探讨中国线艺术发展的历史类型，从绘画、书

① 潘天寿：《听天阁画谈随笔》，上海人民美术出版社 1980 年版，第 25 页。

法的历史发展过程中提炼出三种不同的历史类型，即抽象的形式、具象的形式和意象的形式，分析了三种历史形态的表现形式及其成因；从艺术形态学的角度出发，对绘画、书法、园林、建筑和雕塑等多种造型艺术中的线进行审美阐释；从审美标准的角度，概括了中国古代艺术中线的三个审美标准，即形神、气韵和趣味，指出了三者层层演进的关系；探讨中国古代艺术中与线相互对应的审美风格，即简练与丰富、生疏与娴熟、古朴与高华、疏薄与缜密，分析每一对范畴之间的对立统一的关系；从和合精神的角度入手，探讨线的诸种审美范畴背后的文化精神和美学观念及其影响，指出了儒、释、道三家思想关于“和”的哲学和美学观念是线的诸种审美范畴形成的主要因素；最后，从中国传统艺术中线的审美范畴中，提炼出了三个对于中国当代艺术发展具有借鉴和启示意义的观念，即线的自由精神、线的独立性以及技、象、道的融合。

第一章　艺术媒介与中国古代艺术的线

艺术必须具备一定的形态，这就意味着它必须实现“物化”，需要载体来传达其内在的审美意蕴和审美价值，这种载体称为艺术媒介。媒介可以是有形的，也可以是无形的；可以实有，也可以虚化。文学使用语言为媒介，绘画以线条、色彩为媒介，音乐以有节奏的乐音为媒介，雕塑以三维的材质为媒介。媒介具有多重结构，媒介本身是信息，同时它的内容又可以成为另一种媒介，正如加拿大传播学者麦克卢汉在其《理解媒介》一书中所说：“虽然媒介本身即是讯息，可是控制的政策却超越了节目安排的范围。限制常常是针对‘内容’的，而内容却是另一种媒介。报纸的内容是文字表述，正如书籍的内容是言语、电影的内容是小说一样。”① 如果将线作为一种艺术媒介，同样具有多重结构，一方面，可以从物理属性的工具性特征来考察；另一方面，线本身就是一种造型元素，以它为基础可以构成形态各异的艺术形象，因此，我们认识中国古代艺术中的线，就应从认识作为媒介的线开始。

第一节　对于艺术媒介的认识

一、媒介的概念

媒介一词，在中国古籍中最早见于《旧唐书·张行成传》：“观古今用人，必因媒介。”② 意思是指使双方（人或事物）发生关系的人或事物，也指在两者

① ［加］马歇尔·麦克卢汉：《理解媒介——论人的延伸》，何道宽译，商务印书馆 2000 年版，第 376 页。

② 王一川：《美学教程》，复旦大学出版社 2004 年版，第 36 页。

或两者以上的人或事物间，从中介入参与其中的活动或组织，表达一种动作状态。在英语中，媒介的英文单词是“media”，大约出现于19世纪末20世纪初的欧洲，其意是指使事物之间发生关系的介质或工具。广义的“媒介”，其意义从日常生活延伸到具体学科，著名传播学学者麦克卢汉对于媒介的解释是“The medium is the message”，也就是说媒介即信息。媒介是那些延伸人类器官的所有工具、技术和活动，它的范围是很广泛的，比如他对游戏的解释：“游戏是社会人和政体的延伸，正如技术是动物有机体的延伸一样。游戏和技术都是抗刺激的媒介，或者是适应专门化行动压力的方式，任何社会群体中都必然出现专门化行动压力的方式，任何社会群体中都必然出现专门化的行动。游戏是对日常压力的大众反应的延伸，因而成为一种文化准确可靠的模式。”① 那么，什么时候某一种事物会成为一种媒介呢？从麦克卢汉的解释中，可以了解到，当它能够承担特殊的信息，成为一种承载文化内涵，甚至能成为文化模式的延伸时，它就成了媒介，比如文字、图像、特殊符号等都是媒介。艺术媒介又是什么呢？一般来说，艺术媒介就是艺术家在从事艺术创作中所采用的媒介，它可以表现为两种形态：一种是物质材料，另一种是艺术形式或艺术符号。媒介在艺术领域具有重要意义，它是划分艺术形态的重要依据。不同的艺术门类往往是以媒介的不同而划分的，比如文学以语言为媒介，绘画以线条、色彩等为媒介，而在每一种艺术形态内部又可以依据新的媒介划分新的不同艺术形态，这就是麦克卢汉所说的“媒介”概念的另一层含义：一种媒介是另一种媒介的内容。因此，有学者谈道：“任何媒介的内容必然包含着文字、音频、图像等符号或其他的可以传输的东西，而这些东西实质上又是另一种媒介。”② 绘画、建筑、雕塑等艺术形式本身是一种文化的媒介，而它们所使用的材料、工具及艺术元素，又成为艺术创作的媒介，比如绘画是传播文化的一种媒介，而线条、色彩等又是构成绘画的媒介，而笔墨、颜料等工具材料又是线条、色彩得以形成的媒介，也就是说，媒介具有两重及以上的多重结构。需要说明的是，媒介与材料绝不是等同的，媒介的内涵远大于材料或者工具，“媒介具有明显的物性，这是由其以艺术材料或内在的材料感为元素而决定的。对于媒介的认识，

---

① ［加］马歇尔·麦克卢汉：《理解媒介——论人的延伸》，何道宽译，商务印书馆2000年版，第291页。

② 段鹏：《传播学基础》，中国传媒大学出版社2006年版，第177页。

是为了更深入地洞悉艺术创作的内在奥秘。艺术家的内在创作冲动、灵感和审美想象，乃至到构形阶段，这些内在的艺术思维活动都不应该以一般的语言来进行，而是凭借此一门类特殊的媒介进行。因而，媒介有很强的主体色彩”①。可见，媒介并非是纯客观的材料，而是与艺术创作活动以及接受活动密切相关，具有鲜明的“主体性”，可以说，媒介呈现了艺术，艺术同样也呈现了媒介。

早在古希腊时期，亚里士多德就提出与媒介相关的说法，即“四因说”。亚里士多德认为世界上事物的运动有四种原因，分别是质料因、动力因、形式因和目的因，四种因又可归结为质料因和形式因两个方面。艺术活动同样与“四因”密切相关，以古希腊雕塑来说，雕塑艺术首先需要的质料因是石头、金属等材料，而形式因则是雕塑所依据的原型模型，动力因是雕塑艺术家，因为是他们直接作用于艺术活动，目的因是最终完成雕塑的艺术活动，创造出雕塑作品。亚里士多德“四因说”中的“质料因”实际上就是艺术工具和材料，也就是后来我们所理解的艺术媒介。“四因说”实际上初步解释了艺术材料、艺术媒介如何向现实的、成熟的艺术作品转化的过程，它告诉了我们一个事实：工具材料作为一种媒介是艺术活动发生的起点。

首先，可以从这几个方面来了解艺术材料或艺术媒介的意义。它初步确立了艺术的具体形态。艺术类型的划分是一个古老的话题，但是当有一门艺术的形态得以确定时，同时也就意味着它具有相对应的艺术媒介。文学作品使用的是语言文字，通过语言来塑造艺术形象，传达作者的艺术理想，语言这种符号系统的特点也就决定了文学本身的艺术特点，语言的抽象性、模糊性、概括性等特点也就决定了文学作品的审美意蕴和艺术形象是间接的、非直观的。音乐艺术的媒介是有节奏的、运动的乐音，诉诸人的听觉，通过提炼过的音符、音阶、旋律等元素，创造、组合成完整的乐曲，具有高度的概括性和抽象性。造型艺术采用实体性的媒介，因此，其媒介的物质差别性更为显著。马克思在其《1857—1859年经济学手稿》中曾说：“颜色和大理石的物质特性不是在绘画与雕刻之外的。”② 黑格尔同样明确地肯定了这一点：“人们常根据片面的理解去

---

① 张晶：《艺术媒介论》，《文艺研究》2011年第12期，第57页。

② 马克思、恩格斯：《马克思恩格斯论艺术》（第一卷），中国社会科学出版社1982年版，第85页。

替各门艺术的分类到处寻找各种不同的标准。但是分类的真正标准只能根据艺术作品的本质得出来，各门艺术都是由艺术总概念中所包含的方面和因素展现出来的。在这方面头一个重要的观点是这个：艺术作品既然要出现在感性实在里，它就获得了为感觉而存在的定性，所以这些感觉以及艺术作品所借以对象化的而且与这些感觉相对应的物质材料或媒介的定性就必然提供各门艺术分类的标准。”① 可见，媒介的物质特性对于艺术类型及其艺术样式和审美特性都具有相当重要的影响。

其次，艺术媒介决定艺术创作的方式。艺术家运用不同的艺术媒介进行创作，其创作方式会大相径庭。海德格尔曾说：“建筑品中有石质的东西，木刻中有木质的东西，绘画中有色彩，语言作品中有言说，音乐作品有声响。艺术品中，物的因素如此牢固地现身，使我们不得不反过来说，建筑艺术存在于石头中，木刻存在于木头中，绘画存在于色彩中，语言作品存在于言语中，音乐作品存在于音响中。”② 当艺术家使用某种材料或媒介进行艺术创作时，他也将必须遵从这种媒介基础之上的创作规律。同样的构思，同样的题材，使用的媒介不同，创作方式会完全不同；反之亦然。某种艺术类型的作品必然有最适合它的具体的方式和表达途径，中国古代画论中的“宣物莫大于言，存形莫善于画”，讲的就是这个道理。绘画是用点、线、面塑造直观的可感形象，线条的粗细长短、色彩的冷暖变化、光影的明暗调子决定了再现生活世界的现实化原则是其创作法则。

再次，艺术媒介在很大程度上影响着艺术接受和艺术鉴赏的方式。从感官来说，视觉艺术、听觉艺术、综合艺术，不同的接受方式需要遵循不同的接受规律，绘画、雕塑属于视觉艺术，接受者必须具备接受的感官条件和遵循视觉艺术的接受、欣赏规律，接受者需要有健全的视觉器官和生理功能，了解线条、色彩、构图等艺术元素的基本法则，如19世纪法国新古典主义画家安格尔的绘画作品《泉》，欣赏者感受到的是完美的人体轮廓、柔和的曲线和温暖的色彩。听觉艺术的接受方式则不同，欣赏者需要有健全的听觉器官和生理功能，乐音具有抽象性和短暂性，具有旋律、节奏感，接受者同样要遵循这样的规律来完成艺术接受活动。

---

① ［德］黑格尔：《美学》（第三卷下册），朱光潜译，商务印书馆1979年版，第12页。
② ［德］海德格尔：《诗·语言·思》，彭富春译，文化艺术出版社1991年版，第23页。

二、作为艺术媒介的线条

（一）作为艺术媒介的线的两重结构

美国哲学家杜威在其《艺术即经验》中说：“关于进入到艺术作品构造之中的物理材料，每一人都知道它们必须经历变化。大理石必须被雕琢；色彩必须被涂到画布上去；词必须组合起来。在‘内在的’材料、意象、观察、记忆与情感方面所发生的类似的变化却没有得到如此普遍的承认。它们也一步步被再造；同样，也必须对它们实施管理。这种修正是一种真正的表现动作的建立。像动荡的内心要求那样沸腾的冲动必须经历同样多、同样精心的管理，以便像大理石或颜料，像色彩和声音那样得到生动的表现。实际上，并不存在两套操作，一套作用于外在的材料，另一套作用于内在的与精神的材料。”[①] 实际上，杜威的这段话指出了一个重要的理念，艺术材料和工具的使用具有与艺术作品本身同样重要的意义，使用材料和工具进行创作本身就是艺术创作的一个部分，它与抽象意义上的艺术创作活动实际上是同步的，艺术创作中工具与材料的选择、其使用对于艺术类型的确立，对于艺术风格、审美原则、审美范畴的形成具有十分重大的意义。正是出于这样的思考，了解并分析艺术工具和材料的产生、选择、发展演变及其与艺术家的关系，就显得十分必要了。

中国古代艺术就绘画和书法这两种类型而言，包含着两重结构：第一重结构，作为物理属性意义的工具材料，包括形成线条的刻画工具和承接载体；第二重结构，就构成艺术形象的形式元素，作为一种媒介语言而存在，主要就是笔墨。这两重结构各自具有其发展的规律，同时也呈现出相似性。就第一重结构来说，工具材料是形成线条形态的物质前提，这也是作为媒介最为直接的价值所在，运用怎样的工具和材料也将直接决定艺术形式的特点，尤其在造型艺术中显现得更为明显，所谓“工欲善其事，必先利其器”，中国传统书画艺术以笔墨纸砚为主要工具材料，这些工具和材料的使用及其演变规律在很大程度上决定了线的形式特点和发展规律。就第二重结构而言，作为视觉形态的形式语言，线由笔墨而成，随着中国书画艺术的发展，线的表现形态就是由笔墨的形态及其变化而构成。

（二）阴阳观念与艺术媒介的选择

媒介本身具有物性，但是对于媒介的选择却绝不会仅仅局限于物性。黑格

① ［美］杜威：《艺术即经验》，高建平译，商务印书馆 2010 年版，第 86 页。

尔谈绘画的色彩时表达了这一观念："颜色感应该是艺术家所特有的一种品质，是他们所特有的掌握色调和就色调构思的一种能力，所以也是再现的想象力和创造力的一个基本因素。艺术家凭色调的这种主体性去看他的世界，而同时这种主体性仍不失其为创造性的；正是由于具有这种主体性，画家所绘出的色彩的千变万化并不是出于单纯的任意性和对某一种不符合自然规律的着色方式的癖好，而是出于事物的本质。"① 在黑格尔看来，作为艺术媒介的色彩运用在于艺术家对于"色彩感"的掌握，也就是创作主体的选择与敏感程度。不同的创作主体尚且如此，不同的民族、地区以及时代对于艺术媒介的选择无疑会表现出更为显著的差异性，以中西方绘画对于媒介的选择为例，两者可谓泾渭分明。西方油画所使用的工具多为刷子、画布、油性颜料等工具材料，特别是15世纪初期的尼德兰画家胡伯特·凡·爱克和扬·凡·爱克兄弟，做出了西方绘画史上一次重要的材料革新，他们发现用油溶解颜料可以使绘画用笔更加流畅，并且能够多次覆盖和修改，同时具有丰富的色彩和光泽度，色彩不易剥落褪色，凡·爱克兄弟的革新为西方写实主义油画的繁荣奠定了基础。对于中国绘画来说，自从毛笔出现以后，很快就取代其他工具成为绘画创作的主要工具，战国时期出土的帛画已经表明了中国早期绘画创作的工具及其技法——毛笔勾线造型，绢和纸后来发展为画家们最为青睐的画底材料，与西方绘画相反，色彩的丰富性被中国古代的艺术家们束之高阁，但是笔墨造型的韵味得到格外的重视。中西绘画对于艺术媒介的选择并非偶然，正如符号美学家卡西尔所说："因为艺术家把事物的坚硬原料熔化在他的想象力的熔炉中，而这种过程的结果就是发现了一个诗的、音乐的，或造型的形式的新世界。"②

就中国书画艺术而言，艺术媒介的选择总体上呈现出刚性与柔性互动演变的特点，就线条的第一重结构中，刻画工具和承载载体的发展呈现出十分相似的一面，即都是从硬质工具材料向软质工具材料转变，也就是由刚向柔转变；在第二重结构中，笔墨的成熟也有一个发展过程，即从"有笔无墨"发展到"有笔有墨"，笔墨之间的关系形成了一种以笔为主、笔墨交融的相辅相成的状态，形成了笔和墨的辩证统一关系，同时也形成了筋、骨、血、肉和气、神、意等相对的范畴系列。由此可知，这两重结构所呈现出的特点具有一致性，而

① ［德］黑格尔：《美学》（第三卷上册），朱光潜译，商务印书馆1979年版，第282页。
② ［德］恩斯特·卡西尔：《人论》，甘阳译，上海译文出版社1992年版，第209页。

这些不同的范畴实际上体现了中国古代阴阳观在艺术媒介选择上的主观性。

阴阳观念是中国古代思想中影响深远的观念，对于儒、释、道各家思想都具有影响，在中国古代哲学、美学观念中，阴阳观可谓无处不在，如动静、刚柔、虚实等，都可作为阴阳观念的体现。阴阳观念在殷商时期就已经出现，殷商甲骨文有记载阴和阳的字样，最初的意义指的是天气的寒暖、阳光的相背等，《说文解字》对阴的解释是："暗也，水之南山之北也。"[①] 指的是地理方位。《尚书·周官》有云："今予小子祗勤于德，夙夜不逮。仰惟前代时若，训迪厥官。立太师、太傅、太保，兹惟三公。论道经邦，燮理阴阳。"[②] 这段话将阴阳作为一种矛盾对立关系来看待，已经具有较强的概括性和抽象性。先秦时期对阴阳关系作出明确的、系统的形而上意义阐述的是《周易》《老子》等著作。《周易》卦象的基本组成就是阳爻和阴爻，阴爻和阳爻的运动变化，构成了六十四卦象，涵盖了自然现象、社会伦理、人际关系、国家政治等各个方面，自然、社会、人生都是在阴阳两个方面的互相包含、互相运动、此消彼长的转化中产生和发展的，《易·系辞下》有云："乾，阳物也；坤，阴物也。"[③] 阴阳对应乃是宇宙万物运动变化的本体，故而《易传》说："一阴一阳之谓道，继之者善也。"[④] 当它表示为属性和形式时，可以指事物的有无、刚柔、虚实、动静等，而这些对应范畴后来成为中国古代美学和艺术中的重要观念。《易·系辞下》云："阴阳合德，而刚柔有体。"[⑤] 指出了阴阳与刚柔的关系，阴阳之理规定了刚柔的关系，《易·系辞上》："刚柔相推而生变化。"[⑥] 指出了刚柔相济才能够不断变化，刚柔只有相融相生，事物才不会僵死。对于毛笔的选择即是阴阳刚柔思想的体现，毛笔是坚硬的笔杆与柔性的笔毫的结合；书画的材料选择"黑色的墨"与"白色的纸绢"的结合，即色彩上的黑白结合；笔墨在技法和形态与内在筋、骨、血、肉的结合，筋、骨为内在之气，血、肉为外在之态，筋、骨隐于内而不显，血、肉显于外而分明，筋、骨为刚，血、肉为柔。可见，艺术观对于媒介的选择以及特性的运用具有重要的作用，正如达·芬奇所说："不

---

① （汉）许慎：《说文解字》，中华书局 1963 年版，第 304 页。
② 李民、王健：《尚书译注》，上海古籍出版社 2004 年版，第 358 页。
③ 周振甫：《周易译注》，中华书局 1991 年版，第 266 页。
④ 周振甫：《周易译注》，中华书局 1991 年版，第 234 页。
⑤ 周振甫：《周易译注》，中华书局 1991 年版，第 266 页。
⑥ 黄寿祺、张善文：《周易译注》（上册），上海古籍出版社 2007 年版，第 376 页。

须动手，单凭思维就足以理解明亮、阴暗、色彩、体量、形状、位置、远近和运动、静止等原则。这是存在于构思者心中的绘画科学，从这里产生出比上述的构想或科学之类更为重要的创作活动。”①

第二节　作为媒介的线条：第一重结构

作为媒介的线条的第一重结构首先是物质性的材料，在中国书法、绘画艺术中，物质性的材料包括两个方面：第一个方面是刻画工具，就是用以刻画出线的轨迹的各种工具，如毛笔、墨等；第二个方面是刻画载体，就是承载刻画痕迹的载体，如竹简、砖石、绢帛、纸张等。

一、从硬质工具到软质工具的变迁

纵观中国古代绘画书法艺术，一个明显的发展线索就是工具媒介从硬质性的工具向软质性的工具变迁，无论是作为线条工具的笔墨，还是作为线条载体的纸绢，都是如此。

（一）从自然工具到笔墨：线条工具的变迁

与世界其他地区的原始艺术有着相似之处，中国早期造型艺术最早使用粗糙而硬质的工具，包括原始洞窟壁画、岩画、彩陶纹饰、地画、岩画等各种艺术类型，这些艺术所用工具简单易寻，主要为石器、骨器、木器等，且种类不固定，如在新石器时代早期陶片等物件上，其装饰性纹样图案简洁粗犷，都是用坚硬锐利的工具刻画而成。勾勒轮廓一般以使用硬笔为主，如贺兰山岩画，经考证其起始于旧石器时代晚期，从线条的特征很容易判断当时的工具应为硬质的雕刻工具。在原始绘画中作为大面积涂色的工具实际上也是硬质类的笔，据考证当时用作涂抹工具的是鸟羽、兔尾或者秸秆等动物羽尾和植物纤维之类的天然物。到了新石器时代晚期马家窑文化的各类彩陶中，纹饰图案有软笔画过分叉等痕迹，此时所使用的软笔应该可以推断为最初的雏形毛笔。《物原》记载：“伏羲初以木刻字，轩辕易之以书刀。虞舜造笔，以漆书于方简。”② 这一记载说明了原始时期用笔的发展轨迹，从刀、石、木、骨等硬质类笔逐渐发展到硬软质类笔兼用。画家潘天寿谈到了这一发展轨迹：“伏羲初以木刻字，是说

---

① ［意］达·芬奇：《芬奇论绘画》，戴勉编译，人民美术出版社 1986 年版，第 16—17 页。
② （明）罗欣：《物原》，中华书局 1985 年版，第 24 页。

明伏羲氏最初用尖木器画八卦。轩辕氏易之以书刀，是说明轩辕氏用骨刀，或者石刀刻画文字。虞舜造笔，以漆书于方简，是说明虞舜创竹枝笔，始点染漆汁书写文字于方简，以创成后代用笔蘸墨书写文字的方法。换句话说，用尖木器画八卦，用骨刀或石刀刻画文字，就是用竹枝笔点染漆汁书写文字的先河。"[①] 以贺兰山岩画"太阳神"双眼重图案为例（如图 1.1），此图形在岩石上以圆形的线刻其面部轮廓，以短线刻其眉毛，尤其重环的双目炯炯有神，神情冷峻，让人产生敬畏之感。云南沧源岩画为南方岩画系统的代表，用赤粉材料等涂到岩石之上而成，画面有战争、放牧、舞蹈的场景，采用类似剪影效果的轮廓画法（如图 1.2），据考古推断，用于绘制此类岩画的工具为羽毛或植物纤维等材料工具。

图 1.1　贺兰山 岩画《太阳神》

图 1.2　云南 沧源岩画

先秦时期，绘画和书法中的工具发生了里程碑的转折，毛笔和墨正式登场并逐渐成为中国平面艺术中线条形态的主要媒介。毛笔在先秦时期已经初步成型，宋代苏易简所著《文房四谱》记载："笔所以书也，楚谓之聿，吴谓之不律，燕谓之弗，秦谓之笔。"[②] 从这段注释可以了解，春秋战国时期各地区对毛笔的称谓还没有统一，但是都已经在普遍使用了，从战国时期的《人物龙凤图》和《人物御龙图上》可见一斑，这两幅帛画人物线条有粗细圆扁的变化，很明显是毛笔的笔迹。毛笔的出现无论对于绘画还是书法，都是艺术工具选择上的一个转折点：中国书画艺术开始放弃使用硬笔，选择使用软笔。关于中国绘画、书法工具材料的另一个重要事件就是墨的出现，墨属黑色色系，当初并没有从

① 潘天寿：《潘天寿美术文集》，人民美术出版社 1983 年版，第 259 页。

② （宋）苏易简：《文房四谱》，中华书局 1985 年版，第 1 页。

色彩系统中独立出来，考古发现大量商代甲骨上有红色或黑色书写的痕迹，从仰韶文化、马家窑文化的彩陶颜色来看，黑色也是主色。先秦时期，天然墨已经被使用，到西周流传有“邢夷制墨”的说法，人造墨开始出现，标志着墨开始从色彩体系中独立出来，墨的独立为笔墨的融合创造了条件。

艺术媒介的作用在于其推动艺术发展，笔墨工具的每一次革新都极大地推动了中国古代书画艺术技法的丰富和审美价值的提升。秦统一后，笔的制作工艺提高，披柱法出现，王羲之在《笔经》中对此做过说明：“先用人发杪数十茎，杂青羊毛并兔毳，裁令齐平，以麻纸裹枝根令净，次取上毫薄薄布柱上，令柱不见。”① 披柱法奠定了后代毛笔的基本形制。这样制作的毛笔笔头既刚健有力，又能够充分蓄水，适合快速大量书写，这一特征对于行书和草书的发展，对于促进线条形态的灵活变化大有裨益。魏晋时期韦诞又对毛笔进行了改良，隋唐时期，紫毫笔、鸡距笔相继出现。鸡距笔粗杆，短锋，弹性足，行笔敏捷刚劲，诗人白居易曾作《鸡距笔赋》谈到鸡距笔坚硬劲健的特点：“其不像鸡之羽者，鄙其轻薄。不取鸡之冠者，恶其柔弱。斯距也，如剑如戟，可击可搏。将壮我之毫芒，必假尔之锋锷。”② 这些特征与唐代书法尚法度、尚楷书，绘画多用细线勾勒的时代特征相对应。唐代后期出现了长锋笔，这种笔笔毛深入笔管腔内，牢固而富于弹性，柳宗元对长锋笔情有独钟，他在《谢人惠笔帖》中高度肯定其优良的特点：“近蒙寄笔，深荷远情。虽毫管甚佳，而出锋太短，伤于劲硬。所要优柔，出锋须长，择毫须细，管不在大，副切须齐，齐则波磔有凭，管小则运动省力，毛细则点画无失，锋长则洪润自由。”③ 宋代以宣州诸葛氏创制“无心散卓笔”为最，这是毛笔发展历史又一次里程碑式的技术改进，“无心散卓笔”储墨丰富且劲挺，为水墨画技法的丰富和发展提供了有力的支持，非常适合文人的水墨意趣，极大推动了文人画的发展，书法绘画的线条技法和韵味由此发生了较大变化。元代的湖州长锋笔软硬适中，弹性良好，存水量性能好，与当时的“以书入画”的技法可谓相得益彰，十分符合文人画笔法写意的审美意趣。

墨所代表的黑色是中国古代造型艺术中所十分重视的色彩，原始时期的半

---

① 上海古籍出版社编：《器物珍玩编》，上海古籍出版社 1993 年版，第 160 页。

② （唐）白居易：《白居易全集》，中华书局 1979 年版，第 872 页。

③ 马青云编著：《湖笔与中国文化》，北京大学出版社 2010 年版，第 37 页。

坡文化、马家窑文化、大汶口文化等彩陶纹饰中经常使用黑色作为装饰色彩，后来墨作为一种颜色材料逐渐独立发展并取得了支配性地位。墨最初是天然材料，到西周时期已经出现人造墨，这也标志着墨与其他颜料分离而独立发展，明代罗欣著《物原》载有“邢夷作制墨”，即是说西周时期的邢夷采取松木烧烟取墨的方法。秦汉时期，人造墨制式出现重大革新，“墨模”的发明提高了制作效率。魏晋时期韦诞所制的松烟型的“仲将墨”号称当时的三绝之一，其墨多胶黝黑，优质的墨对于书法和绘画创作起到了重要推动作用，“现存王羲之、王献之、陆机等人书法墨迹，历经一千六百年仍光亮黝黑，由此也可见当时制墨的先进水平”①。隋唐时期，墨质黝黑、沉稳、细腻，十分适合毛笔在书画上的使用，从而推动了艺术观念和艺术技法的进步，增强了墨的表现力，如王维、张藻、王洽等人所使用的破墨之法，就包含了“墨分五色”的观念，而这种新的技法和观念势必要求墨质细腻，色泽黝黑，光泽度好，能够体现干湿浓淡的变化，而墨质的变化及其对于新的技法和观念的推动又与纸张的技术进步相互配合。也正是因为墨质的提高，新的画种和技法相继出现，如水墨画、皴法的出现，泼墨、破墨、焦墨等各类墨法的出现及完善。

（二）从砖石到绢纸：线条载体的变迁

对于线条的载体，我们从绘画和书法两个方面来看。就绘画来说，在远古时期，勾画线条所附着的画底载体范围比较广泛，各种生活中实用常见的用具和各类天然的自然物均可作为载体，如陶器表面、墙壁、地面、岩石壁面、洞窟壁面等，而软质的纺织品等材料因为生产水平的局限，只有非常粗糙的如麻、葛之类的植物纤维制品，由此可知用作绘画的底子主要还是硬质表面的器皿或用具，与当时的用笔的状况相对应，可以说，硬质的媒介是早期线条载体的主流形式。就书法来说，书法的雏形甲骨文是以龟壳等硬质材料为载体。夏商周时代的青铜文化独具特性，以金属器皿作为载体，应该说是中国古代硬质载体的线条艺术的一个高峰，在很多青铜器上，既有纹饰也刻有文字，绘画和书法在青铜器上都有体现，即金文和青铜纹饰。硬质载体在书法与绘画上一直延续，秦汉时代的画像石、墓室壁画、画像砖都是硬质载体的形式，直到唐代，壁画等形式仍然十分流行，书法自秦汉到魏晋，仍以竹简等硬质材料为主。唐代之后，随着文人画的兴起以及书画合流的趋势，软质的纸绢更受青睐，并且成为

① 赵权利：《中国古代绘画技法·材料·工具史纲》，广西美术出版社2006年版，第95页。

主体。

软质载体材料在书画方面主要形式为绢帛和纸张。美术史家郑午昌在其《中国画学全书》中载有："古画本多用绢，宋以后始兼用纸，明人又继以绫。"[①] 这段话概括了中国古代绘画用纸绢的基本线索。就绘画而言，中国古代软质性的绘画载体与西方绘画载体相比具有明显的差异，也就是说，中国绘画的媒介形式无论是媒剂、基底、形制以及造型效果，无不体现出柔性的特征。虽然西方绘画发展到后来也以画布等软质材料为画底，然具有相当的影响力，后来的主要基底是木板与画布，木板仍然是硬质性的画底，画布虽较之木板轻便，但是从工具材料整体性来说，"构造方面的进化整体上来说是基底的轻便化，底子的变化不是根本性的，所以，即使最后阶段的画布，由于底子的作用，其表面仍是坚实的"[②]。由此可见，由基底和底子组成的西方绘画的载体，从根本上仍然是硬质性的。

软质性的绢帛在春秋战国时期已经用于绘画，《周礼·考工记》有云："画缋之事，后素功。"[③] 战国时期的《人物龙凤图》和《人物御龙图》即是以绢帛作为载体。绢既用于书写，也用于绘画，尤其在绘画方面，绢帛的使用延续了很长一个时期。从魏晋到隋唐，由于造纸水平的限制，绢帛仍然是主要的绘画载体之一，成熟的绢类载体由于质地细腻，很适合不断发展的精细笔法和柔美的艺术趣味，尤其适合重色工笔的层层渲染，而画地平整的绢能够反复涂染。唐代张彦远在其《历代名画记》中对绢质的精良有所记载："齐纨吴练，冰素雾绡，精润致密，机杼之妙也。"[④] 这种绢面能够做到细致勾勒，层层晕染，很适合隋唐时代工细施色的画法，从张萱、周昉的仕女图以及阎立本的人物画可见一斑。五代两宋时期用绢仍然十分普遍，这一时期绢与纸并行，尤其在画院更受青睐。明代文震亨所著《长物志》记载："宋有院绢，匀净厚密，亦有独梭绢，阔五尺余，细密如纸者。"[⑤] 绘画史上一些名作都是绢本作品，如顾闳中的

---

① 郑午昌：《中国画学全史》，东方出版社 2008 年版，第 328 页。

② 赵维华：《绘画媒介与造型样式——中西传统绘画造型语言比较研究》，广西美术出版社 2008 年版，第 198 页。

③ 俞剑华：《中国古代画论精读》，人民美术出版社 2011 年版，第 1 页。

④ （唐）张彦远：《历代名画记》，俞剑华注释，江苏美术出版社 2007 年版，第 49 页。

⑤ （明）文震亨：《长物志》，胡天寿译注，重庆出版社 2017 年版，第 98 页。

《韩系载夜宴图》、董源的《潇湘图》、黄荃的《写生珍禽图》、崔白的《双喜图》等。

再说纸张，西方绘画也有用纸，比如羊皮纸，但是与中国古代绘画的纸绢却不一样，“中国绘画用纸与西方的羊皮纸及近代的水彩画纸的不同在于，后者主要利用纸的便利，一般并不利用它的柔然特性，仍可视为与其他基底一样是坚实平滑的”①。这其中的原因在于中国绘画在造型原理上具有自身独特的特点，纸绢既可以作为绘画的基底，同时作为绘画的底子，二者是合一的，辅助性的材料如胶矾并非必须，而是根据创作的需要而定，就这一点而言，中国绘画的媒介发生了根本性的变革，“中国绘画从古代的壁画到典型的卷轴画这个过程中却经历了一个根本性的变革，就是基底、底子和墨色的一体化”②。纸的意义首先表现在书法方面，纸成为书法的主要载体比绘画更早。现在所见的最早的纸是西汉时期的放马滩纸（如图 1.3）和灞桥纸，汉代绢帛、纸张和竹筒同为当时书写载体，硬质载体和软质载体并用。东汉蔡伦改进了造纸术，对于纸张的普及起到了重要作用，而纸张的普及对于魏晋之后书法艺术的发展发挥了重要作用。唐代中期，出现生纸和熟纸的区别，宣纸开始出现，唐代张彦远《历代名画记·论画体功用拓写》中记载：“好事家宜置宣纸百幅，用法蜡之，以备摹写。”③ 这段话说的是宣纸加蜡的制作工艺。宣纸既薄且密，符合绘画艺术表现对于用纸的要求，韩滉所作的《五牛图》便是纸本绘画的精品。唐代到五代两宋是纸绢并行的时期，五代两宋时期，以“澄心堂纸”为代表的皮纸开始大行其道，广泛用于书法和绘画创作（如图 1.4），《蜀笺纸谱》中记载：“南唐李后主造澄心堂纸，细薄光阔，为一时之甲。”④ 皮纸“受墨性能好、洁白，适于用墨设色，平滑的特性适于用笔，坚韧易卷舒”⑤。

---

① 赵维华：《绘画媒介与造型样式——中西传统绘画造型语言比较研究》，广西美术出版社 2008 年版，第 201 页。

② 赵维华：《绘画媒介与造型样式——中西传统绘画造型语言比较研究》，广西美术出版社 2008 年版，第 208 页。

③ （唐）张彦远：《历代名画记》，俞剑华注释，上海人民美术出版社 1964 年版，第 39 页。

④ （清）梁章钜：《浪迹丛谈》，徐征、刘庆国选译，花山文艺出版社 1991 年版，第 73 页。

⑤ 赵权利：《中国古代绘画技法·材料·工具史纲》，广西美术出版社 2006 年版，第 195 页。

图 1.3 （西汉）放马滩纸地图

图 1.4 （北宋）蔡襄《澄心堂贴》

明代屠隆在《考盘余事》中对宋代用纸进行了记载："有澄心堂纸，极佳。宋诸名公写字及李伯时画，多用此纸。毫间有纸织成界道，谓之'乌丝栏'。有歙纸，今徽州府歙县地名龙须者，纸出其间，光滑莹白可爱。"① 可见当时的书画家开始使用质地优良的纸张作为创作载体，这一时期艺术水准较高的纸本绘画作品不断出现，如李公麟的《维摩演教图》《五马图》，米友仁的《潇湘奇观图》等。纸真正占据主流是从元代开始，"因为追求高逸风韵与色彩淋洒，所采取的纸底，不必如唐人澄心堂纸的平滑，宋人加工的锤炼，即使是前代文人所弃的生纸，尚未加工的半制品，正好为元人发挥墨韵的工具。故元人作品，不但以纸底为多，且大部分为半制品的粗生纸"②。元代书画家偏向于采用未经细致加工的生纸进行创作，同时以赵孟頫为代表的书画家主张"以书入画"，强调书画的融合，纸张作为书画共同载体势所必然，而纸本的普及推动了水墨画、山水画的兴盛。从明末清初开始，生纸的迅速普及为写意画特别是大写意画的发展提供了有力的支持，生纸的运用得到艺术家的格外青睐，蒋玄佁在《中国绘画材料史》中对此有评论："虽宫廷画家如仇英、郎世宁等专用绢底，但以普通的情形而论，仍以用纸底为多，且尚生纸，有以用熟纸为耻。书法之中，凡为真正研究书法者，以用生纸为多。"③

二、由刚向柔的审美观念的变迁

从上述线的媒介的两个方面的发展线索可以发现，二者都是从硬质性的媒

① （明）屠隆：《考盘余事》，秦跃宇点校，凤凰出版社 2017 年版，第 44 页。

② 蒋玄佁：《中国绘画材料史》，上海书画出版社 1986 年版，第 61 页。

③ 蒋玄佁：《中国绘画材料史》，上海书画出版社 1986 年版，第 71 页。

介向软质性的媒介转变，刻画工具从硬质的木石金属向软性的毛笔转变，载体媒介由硬质性的墙壁、青铜器皿、砖石、甲骨、竹简向软质的绢帛、纸张转变，从中国绘画史的发展历程中可见一斑。以壁画为例，中国古代的壁画从最初的岩画，发展到宫殿壁画和墓室壁画，再到后来的寺院壁画、洞窟壁画，在隋唐时期达到高峰，尤其以敦煌莫高窟的壁画精妙绝伦而成为世界上最伟大的文化遗产。在中国壁画早期以及繁盛期的发展过程中，当时可知的著名画家不少都参与过壁画的创作，古代文献对此都有所记载，如魏晋南北朝时期的曹仲达、张僧繇等名家皆参与过壁画创作，隋唐时期的绘画大家也都参与壁画的创作，特别是宗教壁画的创作，吴道子、周昉等人皆如此。唐代朱景玄的《唐朝名画录》中记载，唐玄宗曾令吴道子在大同殿壁上作画："明皇天宝中，忽思蜀道嘉陵江水，遂假吴生驿驷，令往写貌，及回曰，帝问其状，奏曰：'臣无粉本，并记在心。'后宣令于大同殿图之，嘉陵江三百余里山水，一日而毕。时有李思训将军，山水擅名，帝亦宣于大同殿图之，累月方毕。明皇云：'李思训数月之功，吴道子一日之迹，皆极其妙也。"① 唐代的佛教兴盛，寺院众多，壁画创作十分繁盛。宋元以后壁画走向衰落，虽然在这一时期出现了永乐宫壁画和法海寺壁画这样的杰作，但是如此佳作实在是凤毛麟角，明清时期的壁画更成明日黄花。与此形成鲜明对照的是，自宋代开始，文人画逐步发展起来并且形成了中国古代绘画的主流。文人画更青睐以纸绢为画底，绘画开始大规模从墙壁走向了纸张。从硬质向软质的转变，可以说是从刚性向刚柔相济的转变，从阳向阴阳协调的转变，体现了阴阳转化、刚柔相济的思想观念。

刚柔的最初意义即对于事物的软硬性质在触觉上的感受，从这个意义上来理解，媒介材料物理属性的软硬性质是刚柔观念的直接体现，但是，刚柔的观念并不仅仅停留在感觉判断之上，其意义在此基础上得到了升华和扩展。刚柔对应的提法在先秦时期已经形成，而且与阴阳观念也联系起来。先秦时期《老子》《易传》等典籍对刚柔、阴阳思想已经有了比较完备的论述，形成了明确的阴阳相和、刚柔相济的观念。《老子》对于刚柔与阴阳观念的论述表现出明显的趋向，在提倡刚柔并举的同时，崇柔抑刚，认为"柔弱胜刚强"，以柔为本，具有更为宽广的包容性、自由性，柔的这种特性延伸为无为、虚静、无欲等具体的状态，刚柔的感应构成万物生长的源泉。《易传》也提出阴阳刚柔相应，《易·系辞下》

---

① （唐）朱景玄：《唐朝名画录》，温肇桐注，四川美术出版社 1985 年版，第 3 页。

云："夫乾，天下之至健也。"[①] 又云："夫坤，天下之至顺也。"[②] 可见，《易传》在乾、坤两卦中，明确了天尊地卑的观念，乾为天，是刚健；坤为地，是为柔顺。虽然《老子》和《易传》对于刚柔二者孰为本的问题有不同的看法，但是都认为刚柔对应，相辅相成，刚柔的相生相克形成了万物的生长变化。

刚柔观念后来扩展到中国古代美学观念中，比如风骨、骨力作为对刚的美学观的概括，而刚柔并济则体现在气韵等概念上，奇正、隐显等也是如此。刘勰在《文心雕龙》中多次提到刚柔并重的观念，如《体性》篇"气有刚柔"，《定势》篇"文之任势，势有刚柔"，《熔裁》篇"刚柔以立本，变通以趋时"。在音乐艺术上也有这样的观念，如《吕氏春秋》有云："太巨、太小、太清、太浊，皆非适也。"[③] 这都表明了阴阳刚柔协调的重要性。清代桐城派大家姚鼐明确提出阳刚之美和阴柔之美的概念，认为两者密不可分，他在《复鲁挈非书》中说："鼐闻天地之道，阴阳刚柔而已。文者，天地之精英，而阴阳刚柔之发也。……且夫阴阳刚柔，其本二端，造物者糅而气有多寡进绌，则品次亿万，以至于不可穷，万物生焉。"[④]

就中国书画艺术而言，硬质媒介向软质媒介的转变，即阴阳刚柔美学观的互动变化，这种转变将刚柔并济的观念融入软质的媒介之中，而非简单对硬质媒介的抛弃。以纸绢和笔墨为媒介丝毫不影响刚劲风格的体现，马远、夏圭的大斧劈皴爽劲有力，线条直下，刚性十足；颜真卿的楷书敦厚雄浑；陈洪绶笔下的线条方圆并济，刚柔结合。正是在这个意义上，软质媒介的选择恰恰因为其更广泛的包容性，为刚柔两种艺术风格或者艺术特质的存在与结合开辟了空间。毛笔本身就是刚柔结合的产物，其载体是软质的，但是书画用笔皆以刚健的中锋运笔为本，以侧锋运笔为辅，软质工具正因为其柔性的特征，所以具有了更大的伸缩性、包容性和自由性：第一，在笔法运用上演化出另一套刚柔并行的体系，如中锋与侧锋、藏锋与露锋。第二，软质的毛笔与水性的墨结合，在笔墨上又形成了一套刚柔体系，如笔墨的干湿、枯润、浓淡、轻重。清代布颜图在其《画学心法问答》中论笔墨说："笔墨相为表里，笔有气骨，墨亦有气

① 周振甫：《周易译注》，中华书局 1991 年版，第 272 页。

② 周振甫：《周易译注》，中华书局 1991 年版，第 272 页。

③ 张双棣等注译：《吕氏春秋译注》，北京大学出版社 2000 年版，第 130 页。

④ （清）姚鼐：《惜抱轩全集》，中国书店 1991 年版，第 71 页。

骨。墨之气骨由笔而出。苍茫者山之气也，浑厚者山之体也。画家欲取苍茫浑厚，不外乎墨之气骨。”[①] 第三，在审美风格上形成了一套刚柔范畴，如朴拙与妍美、雄浑与妍美等。可见，中国古代艺术所表现的生命精神乃是阴阳刚柔相互融合的结晶，是阳刚之性、宏壮之美与弱化阴柔之美的结合。

第三节　作为媒介的线条：第二重结构

物质性的工具和载体作为媒介，是线条的第一重结构，而呈现在我们眼前的线条形态可以说是第二重结构。对于中国绘画、书法艺术而言，线条形态的成熟形式是笔墨，在这层意义上，笔墨不再是作为一种工具性的媒介，而是超越工具意义，具有本体意义的媒介。

一、笔墨作为基本的艺术语言

（一）有笔无墨

笔墨成为一个整体是一个历史发展过程，两者在中国艺术发展中不是同步的，笔较之墨发展成熟更早、更快，因此书画艺术的发展很长时期处于“有笔无墨”的阶段。中国艺术史的发展告诉我们，笔法首先在书法之中成熟起来，早期的书法形式可以没有墨，但是不能没有笔。早期的文字刻写在岩石、甲骨、金属之上，可以不需要墨的参与，在这个时期，笔和墨还没有结合，只是当书法发展到一定阶段，以毛笔蘸墨书写，笔墨在书法之中才开始结合。在绘画领域，笔更多的是与色彩发生联系，墨只是色彩的一种而已，因此，笔法以及笔的审美价值是主体，线主要体现为笔法以及由笔而形成的形态。对于笔法的重视最早出现在书法理论中，魏晋时期，书法、绘画领域都是以笔法论为主，几乎没有墨法论。早在东汉，蔡邕在《九势》中对各种书法笔法进行了概括，如：“藏头护尾，力在字中，下笔用力，肌肤之丽。”[②] 之后卫恒、索靖、卫烁、王羲之等魏晋时期的书法家均有对于书法笔法的论述，在这一阶段，绘画也是以笔法为宗。东晋顾恺之在《摹拓妙法》中说：“若轻物宜利其笔，重以陈其

① 俞剑华：《中国古代画论精读》，人民美术出版社 2011 年版，第 84 页。

② 上海书画出版社、华东师范大学古籍整理研究室编：《历代书法论文选》，上海书画出版社 1979 年版，第 6 页。

迹。”[①] 就是说，所描绘的对象性质不同，笔法也就不同。谢赫所提的流传后世的“六法”将“骨法用笔”排在第二位，足见其对用笔的重视。王微在《叙画》中说：“以一管之笔，拟太虚之体。”[②] 谈的也是笔法。魏晋时期从书法的角度对于墨法的论述基本上是围绕墨的物理属性以及技法的经验性总结，而没有形成墨的审美观念上的认识，如王羲之曾谈到用墨之法：“墨用松节研之，久久不动，弥佳矣。”[③] 这说的是墨的物理属性；又云：“仍需用笔着墨，下过三分，不得深浸，毛弱无力。”[④] 反观笔法的总结则层出不穷，笔法、笔势、笔的价值、由笔产生的线的形式美感等都被挖掘出来，如“引笔奋力，若鸿高飞，邈邈翩翩”[⑤]。王僧虔在《论书》中把笔力作为书法优劣的标准：“古今既异，无疑辩其优劣，惟见其笔力惊绝耳。”[⑥] 可以说，唐代之前，笔与墨是分离的，是处于有笔无墨的阶段。

（二）笔墨俱全

笔墨的融合在绘画领域首先体现为水墨画的出现，在艺术实践上王维、张璪的水墨画创作具有开创意义，在理论上唐代的张彦远和荆浩对笔墨之法进行了总结。王维极力推崇水墨的地位，他在《山水诀》中说：“夫画道之中，水墨最为上。”[⑦] 张彦远对墨的独立价值也给予肯定：“运墨而五色具，谓之得意。意在五色，则物象乖矣。”[⑧] 荆浩则提出“有笔无墨”和“有墨无笔”的说法，明确了笔墨融合的趋向：“吴道子画山水有笔而无墨，项容有墨而无笔，吾当采二子之所长，成一家之体。”[⑨] 荆浩批评了唐代两位画家在创作上对于笔墨运用的缺憾，主张笔墨兼备，自此，笔墨在绘画上开始融合。

---

① 周积寅：《中国画论辑要》，江苏美术出版社 2005 年版，第 440 页。

② 温肇桐：《中国古代画论要籍简介》，人民美术出版社 1980 年版，第 5 页。

③ 卢辅圣主编：《中国书画全书》（第二册），上海书画出版社 1993 年版，第 434 页。

④ 上海书画出版社、华东师范大学古籍整理研究室编：《历代书法论文选》，上海书画出版社 1979 年版，第 29 页。

⑤ 上海书画出版社、华东师范大学古籍整理研究室编：《历代书法论文选》，上海书画出版社 1979 年版，第 13 页。

⑥ 上海书画出版社、华东师范大学古籍整理研究室编：《历代书法论文选》，上海书画出版社 1979 年版，第 58 页。

⑦ 周积寅：《中国画论辑要》，江苏美术出版社 2005 年版，第 463 页。

⑧ （唐）张彦远：《历代名画记》，俞剑华注译，上海人民美术出版社 1964 年版，第 37 页。

⑨ 周积寅：《中国画论辑要》，江苏美术出版社 2005 年版，第 464 页。

笔墨融合对于线条具有重要的决定意义，笔墨关系成为关注的重点。历代以来的笔墨关系皆是主张以笔为主导，墨随笔出。如清代沈宗骞所说："笔为墨帅，墨为笔充，有妙笔乌可无妙墨以充其用耶？"① 笔立骨气，墨则挥发韵味，笔墨兼备，则气韵生动。笔墨开始作为一个整体概念使用，董其昌在《画诀》中说："古人云，石分三面，此语是笔，亦是墨，可参之。"② 说的是笔墨对于表现山石立体感的作用。笔墨的融合也带来了笔法与墨法以及审美观念的复杂化。明清时期，对于笔法的观念已经出现争论，一些艺术家对于中锋用笔提出不同看法，学者周积寅在《中国画论辑要》中提出："董其昌、华翼纶、戴以恒等人专主用侧锋，反对用中锋，认为侧锋'佳处在笔法秀峭耳'，若用中锋'非臣人如死蚓，即秃如荒僧，且条条如描花样'；龚贤、唐岱、钱杜、郑绩等人专主用中锋，反对用侧锋，认为'惟中锋可以学大家'，'中锋乃藏，藏锋乃古，与书法无异'，若'专以偏笔取力，便至妄生圭角'，产生'刻结极之病'，'古法全失'。"③ 这一论述说明在明清时期，随着笔墨之法的丰富和发展，传统的笔法技法及其理论受到了挑战。

二、作为艺术形式的笔墨

笔墨体现在视觉直观上就是线的各种形态，这是线作为艺术媒介与人们直接接触的形态，笔墨在这个意义上成为一种艺术语言。用英国艺术批评家克莱夫·贝尔"有意味的形式"的说法来解释笔墨的审美意义再合适不过了："在各个不同的作品中，线条、色彩以某种特殊的方式组成某种形式或形式间的关系，激起我们的审美感情。这种线、色的关系和组合，这些审美的感人形式，我称之为有意味的形式。"④ 总的来说，纵观中国古代书画理论，对于笔墨形态可以从两个角度来理解：一个是外在形态的筋、骨、血、肉，另一个是内在蕴藏的"意气"。

（一）筋、骨、血、肉与气

由笔墨而成的线形态用中国书画理论的术语可以概括为筋、骨、血、肉与气。筋、骨、肉的概念最早出现在中国书论之中，用来表现用笔的风格，实际

---

① 俞剑华：《中国古代画论精读》，人民美术出版社 2011 年版，第 379 页。

② （明）董其昌：《画禅室随笔》，周远斌点校，山东画报出版社 2007 年版，第 20 页。

③ 周积寅：《中国画论辑要》，江苏美术出版社 2005 年版，第 438—439 页。

④ ［英］克莱夫·贝尔：《艺术》，中国文艺联合出版公司 1984 年版，第 4 页。

上也指线条的形态。东晋卫夫人在《笔阵图》中说："善笔力者多骨，不善笔力者多肉；多骨微肉者谓之筋书，多肉微骨者谓之墨猪；多力丰筋者圣，无力无筋者病。"[①] 这里已经提到筋、骨、肉的概念，涉及骨肉的基本特征。纵观中国古代书画理论，笔墨的形态无论怎样变化，历代书画理论基本将其归结为筋、骨、血、肉的范畴。

骨借指用笔的力量，用笔须有力量，线条应挺拔刚劲，这样的笔画形成了书法字体的间架结构，必须刚正。筋比喻的是笔法柔韧的程度，或者指点画之间的联系。肉指的是点画线条的肥瘦。血比喻的是水墨的使用，也就是墨色的浓淡枯润。总括筋、骨、血、肉的形态，就是线条的刚柔、肥瘦、枯润的变化，这一说法从书法扩展至绘画。清代王翚在《清晖画跋》中说："凡作一图，用笔有粗有细，有浓有淡，有干有湿，方为好手。若出一律，则光矣。"[②]

骨为艺术形象的构架，历来受到重视，书法字体的骨架要正，线条应有力量，须有挺拔之势，绘画之中的线条也如此。东汉蔡邕在《九势》中云："下笔用力，肌肤之丽。"[③] 笔力乃是书法形态美的基础。唐代书家徐浩说："初学之际，宜先筋骨，筋骨不立，肉何所附?"[④] 唐代蔡希综在《法书论》中云："每字皆须骨气雄强，爽爽然有飞动之态。屈折之状，如钢铁为钩：牵掣之踪，若劲针直下。"[⑤] 可见，骨力的重要地位不容忽视。

对于筋的理解，与骨相近，指的也是力量感。东晋卫烁说"多骨微肉者谓之筋书"，但是这种力量与骨的铮铮之态不尽相同，筋带有柔性的力量，如果说骨的特点是刚劲，筋的特点则是柔韧。卫烁肯定了筋的重要性："多力丰筋者圣，无力无筋者病。"[⑥] 王羲之认为："欲书先构筋力。"[⑦] 筋骨都是就用笔和线

---

① 上海书画出版社、华东师范大学古籍整理研究室编：《历代书法论文选》，上海书画出版社1979年版，第22页。

② 沈子丞：《历代论画名著汇编》，文物出版社1982年版，第316页。

③ 上海书画出版社、华东师范大学古籍整理研究室编：《历代书法论文选》，上海书画出版社1979年版，第6页。

④ 潘运告：《中晚唐五代书论》，湖南美术出版社1997年版，第175页。

⑤ 潘运告：《中晚唐五代书论》，湖南美术出版社1997年版，第162页。

⑥ 上海书画出版社、华东师范大学古籍整理研究室编：《历代书法论文选》，上海书画出版社1979年版，第22页。

⑦ 上海书画出版社、华东师范大学古籍整理研究室编：《历代书法论文选》，上海书画出版社1979年版，第28页。

条的力度而言，因此二者后来经常被合用，但是二者在力度表现形式不同，骨是一种直接的、刚性的力量，而筋则是一隐形的力度和联系，两者可以与阴阳二性对应起来，骨对应的是力的刚劲，即阳的一面；筋对应的是力的柔韧，即阴的一面。筋骨的合用也表明了阴阳观念对于线条形态方面的影响。

对于肉的理解有一个过程，清代张廷相、鲁一贞在《玉燕楼书法》中云："字之肉系乎毫之肥瘦，手之轻重也。"[①] 肉即是线的粗细状态。从上述东晋卫夫人在否定意义上看待"肉"，所谓"善笔力者多骨，不善笔力者多肉""多肉微骨者谓之墨猪"，多肉是笔法不成熟的表现。后代书法家将筋、骨、肉联系起来，以说明各自的风格，否定的意味渐少。唐代徐浩在《论书》中评曰："虞得其筋，褚得其肉，欧得其骨。"[②] 张怀瓘将筋、骨、肉作为不同书法家风格的体现，这也就肯定肉作为一种形态特征的意义和价值，好比人的体型，除了骨之外，须有肉相配合，线的形态方能饱满。

血主要指墨的运用。将血的概念提出，标志着筋、骨、血、肉观念体系的成熟，也标志着笔墨概念的融合。墨与水相关，墨因此有浓淡、干湿、枯润的不同变化。水具有流动性，墨色的变化实际上就为书法、绘画形象及其线的变化注入了活力，线于是更具有了活性。元代陈绎曾在《翰林要诀》中云："水太渍则肉散，太燥则肉枯；墨太浓则肉滞，太淡则肉薄。"[③] 所谓墨分五色，这可以作为墨的色彩体系，因此，也可以说，线由于墨的融合具有了色彩的变化，这一点对于中国书法绘画的线条而言非常重要。线不仅有形态的意义，而其本身也具有了"色彩"的意义。相比而言，西方造型艺术中的线条主要作为一种形态，色彩则是另外一套体系，主要用在面的涂绘方面，像中国的山水画，如果没有墨的精妙运用，就谈不上山水意境的营造。清代唐岱在《绘事发微》中说："墨有六彩，而使黑白不分，是无阴阳明暗；干湿不备，是无苍翠润秀；浓淡不辨，是无凸凹远近。"[④] 这一论断精辟地阐述了墨运用的重要意义。

综上所述，筋、骨、肉就笔而论，血就墨而论，笔墨融合就是筋、骨、血、

---

① 王伯敏等：《书学集成》，河北美术出版社 2002 年版，第 31 页。

② 上海书画出版社、华东师范大学古籍整理研究室编：《历代书法论文选》，上海书画出版社 1979 年版，第 276 页。

③ 上海书画出版社、华东师范大学古籍整理研究室编：《历代书法论文选》，上海书画出版社 1979 年版，第 484 页。

④ 转引自傅抱石：《中国绘画理论》，江苏教育出版社 2005 年版，第 105 页。

肉成为一个整体，筋骨劲健、血肉丰润，才是线的理想状态。书画用笔，应当以筋骨为主干，主干藏于内，以血肉为外形，血肉显于形，历代书画家大多主张筋骨不宜暴露于外，应藏于血肉之内。王羲之在《用笔赋》中说："方圆穷金石之丽，纤粗尽凝脂之密，藏骨抱筋，含文包质。"① 清代布颜图说："筋骨在内，皮肉在外。"② 说的都是这个规律，四者相辅相成，线条的力度轻重得宜，形态肥瘦得当，血肉丰满，由此构成具有生命活力的审美形象。宋代韩拙在《山水纯全集》中说："笔绝不可断谓之筋，缠转随骨谓之皮，墨迹刚正而露节谓之骨，伏起圆混而肥谓之肉。尤宜骨肉相辅也。肉多者肥而软浊也，苟媚者无骨也，骨多者刚而如薪也，劲死者无肉也，迹断者无筋也。"③ 无独有偶，书画相通，在绘画方面，唐代张怀瓘在评价"六朝三杰"这样一个历史难题时，提出了神、骨、肉的观点，张怀瓘将绘画与书法的关于筋、骨、肉的评价结合起来，他提出"张得其肉、陆得其骨、顾得其神"的说法。

筋、骨、血、肉总体来说显现出来的线的形体，这种外显的因素可以看作阳的一面，那么，潜藏在这四者之中属于阴的一面，无迹可寻却又无处不在的，则是另一个决定性的因素，这就是气。关于气的理解，历代的书画理论可谓汗牛充栋，在中国古代哲学观念中，气具有本体的意义，气无处不在，气不仅是自然万物生发的源泉和基础，也是艺术发展的动力。对于笔墨的形态和美感，气具有重要的存在价值。在中国古代书画理论中，无形之气贯穿到有形的笔墨之中，才使得笔墨的形态多姿多彩，它的产生与创作主体具有密切关系，气经常与神、意等范畴联系起来，作为一类范畴系列，与筋、骨、血、肉相对。唐代张怀瓘评顾恺之、陆探微、张僧繇的绘画时说："象人之美，张得其肉，陆得其骨，顾得其神。"④ 荆浩论画提到用笔时说："笔绝而不断谓之筋；起伏成实谓之肉；生死刚正谓之骨；迹画不败谓之气。"⑤ 荆浩此说将筋、骨、肉与气联系起来，视其为完整的整体。苏轼论书法时所说："有神、气、骨、肉、血，五

---

① 上海书画出版社、华东师范大学古籍整理研究室编：《历代书法论文选》，上海书画出版社1979年版，第37页。

② 俞剑华：《中国古代画论精读》，人民美术出版社2011年版，第82页。

③ 卢辅圣：《中国书画全书》（第二册），上海书画出版社1993年版，第355页。

④ 葛路：《中国画论史》，北京大学出版社2009年版，第53页。

⑤ （唐）荆浩：《笔法记》，王伯敏注译，人民美术出版社1963年版，第4页。

"似与不似"似乎都已经不再重要，人们只需要从水墨流动的痕迹之上便可以领略其审美价值，这可以说是笔墨欣赏价值的又一注解。如果将形象与笔墨二者的审美意蕴对比起来，二者形成了一种此消彼长的关系，形象的概括性越强，形象所承载的审美意蕴便发生了转化，形象的直观感受印象减弱，笔墨本身的视觉冲击力和审美意蕴于是丰富起来，笔墨便成为可供独立欣赏的对象。

第二章　中国古代艺术之线的历史形态范畴

中国古代艺术的线条在不同的历史时期呈现出的风貌各有其特点，同时又相互联系，形成一个连绵不断的历史发展线索。本章将对中国古代艺术不同历史时期的线条特点进行概括和分析，总体来说，中国古代艺术的线条经历了抽象的形式、具象的形式和意象的形式三个阶段。

第一节　抽象的形式

从石器时代到商周时期，线的特征表现为抽象的形式，这些形式或者是几何形的纹饰图形，或者是物象的变形，文字形态也是一种对于物象模仿的抽象，基本上，可以将这些形态归纳为抽象的形式。

一、线意识与抽象符号的出现

从前文我们已经了解到，线在现实生活中是不存在的，线的概念或者视觉形象的出现实际上是人在头脑中进行抽象化的结果，是出于对于事物划分界限的需要，也就是分类的需要。当事物有了界限，我们的感性认识和理性认识就有了起点，因此，线在现象世界中一个重要体现是轮廓感。轮廓就是物体内部和物体外部之间的界线，当线出现在混沌的空间中，空间的混沌感才会被打破，空间才被人意识到，进而人们能够按照自身的感知和理解对空间进行重新的分割，这实际上就是“线的意识”。也就是说，当线的意识出现之后，人对于世界的感知和理解前进了一大步。在这一点上，世界上不同的地区和民族具有极大的相似性，比如原始绘画，无论是欧洲、非洲或者中国所发现的原始绘画，其形象的形态基本都是以线勾勒物体轮廓作为造型的基础，如西班牙阿尔塔米拉洞窟壁画中的野牛形象（图2.1），就是以线勾勒轮廓，结合平涂颜色造型。实际上，线的抽象性也说明了这样一个观点：在某种程度上，艺术的产生本身就带有抽象性。“不仅是绘画，可以说一切艺术的开端都表现为抽象，因为最初的艺术都是以符号形式出现的，即线的符号（包括动作化了的线的符号）、色的符号、音的符号等”①。

中国原始艺术中线的产生同样遵循着这样的规律，线成为人们视觉化的、抽象化的表现形式。德国艺术史学家沃林格说：“艺术活动的出发点就是线形的抽象。”② 中国原始时期的图画符号，可视为最早的线的艺术形态。原始岩画、洞穴壁画等线的造型功能在于表现物体的轮廓，就目前发现的比较著名的岩画有贺兰山岩画、甘肃黑山岩画等，其线的造型基本包括两个类别：一类是以硬质工具凿刻的岩画，也就是线刻；另一类是用软质工具蘸取颜料涂画，即涂绘。从岩画中还可以发现线条抽象意味的另一个表现——对称感。从以上岩画中可以发现原始先民在刻画线条时有意识地将自然的物象以线条的形式进行了有规律的排列，使其呈现出对称感，构图形式呈平面性。对称为平面构图中最自然的规则，岩画中线条的长短、方向均具有对称感，体现出强烈的抽象符号意味。

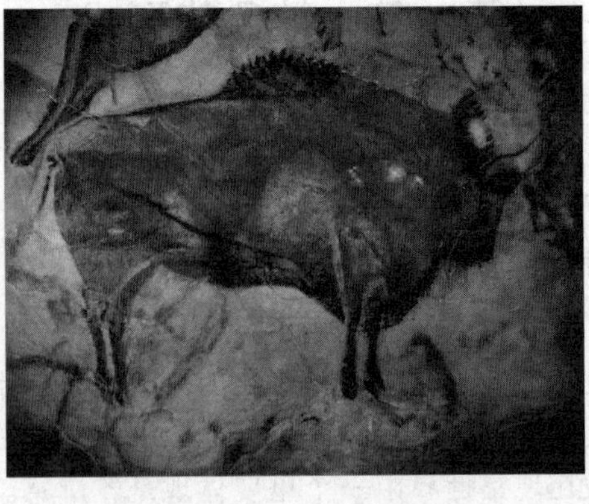

图2.1 ［西班牙］阿尔塔米拉洞窟壁画《野牛图》

除了原始绘画，中国原始艺术的另一个体现是原始刻画符号，它实际也是

① 金丹元：《比较文化和艺术哲学》，云南教育出版社1989年版，第36页。

② ［德］沃林格：《抽象与移情》，王才勇译，辽宁人民出版社1987年版，第63页。

线的艺术。在远古时期，绘画与文字尚未分离，究竟这些符号是绘画的起源还是文字的起源目前尚无定论，但是可以肯定这些符号都以线的刻画组成，如传说伏羲所创八卦，就是符号化的线条艺术，并被看作文字的起源。这些线条符号方法极为朴拙，几乎谈不上技法，八卦中的每一卦象都由六爻排列组成，每个爻或是表现为实线“——”，或是表现为虚线“－－－”，这种方式可以看作远古时期最为简单明了的线条技法。从文字符号的产生来说，它同样具有抽象的意味，《说文解字》有云：“古者庖牺氏之王天下也，仰则观象于天，俯则观法于地，视鸟兽之文与地之宜，近取诸身，远取诸物，于是始作八卦，以垂宪象。及神农氏结绳为治而统其事，庶业其繁，饰伪萌生。”① 也就是说，文字源于对万物的象形模仿，指示意义。以双墩刻符为例，这些刻符大多刻在陶器上，刻写技法娴熟，起笔和收笔有一定的顺序和讲究，先上后下，先左后右，并且具有较为明显的表意特征，在这些刻符之中，几何形刻画符号各类形态十分丰富，包括十字形、三角形、五角形、方框形、网格形和菱形网纹等，笔画有重复递增的现象。

再从书法来说，书法是文字的书写艺术，而文字是一种抽象的符号，文字的抽象性必然会影响作为艺术的书法，因此，书法也必然具有一定的抽象性。虽然象形是中国汉字的造字方法之一，但是从文字本身的发展来说，它是趋于抽象化和符号化的，与世界其他地区的文字发展历史类似，中国汉字的发展在早期的主要功能在于记录和交流，至少可以说工具价值大于审美价值，书写的实际需要大于审美需要。当然也不可否认，即使在中国汉字发生发展的早期，朦胧的审美价值和美感也在依稀地发生，如殷商甲骨文线条对称，搭配合适，风格瘦劲峻拔（如图 2.2)，具有一定的美感，但这种美感终究是处于一种萌芽状态，所以，如果考察书法早期的发展历程，无论是作为交流还是作为记录的符号，书法的抽象意味是十分强烈的。

另外，先秦时期的书体演变体现出了一种抽象符号的趋向。先秦时期是早期书法的成型时期，商周时代的甲骨文、金文，战国时期的大篆和小篆都已出现。上文已述，甲骨文用硬质工具刻写，多用尖锐的刀具刻成，或是先书后刻，或是以刀为笔直接刻写，已经具备了用笔、章法、结字等书法要素，因其刻写工具为硬质尖锐之物，刻写时不易圆转，因此以直线使用较多，以方折为主，

---

① 崔尔平：《历代书法论文选续编》，上海书画出版社 1993 年版，第 2 页。

图 2.2　殷墟　甲骨文

字体瘦劲、峻挺，章法上以纵成行为主，字体结构搭配匀称，相互对称，方圆结合，如“盘庚至武丁时期，约有百年，笔力粗犷遒劲，结体方整，行款错落有致”①。刻写在青铜器上的铭文在商代中期以后发展起来，到周代发展到高峰，这就是金文或钟鼎文（如图 2.3）。金文与甲骨文同时存在，自成体系，刻字方式包括阴文和阳文两种形式，阴文凹入成为款，阳文凸出成为识。艺术理论家熊秉明谈到了书法的抽象性，“书法不能脱离文字，也就是文字所具有的一些特点：文字有一定的内容，它是可读的，阅读有一定的方向和秩序；在写的时候，笔画先后，笔画组成，分行成篇，都有约定俗成的规律”②。也就是说，书法必须遵从文字的规律，而文字本来就是一种较之图形、绘画更抽象的产物，因此，早期书法的发展呈现出文字本身的更多特点，如便于书写、结构的简化、笔画的统一，逐渐脱去象形的因素。如书体发展到西周晚期，文字笔画的肥瘦之别渐趋统一，方圆形团块也逐渐消失，字形自由，文字线条趋于平直，这些特点显示了文字符号化的趋向。当书体发展到小篆时，简化规整的特征更为明显，小篆继承和发展了之前金文的特征，其书体颀长，笔画从繁复走向简约，大篆没有固定的书写模式，而秦代小篆将其相对固定在一个长方形的框架之中；大篆线条边缘附着有很多概括的具象成分，到了小篆阶段则将具象成分加以整肃，更显抽象化，而且小篆呈全封闭的用笔体式，其突出特点在于对空间结构的绝对匀称的分割，小篆的这种特点表现了抽象化的趋势（如图 2.4）。

---

① 朱天曙：《中国书法史》，文化艺术出版社 2009 年版，第 8 页。

② ［法］熊秉明：《中国书法理论体系》，天津教育出版社 2002 年版，第 31 页。

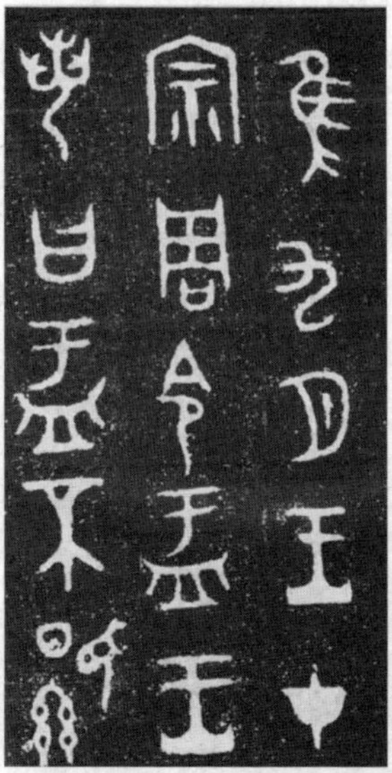

图 2.3 （西周）大盂鼎文 拓片

图 2.4 （秦）琅琊台刻石

二、几何形态与秩序感

线的艺术从新石器时代的彩陶纹饰到商周时代的青铜纹饰，呈现出一个显著的趋向，那就是几何化。线条作为造型元素，对于自然万物的形象模仿呈现出几何化的趋向，比较典型的代表是仰韶文化的彩陶纹饰和商周的青铜纹饰。

以仰韶文化为代表的彩陶纹饰是中国线条艺术在远古时期的一个突出典范，原始时期这些彩陶纹饰包括象形和几何两个类别。实际上，除了少数象形纹之外，几何纹占据了纹饰艺术的主流，李泽厚就持这种观点："占据新石器时代陶器纹饰走廊的，并非动物纹样，而是抽象的几何纹，即各式各样的曲线、直线、水纹、旋涡纹、三角纹、锯齿纹种种。"① 普列汉诺夫曾说："几何图形的装饰在原始装饰图案上占有非常显著的地位，并且在第四纪的工具上已可以看到。生产力的进一步发展给予了这类装饰的发展以新的推动力。在这里起特别巨大作用的就是陶器艺术。"② 这些几何纹饰包括网格纹、波浪纹、带纹、三角纹、

① 李泽厚：《美的历程》，天津社会科学院出版社 2002 年版，第 23 页。

② ［俄］普列汉诺夫：《普列汉诺夫美学论文集》，曹葆华译，人民出版社 1983 年版，第 432 页。

漩涡纹等，其中仰韶文化中期的网格纹是马家窑文化中的一种常见线纹，它以粗线条构成椭圆、四边或不规则的形状，再加以细密的线纹形成倾斜、垂直、横向的方式相交而成网格，线条匀称，形态细腻，而漩涡纹则是以弯曲起伏的弧线首尾相连，层层相间，形成有层次的旋涡状，具有一种动态的美感（如图 2.5、图 2.6）。这些几何形的纹饰“是由动物形象的写实而逐渐变为抽象化、符号化的”[①]。几何纹中的不少类型都是从象形纹饰演变而来，如半坡彩陶中鱼纹的演变，其鱼纹包括单体鱼纹和复体鱼纹，从开始的形象式的形态模仿经过线条的抽象、组合，逐渐演变为几何式的纹饰，所以，这种演变过程体现出明确的抽象过程。

图 2.5　新石器时期马家窑文化漩涡纹彩陶四系罐

图 2.6　新石器时期马家窑文化彩陶漩涡纹双耳罐

商周时代因其高度发达的青铜文化，史称青铜时代。在夏朝，青铜器作为礼器是地位和权力的象征，据《左传》记载，夏初，大禹划分天下为九州，用青铜所铸的九鼎象征着君主的无上权力。到了商代，青铜礼器的种类大量增加，纹饰趋于繁密，青铜纹饰更成为中国历史上线文化无法取代的艺术类型。商代的青铜纹饰也包括两个类别：几何形和象形。象形纹饰以兽面纹为主，艺术水准高，虽然是以动物形象为主题，但是其造型手法却并不是写实的，而是一种极度抽象的几何化手法，所以，总体来讲，商周时代的纹饰也是以几何抽象化的特色为主。商代的兽面纹以饕餮和夔龙为典型的代表。饕餮是一种想象中的面目狰狞的怪兽，饕餮纹不以写实手法，而是用线及线的组合，采取抽象化、装饰化的手法勾勒其形态，线条粗细相间，直线、曲线结合，风格神秘狞厉。

① 李泽厚：《美的历程》，天津社会科学院出版社 2002 年版，第 29 页。

青铜几何纹饰则以云雷纹为代表，云纹指的是由回转的曲线构成的线纹，雷纹指的是由回转的直线构成的线纹，两者界限并不十分鲜明，云纹与雷纹两种形态往往被同时使用，故称云雷纹。商代云雷纹一般在青铜器正面主体部分分布，疏密有致，重复而简单，具有一种秩序感。从以上彩陶纹饰和青铜纹饰的分析中，可以看到，这两大类别的纹饰都是以几何纹饰为主，即使是象形纹，也采用了抽象化、几何化的手法进行了变形。几何化、抽象化的结果是形成了一种线的秩序感，秩序感既是几何化线纹所产生的一种艺术美感，同时也是几何化线纹产生发展的社会心理基础。上文已述，商周时期的青铜纹饰呈现几何化的趋向，线纹的布局十分严谨而对称，对称成为线纹布局的最大特征之一，对称的布局是秩序感的典型显现。另外，线纹有规律的重复也是秩序的体现，如前文所提到的马家窑文化中陶器上的网格纹、漩涡纹的线条都是按照一定的方向、形态，有规律地排列。商周青铜器上的各种兽面纹、云雷纹等线条排列则更为严谨细密，云雷纹线条疏密相间，对比而又统一，形成一种韵律感，体现了一种秩序美，如出土于河北辛集市的商代“作父丁”饕餮纹铜卣（现藏于河北省博物馆，如图 2.7）、出土于陕西临潼区零口镇的武王征商簋（现藏于中国国家博物馆，如图 2.8）、出土于江西新干大洋洲商代墓的雷纹伏鸟双尾虎（现藏于江西省博物馆，如图 2.9）都装饰有各类纹饰，包括饕餮纹、云雷纹等。“作父丁”饕餮纹铜卣盖的顶面及腹部装饰有饕餮纹，盖底、肩和圈足部分装饰有夔龙纹；雷纹伏鸟双尾虎身体装饰有阴刻交叠式雷纹，简洁流畅；武王征商簋腹部和方座座壁的纹饰是以饕餮纹为主，两侧装饰倒夔纹，圈足也有夔纹；方座面四边有蝉纹，用云雷纹为底来衬托主，其所用纹饰之丰富让人惊叹：线条流畅

图2.7　（商）“作父丁”饕餮纹铜卣

图 2.8　（西周）武王征商簋

图 2.9　（商）雷纹伏鸟双尾虎

清晰，风格凝重肃穆，其中饕餮纹明显具有对称性的布局，其形象被刻画为以鼻梁为中心，眉、眼、耳、角分别以对称形式排列在左右两侧。以云雷纹和饕餮纹为代表的象形纹饰的“几何化”表征了这样一个事实：它们既具有所模仿形象的原始形态的特征意味，同时又进行了几何式的抽象，因此，我们不能简单说它们是一种模仿，或者是一种抽象，当然，不可否认，原始思维具有形象性的特点，正如法国人类学家列维·布留尔所说：“原始人的思维是具体的思维，亦即不知道因而也不应用抽象概念的思维。”① 的确，虽然抽象的概念在那个时期还没有形成，但是抽象的“经验形式”却存在，应该说这些纹饰是被抽象原则所制约和规范的模仿，是远古先民抽象的经验形式与模仿性心理结构的结合，从而形成了一种复合式的审美心理结构，原始先民“主体审美心理结构中已具有了抽象的经验形式和摹仿性的‘心理视象’，这两种心理能力和观念在创造过程中的作用是混沌为一体的”②。这种审美心理结构因为其规整的几何化特点，同时也是一种带有秩序感的审美心理结构，这种抽象化的模仿对于中国后来的绘画等艺术类型产生了深远的影响。英国艺术史学家贡布里希说：“对对称、平衡和比例关系的追求很深刻地表现了人类的天性。”③ 也就是说，寻求秩

① ［法］列维·布留尔：《原始思维》，商务印书馆 2004 年版，第 495 页。

② 张晓凌：《中国原始艺术精神》，重庆出版社 1992 年版，第 69 页。

③ ［英］E. H. 贡布里希：《秩序感——装饰艺术的心理研究》，范景中、杨思梁、徐一维译，湖南科学技术出版社 1999 年版，第 143 页。

序感是人的内在心理结构的一种表现。他进一步谈到了原始人类对于几何形态选择的倾向性：“我们的知觉偏爱简单的结构、直线、圆形以及其他的简单平面秩序。我们在混乱的外部秩序里往往易于看清的是这类有规则的形状。”[①] 秩序是原始思维中出现的一个必然结果，法国结构主义人类学家列维·斯特劳斯说：“我们称作原始的那种思维，就是以这种对于秩序的要求为基础的，不过，这种对于秩序的要求也是一切思维活动的基础，因而正是通过一切思维活动所共同具有的那些性质，我们才能更容易地理解那类我们觉得十分奇怪的思维形式。”[②] 列维·斯特劳斯的这段话说明了为什么几何化兼具模仿性的纹饰会呈现出这样一个特别的形态。

结合以上对于原始岩画、彩陶纹饰、青铜纹饰以及早期书法线的形式的分析，我们可以概括一下，无论线的轮廓感、符号化、几何化、秩序感，还是对称、重复、平衡、整体等形式美感的体现，都指向了这样一个结论：从总体上来说，原始时期至商周时代的线艺术，抽象的特性是其主要的时代风貌，因此，可以称这一阶段的线艺术为抽象的形式。

第二节 具象的形式

从秦汉时期，或者更早，从晚周开始，中国古代艺术中线的形态和时代特征开始发生潜移默化的迁移，在审美观念上神秘性的鬼神崇拜主题和形式逐渐淡散了，现实性的因素无论在观念上还是在形式上都逐渐占据了主流。线的抽象形式逐渐褪去，具象化的形式发展起来，具象的形式在中国艺术发展史上经历了一个漫长的阶段，从粗朴走向精致，从简略走向细致，从抽象到写实。

一、线条造型功能的增强

中国古代艺术的线发展到晚周至春秋战国时期，商代的那种神秘感和狞厉的风格已经逐步改变，抽象化的意味也不再强烈，线作为对现实世界描摹的手段，其写实性开始不断增强，具象化的形式趋向日益显著。

晚周以后至战国时期的青铜纹饰仍然流行（如图 2.10），但是其风格与之

① ［英］E. H. 贡布里希：《秩序感——装饰艺术的心理研究》，范景中、杨思梁、徐一维译，湖南学技术出版社 1999 年版，第 30—31 页。

② ［法］列维·斯特劳斯：《野性的思维》，李幼蒸译，商务印书馆 1987 年版，第 14 页。

前的已经迥然不同，现实性因素已开始取代神秘性因素，线条风格趋于平实。周代中期开始，动物纹饰造型已开始具有写实倾向，这时的线纹已经不再是抽象化、几何化的繁缛风格，虽然减弱了商代兽面纹那种庄严宏大的气度，但是对于动物形象进行了更准确的把握和刻画，力求真切地表现动物的原型体貌特征。这种转变延续到春秋战国时期的青铜纹饰风格之中，人面纹也褪去了之前神秘化和抽象化的色彩，而以生活中的现实形象为原型，以表现原型形象为旨归，像战国时期的青铜纹饰不仅在形象主题上以现实生活为原型，而且在手法上采用了描摹真实细节的方法，如宴乐渔猎攻战纹图壶（如图 2.11），刻画的是战国时期贵族生活，其壶身满饰嵌错图案，分为三层，上层为采桑射猎图，中层为宴乐戈射图，下层为水陆攻战图，整个壶身以生动流畅的线条刻画了当时社会生活，反映出时代的气息。

图 2.10　（西周）大克鼎

图 2.11　（战国）宴乐渔猎攻战纹图壶

春秋战国时期的绘画目前可见的是《人物御龙图》（如图 2.12）和《龙凤仕女图》（如图 2.13），均是帛画，其线条的造型特点与青铜器的纹饰比较相似，以单线、块面结合，平面造型。《龙凤仕女图》中线条简洁流畅，且有顿挫轻重之感，而《人物御龙图》还采用了渲染方法，增加了画面形象的立体感和纵深感。这种造型手法说明了两个问题：第一，线的造型功能在加强，如《人物御龙图》整体上人物和龙鸟鱼形象的造型较《龙凤仕女图》更为准确，写实性更强，比例与现实中的实物更为接近，其线条劲挺流畅，用笔有比较明显的提按之别，转折流畅，这也说明了其在笔法上更为精细与完善，更富于美感。第二，线描与涂绘的手法结合，尤其是《人物御龙图》在敷赋彩上较《龙凤仕女图》也更进一步，色彩运用有了明显的渲染手法，色彩效果丰富，线色关系的融合为生动塑造形象奠定了基础。以战国时期漆画为例，如 1978 年出土于湖

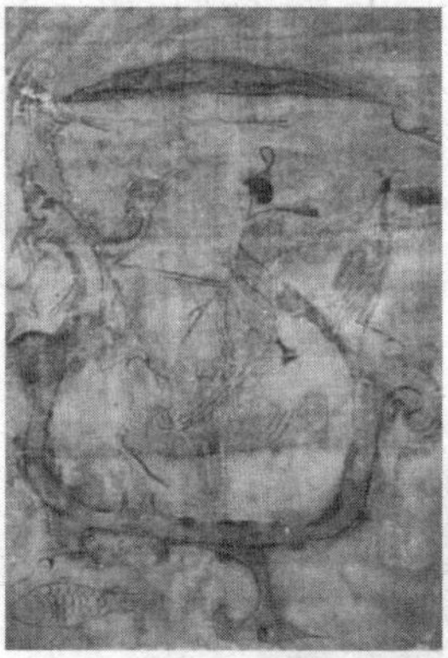

图 2.12　（战国）《人物御龙图》

图 2.13　（战国）《龙凤仕女图》

北省随县擂鼓墩曾侯乙墓内椁漆画（如图 2.14），此绘画图案的手法与《龙凤仕女图》类似，也是以单线勾勒和平涂相结合，虽然同样在器物上进行构图，但是形象风格与商周时代的青铜纹饰大不相同，尽管技法比较粗糙，形象也不够细腻，但是已经趋向于一种写实的风格了，线条是为构造生动的形象而运用，曲线运用明显，而不是几何化的排列。

图 2.14　（战国）曾侯乙墓内椁漆画（局部）

汉代的线条艺术包括帛画、墓室壁画以及漆画等，线条的造型功能继续加强，线条技法以单线勾勒为主，形象的塑造以刻画轮廓和平涂布色结合。“从许多帛画、壁画、器物装饰绘画上看，秦汉绘画用线已根据物体形状不同，有了丰富的粗细、圆扁、曲直、徐疾的变化，某些作品已能体现出明显的笔法样式”[①]。这更加说明了线色结合、以写形为指向的方法是线的主要造型功能。如出土于长沙马王堆汉墓的帛画（如图 2.15），以墨线或朱线勾勒，写实水平日臻提高，其人物皆作正侧面立像，体量感较强，比例严谨匀称，勾线流畅挺拔，采用平涂渲染手法，人物整体描绘准确，注重细节刻画的精致，特别是人物衣纹褶皱的处理颇具匠心，显示出高超的线条技法。

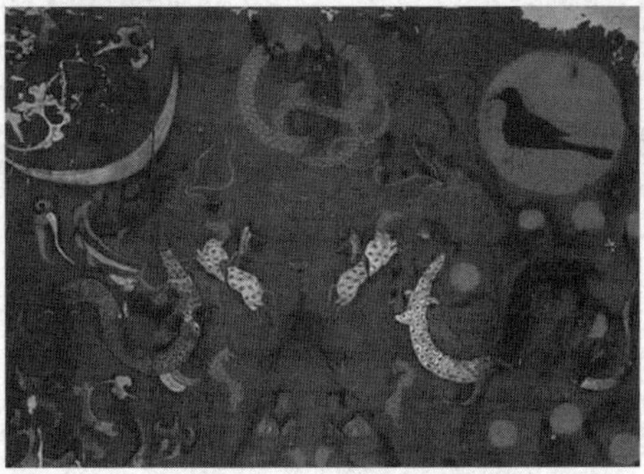

图 2.15　（西汉）马王堆汉墓帛画（局部）

魏晋时期人物画兴盛，对于人物形貌的表现，线条的造型功能进一步增强。陆机对绘画的表形功能大加肯定：“宣物莫大于言，存形莫善于画。”[②] 陆机将绘画作为保存形象的最佳手段，也就是说绘画的目的是存形，那么，形象是否真实、生动就显得十分重要了。曹植从儒家道德宣教的角度看待绘画：“观画者，见三皇五帝，莫不仰戴；见三季暴主，莫不悲惋；见篡臣贼嗣，莫不切齿；见高节妙士，莫不忘食；见忠节死难，莫不抗首；见放臣斥子，莫不叹息；见淫夫妒妇，莫不侧目；见令妃顺后，莫不嘉贵。是知存乎鉴者图画也。”[③] 由此可见，绘画所呈现的不同形象对于欣赏者具有不同的道德启发意义，因此，不同的形象就应该具有各自相应的特点，那么形象本身的形貌就显得十分重要，因此，对于线条而言，再现原型形象的特征便是一个重要的功能，也说明了对于当时绘画写形是一个重要的审美标准。

顾恺之的人物画流传古今，声名斐然，他的人物画已经能够用精细的线条

① 赵权利：《中国古代绘画技法·材料·工具史纲》，广西美术出版社 2006 年版，第 49—50 页。
② 葛路：《中国画论史》，北京大学出版社 2009 年版，第 26 页。
③ 俞剑华：《中国古代画论精读》，人民美术出版社 2011 年版，第 5 页。

刻画人物的外形，而且能够表现人物的精神风貌。在绘画理论上，他提出了“以形写神”的观念，“以形写神”被看作重神说的明确开端，但是，写形并没有被丢掉。传神的手段是什么呢？其实还是在写形上下功夫。顾恺之本人实际上对于写形是相当重视的，《历代名画记》记载他评卫协《毛诗北风图》时说：“美丽之形，尺寸之制，阴阳之数，纤妙之迹，世所并贵。”① 在这里说明了形式美与比例尺度、衣纹线条的组合变化的细致与精妙，因此，在很长一段时期内，形似至少作为一种表现方式并没有被放弃，而且在一定程度上得到强化，写形是传神的重要手段。

以顾恺之的《洛神赋图》为例（如图 2.16），在这幅作品中，顾恺之对于线条的运用达到了出神入化的境地。图中线条多以匀称的圆弧形中锋线为主，行笔沉着平实，宽窄一致，线条流畅、似拙实巧，如蚕丝般连绵不断，蕴藏着无限生机和力量，整幅画面空灵精密。人物形象充满动感、柔中带伤，画面充满诗情画意，又增添了悲凉之感。元人汤垕在《画鉴》中评价顾恺之的画：“如春蚕吐丝，初见甚平易，且形似时或有失；细视之，六法兼备。”② 顾恺之采用的“春蚕吐丝”的流畅笔法与情感表达不期而合，完美地诠释了“以形写神”的理念，所采用的这种游丝描十分恰当地表现出中国古代服饰的特殊性，丝织衣物的柔软与身体曲线的互相配合，形成独具魅力的线条之美，如洛神首次出现时，长袖落落垂挂，裙裾飘飘摇曳，身上附有各色飘带达十六条之多，袅娜飘逸，充分展现了人物的神韵，表现出魏晋时期的人物风貌。

图 2.16　（东晋）顾恺之《洛神赋图》（宋摹本，局部）

① 杨大年：《中国历代画论采英》，河南美术出版社 1984 年版，第 121 页。

② 俞剑华：《中国古代画论精读》，人民美术出版社 2011 年版，第 207 页。

唐代的仕女图与宋代的花鸟画可以作为中国古代绘画写实性风格的典范。仕女图作为人物画的一种类型，春秋时期就已经出现，魏晋六朝时期得到发展，至唐代达到一个高峰，尤以张萱、周昉为代表。唐代的仕女图已不同于前代的手法，它十分重视写实，所描绘的女性形象在体态、神态、衣纹、神情等各方面均有极为细腻的体现。宋人董逌在《广川画跋》中评周昉的仕女画："古人有言：画西施之面，美而不可悦；规孟贲之目，大而不可畏，若形者忘焉。若昉之于画，不特取其丽也，正以使形者犹可意色得之，更觉神明顿异，此其后世不复加也。"[①] 这里赞扬其写形能力的高超，其典型的手法是精描细染，用线极为细密、流畅细腻，衣纹线轻巧，轮廓线分明，人物身形曲线传神优美，如周昉的《挥扇仕女图》(如图 2. 17)，其淡墨细线细劲有力，流畅含蓄，人物面部、手部的体积感清晰，表现出纱罗薄透的质感。

图 2. 17　(唐) 周昉《挥扇仕女图》(局部)

宋代的花鸟画的写实性可谓高超，《图画见闻志》记载当时画家："尝于长沙所居舍后疏凿池沼，间以乱石丛花、疏篁折苇，其间多蓄诸水禽，每穴窗伺其动静游息之态，以资画笔之妙。"[②] 这段话说明了当时的画家非常重视写生，重视观察自然。北宋的《宣和画谱·花鸟叙论》记载："所以绘事之妙，多寓兴于此，与诗人相表里焉。故花之于牡丹芍药，禽之于鸾凤孔翠，必使之富贵，

① 叶朗：《中国历代美学文库·宋辽金卷》(下册)，高等教育出版社 2004 年版，第 69 页。
② (宋) 郭若虚：《图画见闻志》，俞剑华注译，江苏美术出版社 2007 年版，第 173 页。

而松竹梅菊，鸥鹭雁鹜，必见之幽闲，至于鹤之轩昂，鹰隼之击搏，杨柳梧桐之扶疏风流，乔松古柏之岁寒磊落，展张于图绘，有以兴起人之意者，率能夺造化而移精神，遐想若登临览物之有得也。”① 可见当时对于花鸟走禽分类的细致程度。宋代设有画院，画院体花鸟画更以富丽精工、描摹精细著称，羽毛、枝叶以线条描绘，一丝不苟，务求精到。宋代人物同样刻画精细，如北宋苏汉臣的人物画《秋庭戏婴图》(如图 2.18)，笔法细腻写实，以形写神，情趣盎然，线条描法细劲有力，以刚柔并济的运笔表现了客观对象的各种质感：孩童的头发、眉目和衣饰，都精心刻画，丝染兼备，写实性强，且变化丰富。作者用细线和淡墨勾出面部和手，婴孩丰润、柔软、细致的模样跃然于纸上。

图 2.18　(北宋)　苏汉臣《秋庭戏婴图》(局部)

纵观以上所述，线作为刻画形象的造型手段，从晚周开始萌芽，到宋代形成一个高峰。线作为存形的手段，具有高度的写实性，写形成为这个漫长时期的主要表现方式之一，而造型功能的发展和强化说明了在这个时期，线的艺术是一种具象的形式。

二、线条本身的美感

线的具象化的另一表现是线条本身形式美被意识到和发展。线本身的美被意识到，这是审美意识的自觉，形式美不仅被有意识地发展，而且朝着多样化的方向发展，多姿多彩的线描形态正是具象化的形式特点。

① (宋)《宣和画谱》，俞剑华注译，江苏美术出版社 2007 年版，第 331 页。

首先，我们来看汉代的画像石。汉代的画像石、画像砖是壁画的一种，由线刻而成，其刻线方式有阳线阳面、平面浅浮雕、阳线阴面等。汉画像石的形象构成以线条刻画为主，色彩所用极少，因此，线条成为最主要的视觉元素。虽然不同地区的画像石风格不尽相同，但是简约这个特征是共同的。人物和动植物的形象，其轮廓很多用最为简洁的线条构成。画像石拓片上呈现的整体形象一般为简洁的剪影方式，这就使得其轮廓线被突出地彰显出来，再加上轮廓线本身简练、爽利流畅、跌宕起伏，这种宛如刻骨的描绘，使得轮廓线已远远地超越了自身的意义，具有浑然天成的魅力和强烈的艺术感染力。以山东嘉祥武氏祠汉画像为例，武氏祠画像造型秩序极其简化，通过突出人物形象动态和故事情节的连续状态来强化画像主题。画像透过复杂的物象形态外表，将形态细节简略或舍弃，以求得人物形象更加鲜明、典型。如对人物的艺术处理，画像中人物头部被极其夸张地简化，刻手而略足，刻眼而略口，舍去繁枝琐节，减去了不必要的细部刻绘，而房屋造型以平面为主，简洁如框架，门窗全都舍去，树木也采用简化的手法而表现为圆形的整体轮廓。除此之外，曲线的运用十分普遍。曲线具有动态的美感，如果我们将汉代画像与其他的绘画类型加以比较，可以发现，汉画像石对于曲线的青睐尤为突出。汉画像石不同于普通的雕塑，其表现力并非依靠体量空间来体现。在汉画像石中，曲线是最基本的构造单位，曲线的视觉效果使得它能够不断延伸，因此，其运动感也最强。如山东嘉祥武氏祠画像石《荆轲刺秦王图》（如图 2.19），线条流畅准确，人物的动态效果十分显著，营造出紧张的氛围。

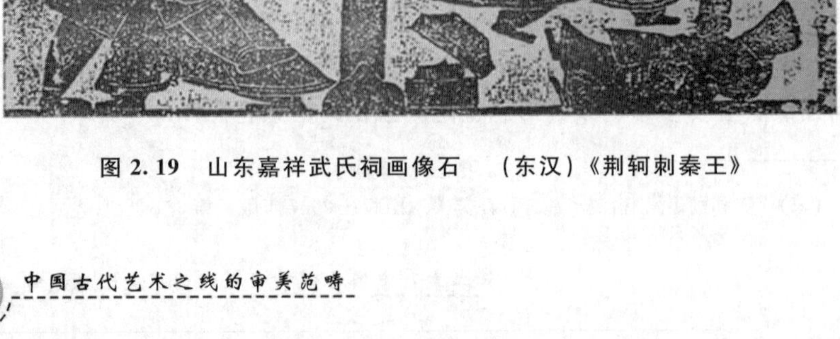

图 2.19　山东嘉祥武氏祠画像石　（东汉）《荆轲刺秦王》

魏晋之后，线本身的形态美不仅被意识到，而且形态开始出现了变化，创作者有意识地对线条的形式美进行了各种尝试，出现了形态不一、具有审美意味的线条形态，其突出的表现就是形成了对后代具有深远影响的典型线描样式。顾恺之以人物画见长，六朝以至唐宋画论中对其评价颇高，其人物线条的形式美更为后人称道，笔下的线条，被后人评价如“行云流水”，若“春蚕吐丝”，张彦远评价其笔下之线：“紧劲联绵，循环超忽，调格逸易，风趋电疾。”① 顾恺之吸收了古代描法中的线条笔法，并将其发展，形成了流美的风格，如《女史箴图》的用笔，其线条圆转、匀细，没有方折，确如春蚕吐丝。顾恺之的人物衣纹描法开启了衣纹程式的先河。与顾恺之并称“六朝三杰”的张僧繇、陆探微各有特色，谢赫对陆探微评价颇高，认为他的艺术成就在顾恺之之上。《画品录》记载：“唯陆探微、卫协备赅之矣。”② 张彦远评其画“笔迹劲利，如锥刀焉”，说的是他的线条锐利挺拔、刚劲有力。史载陆探微更吸收东汉张芝的草书笔法，作一笔画。张彦远说：“其后陆探微亦作一笔画，连绵不断，故知书画用笔同法。”③ 说的是陆探微从书法中吸取笔法精华，遂成一笔画，其线条连绵不断，张彦远评其“精利润媚，新奇妙绝”。顾、陆二人所形成的笔法线条笔迹周密，细劲有力，开创了“密体”画风的先河。张僧繇对绘画线条有两个贡献：一是他在笔法上开创疏体，与顾、陆不同；二是其佛画样式为后代推崇，是为“张家样”。张彦评张僧繇画：“张僧繇点曳斫拂，依卫夫人《笔阵图》。一点一画，别是一巧，钩戟利剑森森然。又知书画用笔同矣。”④ 说他吸收了书法点画用笔，在线条形态上开始改变顾、陆细密联绵、粗细均匀的特点，笔锋的变化更加多样，线条不再规整如一，连贯之中有变化，用笔有轻重之分，线条有长短粗细之别，点、线运用结合，显得错落有致，这是张僧繇对绘画线条形态的一个重大贡献。曹不兴，一说曹仲达，其人物衣纹描法被后人称为“曹衣出水”，意指其所作人物衣纹的线条依身体形态而变，衣纹稠密，皆紧贴身体而下垂，如同水中而出，此种描法被后人归结为“曹衣描”。元代汤垕在《画鉴》中

① （唐）张彦远：《历代名画记》，俞剑华注译，江苏美术出版社 2007 年版，第 44 页。
② 俞剑华：《中国古代画论精读》，人民美术出版社 2011 年版，第 150 页。
③ （唐）张彦远：《历代名画记》，俞剑华注释，江苏美术出版社 2007 年版，第 44 页。
④ （唐）张彦远：《历代名画记》，俞剑华注译，上海人民美术出版社 1964 年版，第 34 页。

说："曹弗兴古称善画，作人物衣纹皴绉，画家谓：'曹衣出水，吴带当风'。"①

至唐初，阎立本用线在顾恺之的细劲之风上加以变化，"在用笔方面，他与顾恺之的春蚕吐丝不一样。阎的线条，是一种比较浑健坚实的铁线描"②。其线条圆润流畅，坚韧不涩。盛唐时期的吴道子，其绘画笔法及用线在美术史上具有划时代的意义。米芾在《画史》中说他"行笔磊落，挥霍如莼菜条，圆润折算，方圆凹凸"③，也就是说，线描技法至吴道子又为之一变，这一描法与顾恺之所代表的细密匀称规整的特点明显区别开，线描开始有了粗细圆扁的显著变化，波折起伏、错落有致，两头细、中间粗，如莼菜条。吴道子的线描具有里程碑的意义：在单一的圆转中锋笔法上加入方折笔法，线条形态有了明显的粗细变化、起伏变化、断续变化，线条更加飘忽，这种中锋发力、转折调峰的用笔方式，对后世影响颇深，如吴道子的《送子天王图》（如图 2.20）中人物衣纹的线条即是这种特点。清代郑绩在《梦幻居画学简明》中即言："作大人物衣纹笔要雄，墨要厚，用笔正锋，随势起跌，或浓或淡，顺笔挥成，毋复改削，庶雄厚中不失文雅。若侧笔横扫，虽似老苍，实为粗俗，殊不足尚，宜鉴戒之。"④ 吴道子的名作《送子天王图》展现了他的线条特点，画中笔势圆转，衣服飘举，盈盈若舞，形成"吴带当风"的艺术风格，所画衣带如被风吹拂。郭若虚《图画见闻志》说："道子于是援毫图壁，飒然风起，为天下之壮观。"⑤ 郭若虚又赞其笔法："吴之笔，其势圆转而衣服飘举。曹之笔，其体绸叠而衣服紧窄。故后辈称之曰：'吴带当风，曹衣出水。'"⑥ 唐代朱景玄在《唐朝名画录》中说吴道子的笔法"立笔挥扫，势若风旋"⑦，即是说吴道子用笔中锋侧峰兼具，用笔遒劲雄放，变化丰富，具有运动感、节奏感，特别是对衣纹的描绘有飘逸、柔软的效果。

---

① 卢辅圣：《中国书画全书》（第六册），上海书画出版社 1993 年版，第 895 页。

② 王伯敏：《中国绘画史》，文化艺术出版社 2009 年版，第 117 页。

③ 王朝闻：《中国美术史·隋唐卷》，齐鲁书社 2000 年版，第 50 页。

④ （清）郑绩：《梦幻居画学简明》，见俞剑华主编《中国古代画论精读》，人民美术出版社 2011 年版，第 247 页。

⑤ （宋）郭若虚：《图画见闻志》，俞剑华注译，江苏美术出版社 2007 年版，第 194 页。

⑥ （宋）郭若虚：《图画见闻志》，俞剑华注译，上海人民美术出版社 1964 年版，第 20 页。

⑦ 王伯敏：《中国美术通史》（第 3 卷），山东美术出版社 1987 年版，第 32 页。

图 2.20　（唐）吴道子《送子天王图》（宋摹本，局部）

从以上对绘画线条风格流变的简要梳理中，可以发现，线的形式美在这一个时期得到了充分的发展，线条不仅有了粗细、长短、匀称的变化，而且形成了具有典范意义的类型，顾恺之、陆探微、曹不兴、张僧繇、吴道子等人的线描也形成了典型的范例，为后代所推崇，明代邹德忠在《绘事指蒙》中总结了“描法古今一十八等”，其中的高古游丝描、柳叶描、曹衣描、琴弦描、铁线描等经典描法在这一时期都已经成熟或者得到发展。

中国古代书法的发展过程中，最迟到汉代，书体的演变过程基本结束，各类传于后世的书体在汉代基本已经稳定下来。书体的演变在很大程度上是出于实用性的功能需要，当文字脱离书体演变的功能性需要之后，对于文字的线条形态本身形式美的追求便使其成为艺术的契机。学者陈振濂在《书法美学》一书中说：“平板不变的单线只是一种纯粹的组合部件，是一种定制的零件，书法创作仅仅是把这些零件（同一规格、同一型号的零件）安装上去，这算什么艺术创作？”[①] 这段话暗示了文字与书法的区别：文字的作用在于传递信息，只需要正确即可，而书法需要的则是“欣赏”，“在文字结构上追求动静相间的生命的美，必然在线条用笔上也努力塑造一种生命体态和律动，而当我们对一幅作品不仅仅作文字看，而试图从中发现书法美的意蕴时，我们当然对单调的线条不屑一顾，希望能有更好的笔法来塑造出更美妙的线条美感来”[②]。正是因为这

① 陈振濂：《书法美学》，山东人民出版社 2006 年版，第 144—145 页。

② 陈振濂：《书法美学》，山东人民出版社 2006 年版，第 144—145 页。

一点，书法不同于文字或者说不同于文字的实用阶段在于，书法的线条绝不是抽象化没有变化的线，作为一种视觉艺术形式，它必然有形式美的变化，必然因创作主体的不同而有显著不同的风格，因此，对于线条形式美的追求更为强烈，不同的创作主体以其对线条的理解，力求寻找最美的形式。对于形式美本身的追求，不同的书法家依据各自的理解寻求其所认为最为合适的形式，这种诉求其实也就是对线的具象形式的探求。

先秦时期的书体本身来说是出于实用的需要而不断演变的，金文、大篆、小篆这些古体文字，其线条形态的演变基本出于书写的需要，出于简化的原则，但客观上也具有形式美感。甲骨文线条瘦劲，以直线为主；金文既有笔画肥瘦的线条形式，也有平直的线条形式。秦国统一六国，小篆成为官方统一使用的文字。前文已经提到了从甲骨文、大篆到小篆等古体文字的演变特点，是一个不断规范、对称化、抽象化的过程，从开放、质朴走向规整、封闭，走向结构空间的精确切割，如现存的《泰山刻石》和《琅琊台刻石》就鲜明地表现了这一特点。相传刻石为李斯所刻，刻石字体取纵势，线条大小同一、粗细一致、结构匀称，笔法使用中锋，笔画刚劲，章法有度、庄严肃穆。从小篆到隶书的转变即所谓的隶变，则是一次书法在美学意义上的革命，虽然在整体的布局与点画结构上继续走向抽象，但这一过程的产生很大程度上是因为书写速度的需要，如东汉卫恒在《四体书势》中说："秦既用篆，奏事繁多，篆字难成，即令隶人佐书，曰隶字。"[①] 隶书的最大意义在于体现出了明确的装饰性美感，特别是线条本身的美学价值被激发出来，线条内部的艺术特征被凸显出来，线的装饰性、韵律、节奏等美学特征一一登场，在这个意义上说，隶变绝不会是一个简单、抽象的过程。隶书的出现是对篆书僵化倾向的根本性反拨，主要表现在律动的笔法和波磔的出现，隶书不再像小篆线条没有起伏变化，而是将小篆的圆笔变为方笔。小篆的笔法是没有提按顿挫的，隶书则开始出现提按和顿挫；小篆中没有钩、挑等附着在线条边缘的装饰性成分，隶书将短线浓缩成点，出现了富于变化的附着在线条边缘的装饰性成分，最为典型、最为熟知的就是蚕头燕尾的写法，燕尾的出现标志着出锋的写法的新变，标志着隶书彻底打破了小篆的封闭结构，使隶书形成开放式的用线格局。日本书学理论家伏见冲敬对隶变给予了高度的评价："秦汉之际，在文字方面，夸张点说是发生了一场革

① 洪丕谟：《书论选读》，河南美术出版社 1988 年版，第 10 页。

命，将传统的用来规定文字构造的造字原则抛到一边去，于是文字便会自然而然地变得能够辨认、能在社会上通行就行了。但如果这样的话，书体势必就会陷入一种混乱状态之中。那时候，将篆书字体书写起来颇费功夫的圆形线条简化而成方形，完全忘记了原来认为美观的那些东西。但是，这种变化是由于民族性的变化所导致的，美的观念不久就培育出了这场革命的结果，这就是被称为隶书的书体。”① 如此种种都充分地说明了书法在隶变过程中线的装饰性和艺术表现力得到大大的加强，隶变的出现也标志着中国书法真正开始朝着艺术化的方向前进了。就隶书装饰性写法本身来说，主要体现为笔法的波磔，“隶书在书法上的最大贡献是出现方折的写法和波磔，使笔法大为丰富，而这两个特征在汉初早期隶书中都已充分具备了”②。如长沙马王堆汉墓出土的竹简书上的笔画的波势和挑法十分明显。在帛书上同样具有这样的特点，长沙马王堆汉墓出土的帛书，既有篆隶、古隶，也有汉隶，其技巧纯熟，劲拔绵和，亦篆亦隶；其审美意趣与秦汉碑刻艺术截然不同。古隶虽然保留了较多的篆书的笔法特征，但也有隶化的倾向，比如长画得到强化，富于装饰性；如捺、斜勾等形成了波挑。所谓波挑，是指形如燕尾状的笔画。波，是指笔画有起伏或弯曲。挑，是指重按再提笔上挑，由重变轻。波挑状的笔画大多形成一个小型的波浪，笔致跳动而有节奏，刚中带柔，富有变化。汉隶书法如《老子》乙本（如图 2.21），其线条已经完全没有篆书圆转的态势，字形呈正方或扁方形，横画方入尖收或蚕头雁尾并用，折笔常见，左波右磔对比强烈，字距间规整有序。横画带有波磔，其笔画或为方入尖收，或蚕头雁尾并用，左波右磔，圆入，且不再笔直行笔，而是带有了波痕，收笔时上挑，形成蚕头雁尾之势。

与此同时，草书、楷书、行书在汉代出现并发展，无论哪种书体，笔画线条的形式美的意味都十分强烈。书法的线条具有鲜明的动感和气势，草书和行书表现最为突出。草书点画凝重，纵横奔放，东汉崔瑗在《草书势》一文中概括了草书大开大合的用笔特点：“观其法象，俯仰有仪；方不中矩，圆不副规。”③ 唐代张怀瓘在《书断》中评述了草书的这种急遽跳跃性的动感：“草之书，字字区别，张芝变为今草，如流水速，拔茅连茹，上下牵连。或借上字之

① ［日］伏见冲敬：《中国历代书法》，四川美术出版社 1987 年版，第 15 页。
② 华人德：《中国书法史 两汉卷》，江苏教育出版社 1999 年版，第 46 页。
③ 毛万宝、黄君：《中国古代书论类编》，安徽教育出版社 2009 年版，第 36 页。

下而为下字之上，奇形离合，数意兼包，若悬猿饮涧之象，钩锁连环之状，神化自若，变态不穷。”① 点画线条形态的强烈变化成为草书的一大特征。如张芝的草书《冠军帖》(如图 2.22)，张芝开草书一代先河，将章草变为今草，唐代张怀瓘在《书断》中评其书法“若清涧长源，流而无限，萦归岸谷，任于造化。至于蛟龙骇异，奔腾怒攫之势；心随手变，窈冥不知其所以然也”②。张芝的书法用笔淋漓酣畅又法度严谨，收放有度，点画分明，虚实结合，气势连贯，散之处见险绝，实之处见收敛。

图 2.21　西汉帛书《老子》乙本（局部）

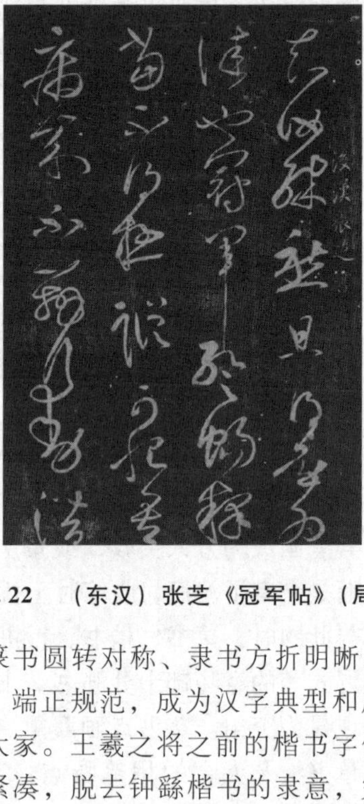

图 2.22　（东汉）张芝《冠军帖》(局部)

再以楷书为例，魏晋时期的楷书融合了篆书圆转对称、隶书方折明晰、行草简易便捷等特点，逐步定型，其笔画严谨，端正规范，成为汉字典型和成熟的形态，钟繇、王羲之成为那个时代的楷书大家。王羲之将之前的楷书字体扁平结构改为方正，横画由平势变斜势，结构紧凑，脱去钟繇楷书的隶意，完成了对楷书的“楷化”，“其楷书横、竖起笔一拓而下，收笔一改魏晋楷书的重按。

---

① 上海书画出版社、华东师范大学古籍整理研究室：《历代书法论文选》，上海书画出版社 1979 年版，第 163 页。

② 上海书画出版社、华东师范大学古籍整理研究室：《历代书法论文选》，上海书画出版社 1979 年版，第 177 页。

翻折的运用、点画的呼应、钩挑的纯熟都表明其技法的完善”①。到了唐代，楷书的线条特性更趋明朗化。唐初的欧阳询、虞世南上承南朝楷书笔画的特点，用笔连贯而出，转折灵活，没有强烈的顿挫；褚遂良则逐渐远离晋楷传统，在笔画中使用顿挫装饰性笔法，这是楷书笔法和线条形态一个大的改变，对后代的影响很大。颜真卿继承前代大家的楷书笔法优点，成为继“二王”之后对于树立楷书书风具有里程碑式的人物，他的线条笔法的最大特点是起笔收笔顿挫法强烈，点、勾、折等笔画的顿挫法明显，装饰意味浓厚，如他的代表作《大唐中兴颂》（如图 2.23），刻碑留存有多处，四川剑阁、湖南永州都有摩崖刻碑，文为唐代文学家元结所撰。

图 2.23　（唐）颜真卿《大唐中兴颂》（局部）

《大唐中兴颂》为颜真卿楷书成熟时期的作品，其用笔易方为圆，横轻竖重，笔势不折而转，厚朴中求灵变，后人评价“若有云舒雾卷，龙跃凤翔”之势，为后代的楷模范本。柳公权的楷书在此基础上继续发展，其笔画横细竖粗，线条两端装饰性强，线条瘦硬挺拔。从“二王”到颜、柳的楷书发展历程，不难发现：书法线条对于形式美的追求不断推进，装饰性更加突出，楷书在唐代达到高峰表明，书法家在力求寻找具有最佳形式美的笔画和线条，并以其作为最为合适的规范。

---

① 朱天曙：《中国书法史》，文化艺术出版社 2009 年版，第 88 页。

第三节　意象的形式

上文所述的中国古代艺术中线的具象性、精致化、写实性、装饰性的形式特点发展到一定阶段，就隐含着新的发展可能。就绘画来说，线的写实性功能在宋代达到了极为精深的程度，线不仅可以逼真、形象地描绘人物的形貌细节，还可以展现其神情姿态，唐代仕女图中女性薄透的衣纱、柔和的肌肤线条几乎让人触手可及。宋代花鸟画中花卉枝叶的纹理脉络让观赏者赞叹不已，人物画的线条形态也形成经典的样式流传后世。就书法而言，各类书体艺术到唐代几乎发展到相当完备的阶段，尤以楷书的成就引人注目。楷书的线条形态在颜柳的楷书中已经形成了系统、完备的审美规范，可谓博大精深。而草书有张旭、怀素等人空绝千古；行书有李邕、颜真卿的拓展。到了宋代，对于线的具象性的探寻，几乎到了无以复加的程度，那么，已经高度精致化的线会如何发展？线的审美价值应从何处拓展？这就转入另一种形式——意象的形式。

一、线的意象形式的探寻

（一）意象性与作为本体的意象

意象如果作为一种艺术形象来看待，简单来说，就是主观之意与客观之象融合而产生的艺术形象。从广义来说，中国古代艺术形象都具有意象性，无论是“以形写神”，还是“传神写照”，都主张形神兼备，也就是强调主客体的融合。意象之说在中国具有悠久的传统，《周易·系辞上》有云：“子曰：‘书不尽言，言不尽意。然则圣人之意，其不可见乎？’子曰：‘圣人立象以尽意，设卦以尽情伪，系辞焉以尽其言。变而通之以尽利，鼓之舞之以尽神。’”[①] 这段文字是中国古代美学史上第一次明确提出意与象的问题。魏晋时期的王弼、荀粲等人将意象之说进一步发扬光大，又提出“象不尽意”“意在象外”之说。陈寿《三国志·荀彧传》中云：“理之微者，非物象之所举也。今称立象以尽意，此非通于意外者也，系辞焉以尽言，此非言乎系表者也。斯则象外之意，系表之言，固蕴而不出矣。”[②] 经过认识论的深入探讨之后，意象的关系很快进入了艺术理论领域，东汉崔瑗在《草书势》一文中继承和发展了《周易》“立象以尽

---

① 周振甫：《周易译注》，中华书局1991年版，第249页。

② 赵幼文：《三国志校笺》，赵振铎等整理，巴蜀书社2001年版，第397页。

意”的命题，提出欣赏书法作品“观其法象”的原则。蔡邕在《笔论》一文指出：“书者，散也。欲书先散怀抱，任情恣性，然后书之。”① 又有“纵横有可象者，方得谓之书矣”② 的说法。蔡邕的这段文话表明书法作品必须是融入作者之笔意，也就是象要融入主体之意。刘勰《文心雕龙》中提出“窥意象而运斤”的命题，意指作者描述表现想象中的情景，此时的“意”和“象”是主观与客观的高度统一体，心、物的交融与契合。历代画论对此也多有记载，刘熙载说：“画之意象变化，不可胜穷。”③ 清代方薰也说：“在画时意象经营，先具胸中丘壑，落墨自然神速。”④ 从以上中国美学史上关于意象的部分论述中，“意”是由对于对象的领悟而达到的、带有理性成分的“意念”，可以理解为主体因审美对象而产生的意思、意义、意味，这种心意状态是知、情、意的结合体。从情感角度说，“意”是主体的一种情感体验，带有难以名状的模糊性，既是感性的又是渗透着理性的，具有强烈鲜明的主观情感特色，所以，意象绝非简单的意与象的拼接，而是主体的审美情感、理想认识、意念与作为表现形式的象的高度融合的综合体，如美国意象派代表诗人庞德所说：“意象在任何情况下都不只是一个思想，它是一团、或一堆相交融的思想，具有活力。”⑤

更重要的是，作为一种艺术符号的意象则具有本体意义。苏联美学家鲍列夫说：“符号是艺术篇章最基本的元素，符号构成了艺术的表述。”⑥ 如果借用语言学的“能指”与“所指”的概念，作为艺术符号的意象的“能指”即可指“象”，是经过主体的加工重组后的“象”；“意”也不是一般的“意”，而是艺术语言符号的意蕴。五代荆浩提出绘画创作“度物象而取其真”。宋代郭熙说：“盖身即山川而取之，则山水之意度见矣。真山水之川谷远望之以取其势，近看之以取其质。”⑦ 在审美意象中，情感是形式化了的情感，形式是情感自身的形

---

① 上海书画出版社、华东师范大学古籍整理研究室：《历代书法论文选》，上海书画出版社1979年版，第5页。

② 上海书画出版社、华东师范大学古籍整理研究室：《历代书法论文选》，上海书画出版社1979年版，第6页。

③ （清）刘熙载：《艺概笺注》，王气中笺注，贵州人民出版社1986年，第437页。

④ （清）方熏：《山静居画论》，郑拙庐标点注译，人民美术出版社1959年版，第30页。

⑤ 伍蠡甫主编，朱光潜译：《现代西方文论选》，上海译文出版社1983年版，第251页。

⑥ [苏] 鲍列夫：《美学》，乔修业、常谢枫译，中国文联出版公司1986年版，第489页。

⑦ 北京大学哲学系美学教研室编：《中国美学史资料选编》（下册），中华书局1981年版，第13页。

式，两者化合为一，如美国美学家苏珊·朗格所说："艺术作品作为一个整体来说，就是情感的意象。对于这种意象，我们可以称之为艺术符号。"[①] 意象从现实对象身上抽离出来，它已和实际生活完全分离，艺术家出于表达情感等主体的需要，按照一定艺术规范，遵循一定艺术技法，透过想象、联想、夸张、变形等一系列的方式，将艺术形象进行修饰和组接，正是在这个意义上，意象才具有本体的意味。

（二）线的意象形式的探寻

对于中国古代艺术中线的形态而言，进入意象形式是一次飞跃，意象形式不仅仅是线形态的视觉体现，线作为艺术符号成为一种意象。一方面，线的形态本身因为主客体的高度融合会发生巨大的变化；另一方面，以意象的视角看待线，线与意须臾不可分，张彦远在《历代名画记》中就谈到"意存笔先"的概念："意存笔先，画尽意在，所以全神气也。"[②] 就书法来说，如果把对线的外在形式的优美以及装饰性的不断探寻作为一种艺术的法度来理解，那么到了唐代，这种法度和规范已经十分完备，楷书线条的法度在颜、柳达到一个高峰，装饰性的写法以及用笔方正浑厚在颜真卿的楷书之中表现得十分鲜明。就绘画而言，到了唐代，人物画技艺高度发达，精描细染，尤其以仕女画为代表，刻画工整，线条精致，鸟兽形象的刻画也各显其神韵。北宋的院体花鸟画更加显出其用线精致出众、形神兼备的艺术风格，以至于成为典范。

当艺术的法度臻于成熟的时候，对于法度本身的取舍往往会引起艺术家的反思，艺术创作实践也证明了这一点，作为艺术形式的线同样如此。如前文所述，吴道子的线描是中国古代绘画线条发展历程的一次革新，其意义在于他明确改变了线条的形态，树立了一个里程碑式的观念：线可以产生丰富的变化。纵观吴道子之前的画，其绘画中的线条几乎没有形态的变化，画家用线几乎都是粗细均匀、规整如一，形态的变化表征着一个事实：艺术家有意识地进行艺术形态的改变，这可以看作线的意与象走向融合的前奏。既然线可以产生变化，在其他很多方面同样也可以进行变化，这既是艺术观念的一次解放，也预示着线与意融合的时期的来临，于是艺术创作者的主观之意更多参与进来，线的形态可以不必拘于

---

① ［美］苏珊·朗格：《艺术问题》，滕守尧、朱疆源译，中国社会科学出版社 1983 年版，第 129 页。

② （唐）张彦远：《历代名画记》，江苏美术出版社 2007 年版，第 44 页。

原型物象的形态，它可以随着主观之意呈现出各种各样的形态，甚至是某些极度夸张的形式，如山水画，传统的勾勒之法慢慢被皴法所代替，尤其是水墨画的兴起，笔墨之道的改变更加明显，这种变化体现在王维的山水画之中。

中唐以后，新的山水画笔法如水墨之法开始出现，王维和张藻是先驱。在王维笔下，山水轮廓不再以勾勒法为之，王维的山水画吸取古今之法进行创新，张彦远评其“工画山水，体涉今古”，唐代朱景玄在《唐朝名画录》中评王维的山水画：“其画山水、松石，踪似吴生而风致标格特出。”① 说明王维继承了吴道子的疏体风格而有所创新。明代董其昌在《画眼》中评价王维的水墨山水画：“自右丞始用皴法，用渲染法。”② 可见，水墨渲染法以及皴法的运用是王维的绘画留给后代的宝贵艺术遗产。与王维同时代的张藻的山水画也以破墨之法传于后世，朱景玄《唐朝名画录》将张璪列入神品，评价“其山水之状，则高低秀丽，咫尺重深，石尖欲落，泉喷如吼。其近也，若逼人而寒；其远也，若极天之尽”③。五代石恪的人物画线描粗略，线条形态富于变化，笔墨对比强烈。南宋梁楷的减笔人物画，用大笔画出线条，侧锋横扫，粗略简洁，浓淡相间，疏密有致，风格放纵恣睢，元代夏文彦在《图绘宝鉴》中描述他的“减笔”画道：“精妙之笔，无不敬服，但传于世者皆草草，谓之减笔。”④

（三）从皴法说起——从写实性到写意性

在中国山水画发展史上，笔法的一次巨大转变在于皴法的出现。许慎《说文解字》说：“皴，皮细起也”。皴本是指皮肤的皲裂，其意义延伸到山水画中借类似人的皮肤裂纹的山石形态纹理效果。皴的运用在唐朝墓室壁画中山石刻画之中可见踪迹，如章怀太子墓、爵德太子墓等，画中出现了刻画细致的山石形象，各种形状的石块起伏错落，比较写实，在一定程度上，可以把皴法看作线的一种变形。皴法是对山水画立体构成的一种技法尝试，皴法的运用使山水画具有了写实性的造型优势，也就是说，皴法出现的初衷在于写实性的表现需要。石涛在其《画语录·皴法》中也有明确的论述：“笔之于皴也，开生面也。山之为形万状，则其开生面非一端。世人知其皴，失却生面，纵使皴也，于山

① （唐）朱景玄：《唐朝名画录》，温肇桐注释，四川美术出版社 1985 年版，第 16 页。

② 潘运告：《中国历代画论选》（下册），湖南美术出版社 2007 年版，第 88 页。

③ （唐）朱景玄：《唐朝名画录》，温肇桐注释，四川美术出版社 1985 年版，第 11 页。

④ 卢辅圣：《中国书画全书》（第二册），上海书画出版社 1993 年版，第 879 页。

乎何有？或石或土，徒写其石与土，此方隅之皴也，非山川自具之皴也。如山川自具之皴，则有峰名各异，体奇面生，具状不等，故皴法自别。”[①] 石涛在此也强调皴法的写实功能。五代至两宋，皴法已经发展得相当充分，形成了各种形态。荆、关等人运用细密的笔法，皴法用干笔、侧锋，笔迹简短，拙朴有力；董、巨等，用中锋笔法，长短交错，笔迹柔和，凹凸有致，有阴阳变化，后世称其皴法为披麻皴，如巨然《秋山问道图》中所用皴法（如图 2.24）。北宋李成、范宽其皴法笔画短促，点簇迅疾，《图绘宝鉴》云：“落笔雄伟老硬，真得山骨。”[②] 米芾父子的“米点皴”也颇具特点；南宋刘松年李唐、马远、夏圭等人皴法的共同特点是“斧劈皴”法，以侧峰运笔，落笔横截，出笔轻捷，方硬竖立。皴法是为了表现山石纹理和质感，突出山石的空间深度，从这一层意义上来说，它是以写形为主的，但是它绝不仅仅是为了写形，正如荆浩在《笔法记》中所说：“似者，得其形遗其气；真者，气质俱盛。”[③] 更重要的是，它能够更好地体现出意气和情韵，如李唐所作《万壑松风图》（如图 2.25）就使用了“斧劈皴”。元代之后的皴法，其内涵悄然发生了变化。黄公望在《写山水诀》中写道：“山水之法在乎随机应变，先记皴法不杂，布置远近相映，大概与

图 2.24　（五代）巨然《秋山问道图》

图 2.25　（南宋）李唐《万壑松风图》

① （清）石涛：《石涛画语录》，俞剑华注译，江苏美术出版社 2007 年版，第 58 页。
② 转引自伍蠡甫：《中国画论研究》，北京大学出版社 1983 年版，第 137 页。
③ （唐）荆浩：《笔法记》，王伯敏注译，人民美术出版社 1963 年版，第 3 页。

写字一般，以熟为妙。”[①] 由于强调书法性用笔的表意功能，元代画家笔下的山石皴法不求美感形式的探索与创新，而更加重视其表意功能。明代董其昌《画旨》中记载石田翁则云：“画石须用皴，如写大山，则隽永有味。”[②] 这里强调了描绘山石必须用皴才能彰显韵味。以“元四家”之一黄公望的《富春山居图》为例，在这幅画中，他突破前人的程式，打破了勾皴之间次序和结构的完整性，使其交替进行，采用边勾边皴、勾皴结合的笔法。山石树木多用披麻皴法，乃长披麻皴，与董源的不同，他的披麻皴在勾皴之间如影随形，将内在结构与外轮廓并举，长披麻皴笔触清晰，似疏而实，似慢而紧，非常灵活而生动地表现了江南山峦质地松软、平淡秀逸的特点。在高岗与平坡的勾画方面采取浓淡朦胧的横点。他改进置换了米芾的“米点皴”表现树林，远近变化、浓淡结合，整个画面既富有变化又层次清晰，避免画面的单调，是文人画苍润相济的典型形式。

二、笔墨融合的意义

线的意象形式与笔墨的融合具有密切的关系。笔墨作为艺术媒介具有的特点和审美价值前文已有论述，这里要说的是，笔墨作为一个整体对于线进入意象的形式具有巨大的价值。

（一）水墨的价值

水墨的兴起对于中国绘画而言，无疑是一件具有历史意义的事件。水墨的兴起产生了两个结果：第一，水墨画开始取代其他种类成为主要的绘画样式。第二，水墨的兴起使绘画中线与色的关系，转变为线与墨的关系，推动了笔墨的融合，可以说，水墨的兴盛为笔墨成为绘画乃至书画艺术的主要艺术语言起到了重要推动作用。据史料记载，水墨的使用在六朝时应该已经出现，南朝梁萧绎在《山水松石格》中明确提到“破墨”及水墨画的效果问题：“或难合于破墨，体向异于丹青。”[③] 这就说明水墨及墨法在南朝时期已经出现。荆浩在《笔法记》中说：“夫随类赋彩，自古有能。如水晕墨章，兴吾唐代。”[④] 即他认为水墨画在唐代开始起步。王维、张璪等人的水墨山水画创作已经具有比较成熟的样式，王维作品《江山雪霁图》《辋川图》等突破青绿山水技法，不着色彩，而以水墨之法描绘山水，开创山水画的另一流派，并且使用了新技法，如“簇

① 俞剑华：《中国古代画论精读》，人民美术出版社 2011 年版，第 303 页。
② （明）董其昌：《画旨》，西泠印社出版社 2008 年版，第 35 页。
③ 周积寅：《中国画论辑要》，江苏美术出版社 2005 年版，第 456 页。
④ 俞剑华：《中国古代画论精读》，人民美术版社 2011 年版，第 263 页。

成”法，美术史论学者陈传席在《中国山水画史》说：“‘簇成’是用笔点簇而成，而不再用笔勾勒，王维之前是没有这种画法的。山水以及其他画科画法，历来都是用线勾勒物形，然后填色。王维始用‘簇成’法，当然是水墨法的效果。”[①] 王维用在水墨山水画中的新技法实际上在改变传统的线条技法和形态，线描技法在山水画中随着墨的使用呈现出复杂化的趋势。从艺术创作的角度来说，水墨的兴起对于中国传统绘画走向写意性以及书画的融合功不可没，“水的稀释性强化了线条的运行，严谨的勾勒造型被一笔之中有虚有实的自由线条所替代，颜色的直叙也由墨色的干湿浓淡来转述。在这种演变中，形与色的功能被减弱，意的功能被强化。与此相应，绘画技术程序和技巧趋向于书写性的直接表现”[②]。水墨开始脱离色彩序列而自成体系，且与笔开始紧密结合。水墨技法出现的意义在于墨法的成熟运用，泼墨、积墨、焦墨等墨法相继出现，墨不仅有良好的流动性，而且它本身也能分焦、浓、淡、清等不同的色彩体系，因而线、墨组合基本能够取代线、色组合，成为绘画造型的主要方式。这样一来，笔墨运用的工具不需要变换，一支笔既能运笔，也能运墨，笔墨具有了一体化的条件。笔墨的融合改变了绘画的格局，同时也改变了线的格局，水墨绘画展现的黑白、浓淡、虚实、藏露、疏密等特点融合得更为紧密，而笔墨成为形式化的符号之后，具有了独立的审美价值和欣赏价值，笔墨成为创作主体主观情志的载体，从笔墨本身，就能感受到创作者的忧郁、惬意等。笔墨能否再现物象本身并不重要，欣赏者同样可以从中领会到线条本身的形式意味和情韵，也就是说，笔墨在这里被意象化了，笔墨成为线的意象形式。

（二）从“尚意”到“尚逸”

宋代书法以“尚意”为主要的审美观念，这是书法同时也是书法线条形式审美特征的一次重大转变。在书法上，对于艺术法度的探求让位于对主体情致的发掘，如果将艺术的法度与主体之意进行比较，在此时，主体之意本身就是一种法度。意不仅早就在书法之中，而且意应该与象充分融合起来。书法以及书法的线条不只是写形的，而且是表意的，线条应该成为一种意象存在，这一点首先反映在书体的选择方面。宋代书法家更倾向于用笔画形式灵活变化多样

① 陈传席：《中国山水画史》，天津人民美术出版社 2001 年版，第 44 页。

② 赵维华：《绘画媒介与造型样式——中西传统绘画造型语言比较研究》，广西美术出版社 2008 年版，第 62—63 页。

的行书、草书创作，其成就也最高，而楷书式微。清人梁巘在其《评书帖》中说："晋尚韵，唐尚法，宋尚意，元、明尚态。"[①] 即指出了宋代书风的特点。宋代的意不同于晋、唐的韵和法，韵和法如果归结起来，都属于客体的方面。晋代书法的韵，乃是具有自然清新的意味；唐代书法的法乃是对于形式规范美的追求；宋代书法的意，则是一个质的转变，把对于书法以及书法形式的认识从客体方面转移到主体方面，对于晋、唐的典范需要继承，但是更重要的是立足于主体内在的心意，书法以及书法形式是对主体之意的显现，作为形式要素的笔画线条也是如此，可以说，宋代书法是线条形式开始意象化的第一步。北宋蔡襄用笔劲实，简练精巧，开创宋代尚意的书法美学观念，他在《论书》中说："学书之要，唯取神气为佳，若模象体势，虽形似而无精神，乃不知书者所为耳。"[②] 这一说法实际上已经是"尚意"观念的雏形。苏轼则明确提倡注重书家主体精神的表现，他认为："世之书，篆不兼隶，行不及草，殆未能通其意者也。如君谟、真、行、草、隶无不如意，其遗力余意，变为飞白，可爱而不可学，非通其意，能如是乎?"[③] 他的书法作品多为行书，笔势雅健，运笔侧锋、扁锋交互施用，笔法浑厚而轻灵，其《黄州寒食诗帖》被誉为"天下第三行书"。米芾和黄庭坚的书法自成一家，可谓是尚意书风的典范。米芾行书用笔爽劲利落，中锋转化精妙，中锋直下，跳宕攲侧，沉着痛快，垂缩留放，八面生姿，如《珊瑚帖》(如图 2.26)，大致分为两个部分，中间由一座珊瑚笔架隔开，布局奇特。藏锋露锋相互呼应，用笔跳跃提按强烈，一字之间笔画粗细多变，甚至单一笔画也有丰富的变化，尤其他采以刷法，将侧锋疾刷与中锋劲行糅合，形成所谓"八面出锋"的审美效果。体势欲左先右，欲扬先抑，跌宕跳跃，字体大小不一，各有体分。用笔倾斜，中锋用笔但是在转折顿挫时而流畅时而一波三折，形成了"八面出风"的风格特征。米芾自有学书心得："学书须得趣，他好俱忘，乃入妙。别为一好萦之，便不工也。"[④] 由此可见，米芾以"不工"作为其书法明确的审美追求。黄庭坚的草书吸收张旭、怀素用笔之法又自成，

① 上海书画出版社、华东师范大学古籍整理研究室：《历代书法论文选》，上海书画出版社 1979 年版，第 575 页。

② 崔尔平：《历代书法论文选续编》，上海书画出版社 1993 年版，第 50 页。

③ 萧元：《书法美学史》，湖南美术出版社 1990 年版，第 233 页。

④ 上海书画出版社、华东师范大学古籍整理研究室：《历代书法论文选》，上海书画出版社 1979 年版，第 363 页。

用笔紧俏，线条宕跃，瘦劲奇崛，起伏有韵，势磅礴，所谓意之所到，辄能用笔。

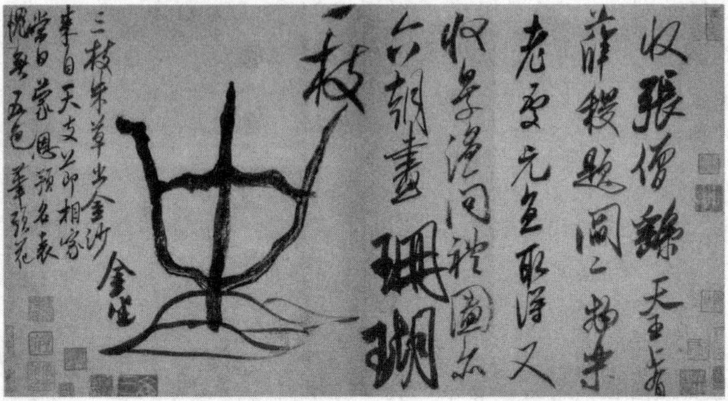

图 2.26　（北宋）米芾《珊瑚帖》

中国古代书法、绘画发展到元代，又形成一个蔚为壮观的景象：一是书画全面融合，书画同法的观念在艺术实践中得到广泛普及；二是水墨山水画得到前所未有的发展。宋代线条艺术“尚意”观发展到元代，演变为更典型的“尚逸”观，“逸气”成为那个时代的审美标志。书画全面融合，不仅表现在以书入画或者以画入书，而且在绘画布局上，在绘画作品上题诗也成为常态。笔墨已经完全成为独立的形式语言，艺术家在实践上、在理论上已经不再追求形似的东西，“逸笔草草”成为绘画普遍的用笔线条法则。“逸”作为绘画品评的标准在唐代就已经出现，唐代朱景玄在《唐朝名画录》中总结了李嗣真和张怀瓘所提的绘画审美标准，总结出“神、妙、能、逸”四格。宋初黄休复在《益州名画录》中将“逸”格提到首位，他指出：“画之逸格，最难其俦。拙规矩于方圆，鄙精研于彩绘，笔简形具，得之自然，莫可楷模，出于意表，故目之曰逸格尔。”① 即说明“逸格”不重法度规矩，笔简即能形具，用简练的笔墨就能表现出物象，实际上黄休复所说的“逸”仍停留在与“形”相联系的层面上。“元四家”之一的倪瓒的说法则不同，他说：“仆之所谓画者，不过逸笔草草，不求形似，聊以自娱尔。”② 这里说的逸与黄休复的逸格不同，“不求形似”这一说

① （宋）黄休复：《益州名画录》，何韫若、林孔翼注，四川人民出版社 1982 年版，第 6 页。
② 俞剑华：《中国古代画论精读》，人民美术出版社 2011 年版，第 305 页。

法在前代已有，不足为奇，关键在于“不求形似”之后，画也好，逸笔也好，都是为了自娱而已，也就是说逸笔是为心中之逸气而存，不为其他，那么，由逸笔所成的线条就成为一种意象性的形式。

以倪瓒的作品《渔庄秋霁图》为例（如图 2.27），此画为纸本水墨作品，采取典型的“一河两岸”三段式构图，虚实相生，计白当黑，有超凡脱俗之感。倪瓒在前人所创“披麻皴”的基础上，再创“折带皴”，用干笔皴擦，侧锋用笔，画山石纹理用折带皴，全用方笔转折，显得刚劲，同时运笔速度快而轻，产生苍茫枯涩之感，笔势运动更加自由，画出的线条也更活泼灵动，线条总体的形状呈不规则的波形，两端俏丽，使笔下之石尽显荒率野逸。总体而言，其用笔以简约萧疏见长，平淡而含蓄的笔墨舍弃了繁复的组织、穿插、交叠和变换，虽言“草草”，但实则非常精到，细微丰富的变化存在于看似简单的笔墨中。作者运用松秀简单的笔墨，营造出了远山缥缈、近坡孤寒之境，两岸之间一片苍茫，观之让人顿觉清幽萧索。

自赵孟頫提倡书画同法，同时倡导“画贵有古意”，元代画家作画之笔法与书法相互借鉴，线不是为了求形似，笔墨须有古意，更加使笔墨远离了对形似的眷顾。既然线不是对于形的模仿，因而笔墨本身的欣赏价值更具吸引力。以画竹来说，画竹就是写竹，竹叶的形态就是书法线条的形态，与竹叶本身似乎反而没有关系了，如元代柯九思所作《双竹图》（如图 2.28）。在书画同法、高举逸气的背景下，线作为意象的形式获得了极大的发展。

（三）大写意与狂草：线的意象形式的成熟

线的意象形式在元代之后继续得到发展，明末清初以后，形成意象化的成熟甚至激进的形式，其突出的代表就是大写意画和狂草书法。当我们直观徐渭等人的大写意画时，甚至已经不能用形象来描述它。我们说意象是内在和外在的、现实与想象的高度结合，具有浓厚的主观情感色彩，与原型物象之间保持了相当的距离，表现为抽象和变形。徐渭的大写意画、朱耷笔下的水鸟等，形象奇特，笔墨运用大胆，尤其是墨的运用酣畅淋漓，几乎已经看不到所谓线条的踪迹了，甚至已经“破坏”了中国传统美学观念中的和谐观，但实际上其中仍有线的运用，只是这种意象化的形式达到了极其夸张的地步。这些绘画似乎又回到了抽象形式的原始形态，但此时的线条形式绝对不是原始时期抽象化的线条形式，每一幅具体的作品都是融合了创作主体个体化的思想情志，凝结了他们对于社会生活、自然宇宙的包括理性的、感性的、情感的、道德的等各个

方面的认识和体验，已经不是原始时期那种朦胧意识的抽象体现。准确地说，

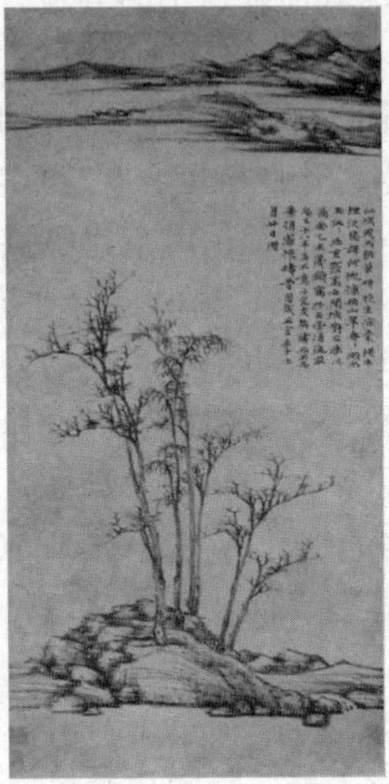

图 2.27 （元）倪瓒《渔庄秋霁图》

图 2.28 （元）柯九思《双竹图》

这是线的意象化高度成熟甚至极端化的形态。大写意具有特定的内涵，写意画早已有之，写意画的内涵借用黄休复对于逸格的评价即“笔简形具”。大写意画不仅表现在画作的篇幅尺寸，而且表现为极为简练但意蕴深刻的笔墨形态，而且要充分地展现创作主体丰富的情感意蕴。大写意是大、写、意三者的完美融合，写表示它仍然是一种线条形态，但是同时具有大的气势和意的丰富，大写意画不仅是绘画发展到一定历史阶段的产物，而且也是个人艺术修养达到相当境界的结晶。

徐渭是晚明大写意水墨画的开创者之一，在艺术史上具有重要地位，其所作《墨葡萄图》（如图 2.29）是其最擅长的绘画题材作品，也最能体现他的艺术特色。他在《书陈山人九皋三卉后》中表达了对泼墨法的赞赏：“泫泫然而露也，殆所谓陶之变耶？”① 同时，他对笔墨形态的独立性价值给予了高度肯定：“夫真者，伪之反也。故五味必淡，食斯真矣；五声必希，听斯真矣；五色不

① （明）徐渭：《青藤书屋文集》（第一册），中华书局 1985 年版，第 289 页。

华，视斯真矣。”① 笔墨也就是真性情的体现，其所作《墨葡萄图》纯以笔墨为形式，笔墨形态豪放、恣睢、无定式，浓墨、淡墨相互配合，线条随意交织弯曲，看似杂乱无章，浓淡相间的叶片墨色相宜，疏密得当，无序中透出有序，给人以强烈的视觉冲击，让人产生强烈的情感激荡，而他在《墨葡萄图》上所作的题跋：“半生落魄已成翁，独立书斋啸晚风。笔底明珠无处卖，闲抛闲掷野藤中。”其书法与画面形象相互配合。清初的朱耷、石涛等人继续将大写意花鸟画向前推进；八大山人的水墨花鸟，简笔变形，极为简练，形象夸张怪诞，笔简而意丰，粗拙之线与大片的空白具有强烈的视觉冲击效果。

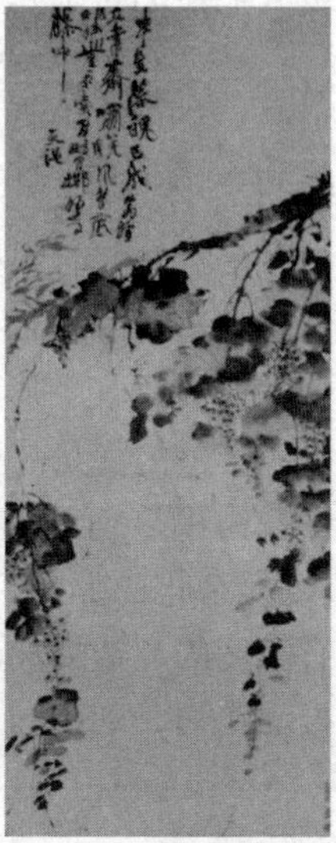

图 2.29　（明）徐渭《墨葡萄图》

与绘画上的大写意对应，晚明至清初，书法形成了鲜明的浪漫之风，以草书为代表。徐渭不仅是大写意画的代表，也是当时狂草书风的典范。徐渭善写大幅作品，用笔跌宕，露锋、破锋多种笔法兼用自如，用笔之大胆当时无人可及，可谓一个“狠”字了得，他曾比喻其笔法：“准之刀戟矛矢之中人，必如何把握攧掷，而后中人之身也有如何之伤痕，钝则不入，缓则不中，遏散则不决不裂。”② 以此比喻他的用笔之狠，如同刀劈斧砍一般。

清初书法大家以草书为盛，如王铎继承张旭、颜真卿一系正锋用笔和“二王”一系中侧兼用，融会贯通并进行创新，他的草书线条具有精致的细节、雄健的笔力和极强的动感。当代书法家启功盛赞王铎书法：“王侯笔力能扛鼎，五百年来无此君。”③ 他的草书以奇著称，其字体欹势大大超过了以往任何时代的草书作品，字间连接异常生动，前代书家极少运用的“奇异连接”，其作品“飞腾跳掷”“不极势而势若不尽”，有“挥斥八极之势”。他精到的用笔、强健的中

① 周群、谢建华：《徐渭评传》，南京大学出版社 2006 年版，第 145—146 页。
② 周群、谢建华：《徐渭评传》，南京大学出版社 2006 年版，第 145 页。
③ 沈培方：《启功讲授书法》，上海书画出版社 2013 年版，第 117 页。

锋笔力支撑下形成的草书线条具有强烈的动感，同时以蓄势待发的威力来营造“劲险”之势，“劲而不猛”“丰而不沉”“有君子之器”，后人赞他为“自唐怀素以后第一人”，如其代表作《草书杜诗卷》，卷长两丈余，一气呵成，气势如虹，“笔竭而势不尽，墨枯而气不断”。他的书法气势跌宕，险而有势，沉雄劲健，墨色的变化也十分精彩，墨色浓淡相间，燥润相映，“蘸一次墨书至枯竭不能再写而后止，此种笔法未见其他书家，谓为独创亦无不可”①。

从以上种种线的意象形式的分析，可以清晰地看到，线的意象形式既不是具象化的对于形象的模仿、线的形态的法度和艺术规则以及理想美的追求，甚至不是对于和谐规整美学观念的服从，而是一种融合了主体的“意”与客观的“象”的高度复杂化的形式，它或者表现为简练的形式，或者表现为豪放不羁的形态，具有高度的创造性和表现性，笔墨的一体化对于线的意象形式的发展具有重要的推动作用，是中国古代艺术中线的形态发展到成熟阶段后最为典型的代表。

① 董时：《二王书艺论》，山东大学出版社 1993 年版，第 122 页。

第三章 中国古代艺术之线的艺术形态范畴

如果依照线的表现载体，可以将中国古代艺术中线的形态范畴划分为两个主要方面：一个是线的平面艺术，另一个是线的空间艺术。线的平面艺术是指在二维的平面上体现出来的线，书法、绘画都属于这个层面。线的空间艺术指在三维立体的空间中所呈现出来的线，这样的线暗示性较强，既有比较明确的线条，也有实际不存在而又可以感受到具有线性的线，雕塑、建筑、园林等属于这一类。除了上述两个方面之外，其他艺术类型也具有线的特性，如音乐、舞蹈、文学等，只是在这些艺术类型中线的表现更为复杂和隐晦。为了将线在典型形态中的典型特征完整地呈现，本章将主要从绘画、书法、园林以及建筑、雕塑这几种艺术形态入手，以它们作为线的平面艺术和线的空间艺术的代表，研究线条在不同的形态中的审美特征和审美价值。

第一节 绘画——中西比较视野中的中国线条艺术

绘画是造型艺术中一种基本的形式，它以点、线、面、体、色彩等基本元素在二维的平面上塑造艺术形象。线在中西绘画中的审美价值、审美意味具有不同的特点，双方在艺术观念上对于线的理解也存在明显的区别，中西绘画艺术的发展沿着不同方向前进，我们要了解中国绘画中线的独特魅力，就要与西方绘画中线的造型功能、审美意蕴进行比较，从中窥见中国传统绘画中线条的特质所在。

有不少研究者认为，中国传统绘画以线为基本造型手段，西方绘画则更注重面与形的塑造。纵观中西艺术史，一定程度上，可以说，线在中国传统绘画中始终占据主要的地位，西方绘画的块面形体更加突出，但是却不能简单地将中西绘画完全区分为“线的艺术”和“面的艺术”，因为中国绘画中，面的造型同样占据一席之地，而在西方绘画中，线也是重要的造型手段，素描仍然是西方各类画法的重要基础。那么，二者的区别究竟在哪里？其区别在于线条发展过程中的连续性和间断性特征：中国传统绘画线条始终是最基本的造型手段，无论绘画材料、工具、技法怎样演变，线条自始至终都是中国画的基本造型手段；在西方绘画中，线条也始终在使用，但是从造型手段的价值和独立性来说，线条的价值和地位有起伏、有变化，呈现出间断性的发展。

一、中国古代绘画线条的连续性

前文已对中国古代艺术中线的历史范畴做了梳理，从抽象的形式、具象的形式到意象的形式，形态特征虽然各不相同，但是线作为主要的造型手段这个中心没有变化，线的功能不仅没有弱化，而且在增强；线的审美意味不是在减弱，而是更加丰富。正如当代英国艺术理论家赫伯特·里德所说：“所有中国古代绘画都是强调线条的，这些构成绘画基本形式的线条，就像书法线条一样，能够唤起人们的判断、欣赏和愉悦之感。”① 线成为中国古代绘画的基本形式语言，且具有一种“连续性”的特征，主要表现在三个方面：

第一个方面，线的风格的继承。前文已论，人类认识自然、把握世界的基本方式之一就是线，它简单、明了，因而也成为最早被人类掌握的造型方法之一，正因为如此，原始时期绘画的造型手法和风格在世界各地都具有一定的相似性。线作为中西方原始艺术中的表现方式，在手法和风格上非常相近，基本上都是以线刻画形象或者线条刻画与简单的色彩平涂结合为造型手段，原始壁画、岩画、彩陶纹饰等是最早的绘画类型，前文对此已有过论述，这一时期的绘画线条的抽象意味较重，形成了比较典型的几何化的线条纹饰，如曲线纹、网纹、旋涡纹、饕餮纹，由于其风格鲜明，这些纹饰对于后来的图案和绘画都产生了重要影响。

第二个方面，线的丰富化。从魏晋到唐宋时期的绘画发展的历程中，可以

① ［英］赫伯特·里德：《艺术的真谛》，王柯平译，中国人民大学出版社 2004 年版，第 65 页。

发现，中国绘画中线条是递进式的继承性发展，不仅古代绘画的线条的造型功能和特征被继承下来，而且在众多绘画大家的努力下，首先，线描技法更加丰富、多元，而且以纯粹的线描为基础发展出了典型的线描绘画类型——白描。其次，线描技法被扩展到各个绘画类型，人物、山水、花鸟、禽兽、草木等不同题材的作品，线无处不在，并且经过长期丰厚的积淀，形成了线条的经典样式，顾恺之的线条、张僧繇的线条、吴道子的线条、周昉的线条、梁楷的线条，都成为后世模仿的经典样式。再次，线条超越技法层面具有一种带有精神性的审美意蕴，关于线的审美风格、审美价值、审美情感等因素不断积累并形成理论性的成果。

第三个方面，书画互涉。元明清时期的绘画，主要的成就是文人画步入繁盛时期，书画合流的倾向越来越明显，绘画中笔墨技法更为丰富。赵孟頫明确提出“以书入画”，而且提倡将书法的用笔、用线的技法移植到绘画创作中来，因此，书法的笔法被吸收进绘画创作中，更加体现了笔墨独立的形式美。可以说，以书入画的结果是，画与写的区分逐渐消融，这无疑是书画发展史上具有历史意义的事件。明代董其昌说：“善书必能善画，善画必能善书，其实一事耳。”[①] 又说，“士人作画，当以草隶奇字之法为之，树如屈铁，山如画沙，绝去甜俗蹊径，乃为士气”[②]。绘画中的线与书法中的线的趋同性不仅在理论上得到支持，在实践中也被广泛地运用，两种艺术形态中的线的融合，进一步推进了中国画的写意精神，而写意精神的深入又使得线条的形态相应发生改变，在山水画和花鸟画中的表现尤为明显。如上文所说，中国古代艺术中的线发展到意象的形式，“逸笔”在文人画之中尤受青睐。元代的山水、明末清初的大写意画将笔墨的美学价值发展到新阶段。

在上文对于中国线条艺术的历史类型的简略梳理基础之上，再结合对于中国绘画发展前后相承的三个阶段，我们可以清晰地感受到，中国绘画中的线从原始时期鲜明风格的形成，到魏晋唐宋的丰富化、精细化，再到文人画的兴起和书画合流的形成，线的发展形态不断变化，这种变化主要是在继承前代的艺术经验和艺术观念的基础上的发展，而不是抛弃、否定先前的经验和观念。

---

① （明）董其昌：《画禅室随笔》，屠友祥校注，江苏教育出版社 2005 年版，第 161 页。

② （明）董其昌：《画禅室随笔》，屠友祥校注，江苏教育出版社 2005 年版，第 107 页。

二、西方绘画线条的间断性

（一）西方绘画的原始形态与初步发展

西方绘画艺术的雏形，同样可以从洞窟壁画和原始岩画中寻找踪迹。在欧洲史前岩画有广泛的分布，包括洞穴岩画与非洞穴岩画。法国和西班牙分布的旧石器时代的洞窟岩画最多，它们在造型上或者以线刻画为主，线面结合；或者以线条与色彩结合，通过线条的虚实变化表现对象。被誉为“史前西斯廷”的阿尔塔米拉洞穴岩画，以史前野兽为表现内容，其线条细腻，变化丰富，立体感强。同属旧石器时代的拉斯科洞窟壁画，动物形象也是其主要的表现对象之一，它们的轮廓用简短、粗犷的黑色线条勾勒而成，气势雄壮，富于原始的粗犷气息（如图 3.1）。原始时期，无论在中国还是在欧洲国家，线条都是绘画艺术的基本造型手段，尽管在具体的使用上会呈现不同的方式，或者是线与面结合，或是线条与色彩结合，但无论哪一种方式，线条都是基本的造型手段，线条在画面中清晰可见，用来勾画轮廓，构造形体，线条的变化形成物象的立体感。从艺术的起源来说，线条在绘画中的功能具有普遍性。

图 3.1　［法国］拉斯科洞窟壁画

古希腊时期，具有代表性的艺术样式是雕塑和建筑，古希腊艺术受毕达哥拉斯学派哲学和美学思想的影响，毕达哥拉斯学派的观念是：数是万物之源，一切事物的属性都归结为数的规定性，数的比例构成美的事物，完美的人体雕塑如此，绘画同样如此，绘画是极其写实的，美是和谐、对称与比例的观念体现在这种写实性之中。“一切立体图形中最美的是球形，一切平面图形中最美的是圆形”①。古希腊的雕塑家菲狄亚斯说：“完美取决于许多数的关系，而且细

① 北京大学哲学系美学教研室编：《西方美学家论美和美感》，商务印书馆 1980 年版，第 15 页。

微的变化是具有决定意义的。”[①] 古希腊的雕塑和绘画都鲜明地体现了这一点。另外，影响古希腊艺术风格的第二个观念是模仿说，亚里士多德的模仿说影响很大，他认为艺术是对于客观世界模仿的结果，他认为：“在自然的基础上，艺术或是完成自然所不能实现的东西，或是模仿自然。”[②] 绘画就是用颜色、形态来制造形象，来模仿自然。在古希腊时期，绘画主要是使用素描，其色彩比较简单，其线条作为轮廓线使用。古希腊瓶画是不可多得的艺术珍品，其形象塑造以线条运用为主，表现力很强，呈现出平面化的构图风格，如现藏于梵蒂冈美术馆的古希腊瓶画《阿喀琉斯和埃阿斯掷骰子》（如图 3.2），这件作品是黑纹式陶器，所谓“黑纹式”，就是在赤色或黄褐色的陶壁上用黑色作剪影式的描绘，而物体的内部结构则以刻线手法精心刻画出服装、头发等细部。其人物造型与瓶身凸面完美结合，此画的人物轮廓具有剪影的效果，线条细致流畅而灵巧，对身体结构和斗篷的复杂图案刻画准确，十分写实，线条轮廓感强，比例协调，风格优雅，其细节部分用形态不同的线条构成，动态感很强。另一件作品《赫拉克勒斯和安泰的搏斗》（如图 3.3）具有类似的特点。无论是数的观念还是模仿说，都表明了古希腊绘画中的线朝着写实的方向发展。

图 3.2　古希腊瓶画《阿喀琉斯和埃阿斯掷骰子》

图 3.3　古希腊瓶画《赫拉克勒斯和安泰的搏斗》

（二）线的平面化逆转

在了解西方早期绘画艺术中线的特点之后，再来考察中世纪绘画。西方绘画发展到中世纪，产生了一次显著的断裂，线的形态发展亦是如此。中世纪，

---

① ［波］塔塔科维兹：《古代美学》，杨力等译，中国社会科学出版社 1990 年版，第 77 页。

② ［波］塔塔科维兹：《古代美学》，杨力等译，中国社会科学出版社 1990 年版，第 207 页。

基督教神学处于统治地位，哲学和美学观念的神学化倾向十分明显，绘画观念亦受此影响，写实精神被抛弃，写实性绘画技巧同样被束之高阁，线条的运用并没有继承古希腊罗马时期的写实风格，绘画风格类似于希腊文明之前的平面化造型手法，线条造型与色彩平涂相结合，线的技法比较单一。从这个角度来理解，在西方绘画艺术中线的体现具有断裂性。

中世纪的绘画艺术总体来说是对现实世界的一种规避，现实不是艺术表现的内容，抽象的精神和上帝的意志才是艺术表现的对象。正是在这样一种艺术观念的引导下，造型的方法也发生了转化，线可以从表现现实的任务中独立出来，与写实风格为主的古希腊罗马艺术已经大不相同。在中世纪，唯物主义与实证主义哲学逐渐衰落，普罗提诺的新柏拉图主义流行，古希腊的哲学思想被吸收进基督教思想之中，所有的思想观念和有关美的东西都是上帝意志的体现，就艺术领域来说，艺术创作从形式到内容都受到严格的限制，基督教教义和《圣经》成为绘画的内容和主题，而艺术形式和手法则呈现远离自然的倾向。中世纪的绘画艺术在艺术风格上呈现的是抽象化、非特征化、单一化、非写实和平面化的特点，崇尚变形，线条的造型功能也表现出这种倾向，如拜占庭镶嵌画《查士丁尼大帝与随从》(如图 3.4)，其背景以勾线和平涂结合的手法而成，人物面部则只用简单的线条加以表现，以十分典型的对称式手法构图，人物的形象、姿态和表情都显得拘谨而僵化，整幅画呈现出不食人间烟火的神圣气息，在这幅画当中，用于艺术表现的元素都被符号化、抽象化了，“不是精确地复制绘画对象，而是依靠线条和色彩本身来表现某种深奥的情感”①。古希腊造型艺术的三维空间观念转变为中世纪的二维空间观念，线条不是灵活地表现客观世界千姿百态的具体事物，而是为了传达某种精神寓意。“有机性感觉里被纯化的线条会显出克服所有二元困惑的趋向。”② 从这个意义上来说，线以一种“退化”的方式，形成了在艺术构成中所具有的独立性意义和符号化价值。

（三）对抽象性的否定与线的写实性回归

13 世纪后期，乔托的出现标志着中世纪艺术的终结，文艺复兴拉开了序幕。复兴古希腊罗马的艺术样式，融合古代的艺术观念并进行创新是文艺复兴时期艺术家们的使命，古希腊的雕塑再次得到重视，真实性的艺术原则被重新

---

① 吕澎：《欧洲现代绘画美学》，岭南美术出版社 1989 年版，第 54 页。

② ［德］沃林格尔：《哥特形式论》，张坚、周刚译，中国美术学院出版社 2004 年版，第 66 页。

图 3.4　拜占庭《查士丁尼大帝与随从》

确立。更重要的是，绘画与科学的结合日益紧密，大量的科学知识和方法被引入绘画创作，在解剖学和透视学等学科知识的推动下，绘画能够以更加有效的方式表现现实，手法和风格变得更加真实、细腻、优美，西方绘画的黄金时代来临了。文艺复兴是对古希腊罗马艺术的继承和回归，但明显是对中世纪绘画艺术的否定。乔托“第一次按照自然的法则拉开了人物之间和人物与背景之间的距离。他竭力用线条透视原则结构起一个确切的三度空间”①。乔托的意义在于他已经明确开始用线条构造三维立体的空间，开启了文艺复兴绘画写实主义的大门。自此，线条的运用与中世纪的方式相比又发生了逆转，真实性、立体化的原则被确立起来。素描在文艺复兴时期得到了高度的重视，甚至超过了色彩，不过，对于素描以及线条的地位和价值，应该辩证客观地看待，素描的确是基础，但是素描的目的在于构造真实立体的“形”，线条是为了勾勒轮廓，而且一般都会与明暗法的使用结合起来，如果单个的线条被抽取出来，绘画形态构架依然能成立，也就是说，整体的形体构成更受重视。达·芬奇认为：“任何物体的轮廓都必须加以非常细心的考虑，观察它们如何曲折如蛇，研究这些蛇

① 中央美术学院美术史系外国美术史教研室：《外国美术简史》（增订本），中国青年出版社 2007 年版，第 49 页。

形曲线，看它们弯成圆弧还是折成尖角。”[1] 素描是为了营造真实的立体形象，线是绘画过程中的一种呈现形式，它必须受形体所规定，最终消融在物象与光感的体面之中。16世纪威尼斯画派的提香十分强调素描的作用，他曾说：“使人物美的不是明亮的色彩而是好的素描。”[2] 文艺复兴巨匠拉斐尔是擅长塑造圣母形象的大师，其笔下的圣母端庄和蔼，平易近人、亲切自然，感性美与理性的精神达到和谐的统一，温情的形象脱去了宗教的外衣而洋溢着人间的情怀，如其著名的《西斯廷圣母》（如图3.5）中，人物形象庄重肃穆，笔调明快清晰，画面和谐简洁，人物形象纯真优美、庄重自然，线条与光色的配合恰到好处，线条流畅，衣纹线条和色彩呼应得当，充满韵律感，光色运用达到一种“极致”的和谐，比如圣母面部的柔和光和略起的红晕相互映衬，小天使的纯白色给人一种纯净美，画中的各造型元素的和谐配合。黑格尔曾高度称赞其圣母形象：“每一笔一划表现出多么深挚的情感，多么亲切和丰富的精神生活，多么崇高而美妙，多么和谐地融化人情和神性于一炉的心灵。”[3]

图3.5 ［意大利］拉斐尔《西斯廷圣母》

① ［意］达·芬奇：《芬奇论绘画》，戴勉编译，人民美术出版社1986年版，第180页。
② 杨身源：《西方画论辑要》，江苏美术出版社2010年版，第167页。
③ ［德］黑格尔：《美学》（第三卷上册），朱光潜译，商务印书馆1979年版，第225页。

西方绘画自文艺复兴后，对于素描的认识以及线的造型功能的认识进一步加深，同时，也要看到，素描的重要性在于它是构成绘画形态乃至各类艺术形象的准备阶段，线条的作用和价值在于其完成物象的形体，也就是“构形”的功能，“形”才是线的旨归，也就是说，线仍然是物象轮廓的体现，透视、光影、解剖、明暗等各类知识被综合运用到形的塑造中，最后的目的都是找到更加适合的“表现自然”的手段，即真实的三维再现的画面体现立体感和空间感，线条的独立表现实际上是在弱化。17 世纪开始，色彩的重要性被进一步突出，素描与色彩之争再次展开，如鲁本斯，作为巴洛克艺术的代表，强调明暗手法及华丽的色彩，其创作风格反映了欧洲绘画审美观念的时代变迁，即对于色彩的重视更进了一步。鲁本斯的代表作《劫夺吕西波斯的女儿》以大片红色和黄色等鲜艳、明快的色彩布局，明暗反差效果显著，具有强烈的运动感和视觉冲击力。无论是重素描还是重色彩，线的独立性实际上都没有被释放出来，二者都是为了求真，只是在求真的方式上不同而已：素描是直接对形体的模仿达到真实，而色彩则是在自然属性上展开更为多样的模仿以达到真实。对于真实的模仿一直延续到前期印象派，换句话说，对于线的独立性价值的遮蔽也延续到了那个时期。印象画派特别是前期印象派的最大功绩是对于色彩和光的认识。“人类只有认识到了色彩的组成之后，也就是到了印象派时期才有可能接近于人类逼真地模仿自然的地步。从这个意义上说，印象派绘画是人类对于自然色彩模仿的最大极限。”① 也就是说，印象派通过对光的认识和对色彩的最大限度的运用，达到对于自然最为接近的模仿。对于色彩、线条的独立价值的认识到了现代主义艺术之中得到真正的体现。

三、西方绘画中线条的他律性

西方绘画中线条的间断性特征的原因在哪里？线条在西方绘画中是一种他律性的存在。

（一）从科学认知到审美认知

对于西方绘画中线的他律性，首先要从科学认知谈起。科学与理性是西方传统文化的特质，在推动艺术发展过程中发挥了巨大作用。符号人类学家恩斯特·卡西尔曾说：“在这个问题上我必须同意笛卡尔的话，全部科学合在一起，

① 顾丞峰：《西方美术理论教程》，北京大学出版社 2008 年版，第 139 页。

就是人类的智慧，这种智慧尽管能用于各种不同的学科，但始终是一个整体。”[①] 早在古希腊时期，科学精神就给予绘画极大的影响。古希腊哲学家、数学家、物理学家所发现的科学原理极大地影响了绘画艺术的发展方向，欧几里德的几何学、阿基米德的数学都对绘画艺术影响巨大，其中起重要作用的是关于数的观念和模仿论。在希腊人的探索中，数成为他们认识和衡量世界的基本准则，无论是人体、建筑、雕刻还是绘画，均以数的观念作为判断美的标准，雕塑、绘画、建筑、音乐中比例关系的发现更坚定了艺术家的这种美学信念。数的观念早在毕达哥拉斯学派那里就已经出现，他们认为：“和谐是许多混杂要素的统一，是不同要素的相互一致。”[②] 毕达哥拉斯学派的这一观点在美学上具有重要意义，他们认为艺术的创作与比例具有密切的关系，而比例又与数字紧密相连，数字赋予一切事物以美的形式。在艺术美的准则上，艺术作品需要讲求形态和比例，古希腊时期的艺术家几乎都是按照和谐与完美的比例来进行艺术创作的，如黄金分割律在艺术上的运用。模仿说是古希腊时期科学精神的另一个体现，哲学家赫拉克利特第一次明确提出“艺术模仿自然”的观点，他以绘画为例进行了说明：“绘画混合白色和黑色、黄色和红色的颜料，描绘出酷似原物的形象。”[③] 柏拉图在“理念模仿说”的基础上，提出了“形式美”的概念：“真正的快感来自所谓美的颜色，美的形式。”[④] 并且他提出了形式美的抽象性质：“我说的形式美，指的不是多数人所了解的关于动物或绘画的美，而是直线和圆以及用尺、规和矩形所形成的平面和立体形。”[⑤] 亚里士多德在批判、总结前人各种模仿说的基础上，提出艺术的本质是模仿，是对现实的模仿，他在《诗学》中说：“模仿中采用不同的媒介，取用不同的对象，使用不同的、而不是相同的方式。”[⑥] 艺术类型的不同在于模仿的媒介不同，绘画和雕塑都是艺术模仿的形式，分别用颜色和形态来模仿，可以说，科学精神和理性认知伴随着西方艺术发展的萌芽期。

科学精神的第二次勃兴是文艺复兴，文艺复兴始终伴随着两个关键性因素：

---

① ［德］恩斯特·卡西尔：《人论》，甘阳译，上海译文出版社 2004 年版，第 243 页。

② ［波］塔塔凯维兹：《古代美学》，中国社会科学出版社 1990 年版，第 106 页。

③ 杨身源：《西方画论辑要》，江苏美术出版社 2010 年版，第 28 页。

④ ［古希腊］柏拉图：《文艺对话集》，朱光潜译，人民文学出版社 1963 年版，第 298 页。

⑤ ［古希腊］柏拉图：《文艺对话集》，朱光潜译，人民文学出版社 1963 年版，第 298 页。

⑥ ［古希腊］亚里士多德：《诗学》，陈中梅译，商务印书馆 1996 年版，第 27 页。

人文主义和自然科学。西方绘画在科学精神的指导下，建立起完备的学科。文艺复兴晚期的意大利画家琴尼尼曾说：“不论在那个时候，还是现在，技艺是要求科学知识的，创造第一种技艺需要一定的科学知识，而创造第二种技艺需要更多的科学知识。”① 意大利文艺复兴时早期画家吉尔贝蒂也强调画家、雕刻家不仅要有技艺，而且需要掌握理论知识：“雕刻家和画家一样，应该受到所有这些文艺科目的训练：文法、透视、几何、历史、哲学、解剖、医学、设计原理、天文学、数学。”② 绘画与科学的结合产生了里程碑式的成就：透视学、明暗法、解剖学是文艺复兴绘画的三个基石，正是在此基础之上，西方古典绘画的典范形式开始出现和成熟了。透视学借助几何知识探索在二维平面上如何表现三维立体效果的问题，文艺复兴时期画家弗朗切斯卡认为：“透视法是真正完美的方法，没有它，你就不能在绘画上顺利地工作，在雕塑上也不例外。”③ 明暗法则是物理学中光学的直接运用，达·芬奇在光影明暗表现物体上做出了巨大贡献，他提出：“明与暗——光和影，再加上透视缩形的表现构成绘画艺术的主要长处。”④ 医学解剖学被运用到绘画中，用以了解人体的构造。达·芬奇非常重视解剖学，他曾说：“何以画家必须通晓解剖——画家若要表现裸像的身姿手势时，使各部位安置妥帖，他就必须了解筋、骨、肌肉、腱的解剖。他应当了解它们的多样运动和力量，了解每一种运动是由哪一条肌肉或腱引起的。”⑤

文艺复兴时期建立起来的绘画科学知识成为西方绘画的主要指导性原则，影响深远，可以说，西方绘画以科学认知和理性精神为指导，从对客观世界的精确认知和自然事物的详尽观察中，提炼出可靠的科学知识，并将这些知识转化为艺术上的技法，进而形成艺术观念，这种清晰可见的线索可以归结为一种科学认知向审美认知发展的格局，科学知识和理性观念在艺术中具有直接的推动作用。19 世纪英国画家康斯太布尔明确提出绘画的科学性：“绘画是一门科学，应该把它作为探索自然规律的学科来研究。”⑥ 可以说，科学精神与艺术精神的结合是西方绘画的根本特征之一。

---

① 杨身源编：《西方画论辑要》，江苏美术出版社 2010 年版，第 111—112 页。

② 杨成寅：《造型艺术美学》（第 1 辑），浙江美术学院出版社 1986 年版，第 402—403 页。

③ 杨身源：《西方画论辑要》，江苏美术出版社 2010 年版，第 129 页。

④ [意] 达·芬奇：《芬奇论绘画》，戴勉编译，人民美术出版社 1986 年版，第 93 页。

⑤ [意] 达·芬奇：《芬奇论绘画》，戴勉编译，人民美术出版社 1986 年版，第 144 页。

⑥ 迟轲：《西方美术理论文选》（上册），江苏教育出版社 2005 年版，第 213 页。

（二）线条的依附性

当我们了解了西方绘画艺术中的科学精神后，再来反观作为造型元素的线条，可以发现其典型的特征就是依附性。所谓依附性，可以从两个方面来理解：

第一，线造型功能的地位。线条是素描的基础，也是西方绘画重要的造型语言，但缺乏相对独立性，西方绘画的线必须与明暗、透视、光影等元素一起共同构造物体的形态。简单来说，它是一种基础的造型手段，但却不是一种独立的造型手段。传统的素描作品中线条运用具有两个特点：一是要塑造形体，勾画出形体的概貌；二是必然有明暗的效果。达·芬奇对此有明确的论述："绘画分为两个主要部分，即包围被画物体外形的轮廓，称为轮廓线；第二部分是阴影。"① 当然，素描的造型地位也是毋庸置疑的，亚里士多德曾说："拿最鲜艳的颜色随便涂抹而成的画，反而不及白色底子上勾勒出来的素描肖像那样惹人喜爱。"② 米开朗基罗说："素描，也可以称为素描的艺术，是绘画的最高点，是一切艺术的基础。"③ 不过，素描的重要性在很多艺术家看来，在于其勾画轮廓的作用。文艺复兴时期意大利画家阿尔贝蒂说："好的轮廓，即好的素描，本身就非常诱人，因此，在这里，应该把主要的精力用到轮廓的勾勒上。"④ 由此可见，在素描中，线条的功能主要在于勾画轮廓，是面与面的分界，面与面的折叠，线条的组合要表现出明暗效果，而这样做的目的是完成形体的构造，为下一步色彩造型打下基础。达·芬奇曾说："绘画科学首先从点开始，其次是线，再次是面，最后是由面规定着的形体。物体的描画，就此为止。事实上绘画不能越出面之外，而正是依靠面以表现可见物的形状。"⑤ 因此，线条的造型功能是不独立的，与素描相比，中国古代白描画是独立的画种，它并不是草稿，可以纯以线造型，不需要色彩、光影、明暗要素，因此，中国画的线从造型上说具有独立性。再从线条与色彩的关系来看，色彩与线条的比较从古希腊时期一直存在，在西方艺术理论中，很多艺术家认为色彩优于素描或者线条。古罗马时期的希腊作家普鲁塔克说："色彩比素描更为优越，它为心灵创造出更为生

① ［意］达·芬奇：《芬奇论绘画》，戴勉编译，人民美术出版社 1986 年版，第 178 页。

② ［古希腊］亚里士多德：《诗学》，罗念生译，人民文学出版社 1982 年版，第 15 页。

③ 杨身源：《西方画论辑要》，江苏美术出版社 2010 年版，第 95 页。

④ ［俄］阿·阿·古贝尔·巴符洛夫编：《返回源始——艺术大师论艺术》，刘惠民译，文化艺术出版社 1997 年版，第 26 页。

⑤ ［意］达·芬奇：《芬奇论绘画》，戴勉编译，人民美术出版社 1986 年版，第 14 页。

动的印象，因为它是一个更为巨大的幻想之源。”[①] 中世纪的艺术家同样重视色彩，公元 8 世纪法兰克王国时期的《卡洛林书》中记载：“绘画艺术的基础是色彩的布置，其次是要注意色彩之间的协调。”[②] 启蒙思想家狄德罗对二者的关系做了说明：“素描赋予人与物以形式，色彩则给它们以生命。它好像是一口仙气，把它们吹活了。”[③] 在油画为代表的西方绘画中，线条最终淹没在色彩的光影之中，视觉直观上所能看到的是色块与色块之间碰撞的交界和衔接，如果要看到相对明晰的线条形态，只有在素描稿中寻找，难怪德国 18 世纪作家海因斯说：“素描只是个不可缺少的配角，协调无疑具有关键作用，而色彩则是最高目标，是艺术的起点和终点。”[④]

第二，线的审美价值。首先要说明的是，西方绘画中的线既是造型元素，也具有审美意味。达·芬奇绘画的线准确；波提切利笔下的线优雅且具有韵律，节奏感与形体的圆润、修长完美结合，艺术理论家沃尔夫林认为他的线条“总是富于感情地运动着，并含有急躁冲动的精神气氛，在表现快速运动方面，他是极有成效的，他甚至成功地赋予大的团块以这种流动的线条”[⑤]；丢勒笔下的线条繁复、灵动，具有曲线美和装饰性；安格尔笔下的线条完整清晰、优美流畅，强调线条与轮廓的结合，单纯中见丰富，整体中见变化，其女性肖像画“为了更好地表现背部那种妩媚的线条，那如此温柔、如此灵活而颀长的线条在他心中引起的激动，他把它画得更长。”[⑥] 这些绘画大师笔下的线条具有不同的审美意味，但是如果超越单个的画家，从宏观视角来看，线的造型功能压过了线的审美意味，线的美感与轮廓和形体的功能价值往往结合在一起。与此同时，色彩与素描之争在西方美术史上就没有停止过，相当一部分艺术家认为色彩更具价值，而削弱素描的地位，如鲁本斯、伦勃朗、德拉克罗瓦等绘画大师都是如此。相比之下，中国绘画中线的形态和审美意味就丰富得多了，其独立性早已确立。“骨法用笔”的法则绵延千年无可取代，线是骨，是气，是神，是韵，

---

① [意] 文杜里：《西方艺术批评史》，迟柯译，海南人民出版社 1987 年版，第 42 页。

② [意] 文杜里：《西方艺术批评史》，迟柯译，海南人民出版社 1987 年版，第 51 页。

③ [法] 狄德罗：《狄德罗美学论文选》，张冠尧等译，人民文学出版社 1984 年版，第 370 页。

④ 迟轲主编：《西方美术理论文选》（上册），江苏教育出版社 2005 年版，第 200 页。

⑤ [瑞士] 海因里希·沃尔夫林：《古典艺术》，潘耀昌、陈平译，中国人民大学出版社 2004 年版，第 266 页。

⑥ [意] 文杜里：《西欧近代画家》（上册），钱景长等译，人民美术出版社 1979 年版，第 78 页。

就这一点而言，西方的绘画中的线便与其不可同日而语，如果说西方绘画的线具有审美价值，那也是一种具有依附性的审美价值。

四、中国绘画中线条的自律性

与西方绘画中线的他律性相对，中国绘画中的线具有自律性，这种自律性表现在其独立的造型功能、丰富的情感性以及多样化的形式美意蕴，这种自律性来源于中国绘画独特的审美感受过程，即从体验认知到审美认知。

（一）体验与整体的认知方式

中国绘画线语言的自律性与中国古代认知世界和感知世界的方式具有密切的联系，由于民族心理和文化背景的差别，中国与西方认识世界的方式差异明显，现代以来的学者们从各个角度都做过详尽的论述，二者的差别概括地说：一个侧重求真，一个侧重求善。西方哲学来自对自然的探索与沉思，古希腊最早的一批哲学家如泰勒斯、赫拉克利特、德谟克利特等“几乎都是科学家”，理性、抽象的认识方式以及范畴、概念的归纳都是古希腊哲学思想表现出的特点，“摆脱了肉体及一切生存经验，使思考主体消隐、沉没，这就是自柏拉图以来西方世界最推崇，也是发展最完备的思考方式，通常称之为‘沉思’——消隐、沉没思考主体的思考”[①]。也就是说，西方认识世界采取的是一种将主体与世界分开并将主体消隐在沉思之中的理性认知的模式。

不同于西方的理性认知模式，中国古代认识世界并不把主体隔离在世界之外，而以人的感官去触摸世界。中国古代最初感知世界的方式是感性的、体验的、整体性的，即所谓天人合一的状态。所谓真理不在于抽象的概念和推断，而就在生活世界之中，人通过体验即可以探寻，这是一种整体性思维，把人与自然、人道与天道、个体与社会看作一个不可分割的有机整体，道德、情感以及主体意识都可以发挥作用，《左传·昭公十八年》记载：“天道远，人道迩，非所及也，何以知之?”[②] 这段话说明天道始终要与人道结合起来，比如中国的儒、释、道各家思想中，心与性是核心的范畴之一。荀子高度肯定心的作用，说：“心不使焉，则白黑在前而目不见，雷鼓在侧而耳不闻。”[③] 心与万物同在，

① 贡华南：《感思与沉思——试论中西哲学思维的方式与取向》，《中国哲学史》2004 年第 3 期，第 60 页。

② 白寿彝：《中国通史》（第 1 卷），上海人民出版社 2013 年版，第 210 页。

③ （清）王先谦：《荀子集解》，中华书局 1981 年版，第 258 页。

自我与万物本就在一起，自我的体验就是认识世界的方式。

中西方对于世界认知方式的不同，也带来了美学和艺术观念上的差异，在一定层面上，可以说中国古典美学和艺术思维的基础是体验性的天人合一整体观，艺术创作主体与世界是彼此交融的整体，自然会以主体体验的方式介入艺术形象创造之中。对于线语言的理解和运用，中西方差异明显：西方绘画将线作为物体的轮廓和分界线，需用精确的比例和位置加以限定；而中国绘画把线作为对世界和万物生命律动的一种投射，精确的位置和比例并非首要考虑因素，关键是线条能否表现生气，具有神采、气韵。孔子曾说“仁者乐山，智者乐水”，在孔子看来，山水的规模形制倒在其次，乐山乐水才是情怀的体现，中国绘画的线、形、神兼备，气韵生动，方为上品。英国艺术史家苏立文曾说：“传统的中国人物画并不以真实的描绘对象的形貌为目的，主要表现人物的神和气。”① 正因如此，中国古代绘画的线具有不同的样式与美感，成就了传承后代的经典。魏晋时期，顾恺之的画作线条如行云流水、春蚕吐丝，紧劲连绵；张僧繇的画作线条“点曳斫拂”。而唐代周昉仕女图中细密线条与敷色完美结合，则又是另一种特色。线条的笔法、墨法、形态因画家感受的差异而各有千秋，同一位画家在不同的时期体现出来的线条风格也不尽相同，如陈洪绶绘画用线，以奇古为特质，功力纯熟，用线从方到圆，方圆并济，炉火纯青，线条刚劲挺健，多用方折之笔，表现手法简洁，具有金石味而独树一帜。早年用线，圆中兼方，行笔较涩，转折生硬，如《水浒叶子》，其线条刚硬有力，笔法以方折之笔为主；中晚年则圆融流转，或如游丝或如铁线，如《博古叶子》，人物头大身短，稚趣十足，线条布置自然疏朗，圆润飘转，筋骨清劲，秀逸沉稳。

（二）独立造型：线语言自律性之一

线是中国传统绘画的基本造型元素，始终贯穿于中国绘画的发展过程之中，其独立性表现在它可以独立完成造型功能，可以减弱其他造型元素的支持，比如线与色的关系、线与明暗的关系。中国绘画发展到水墨画阶段，色彩被拿掉了，这一点在西方绘画是不可想象的。中国绘画的线没有明暗、光影等因素参与，“线描不直接用面的方法表现物象的自然空间的关系，主要依赖于线条层次的衔接和对比手法的应用，如近大远小、近实远虚，以及把趋向不同的物体组织起来，利用线条的长短、疏密、纵横、曲直等相互衬托，来拉开空间，或者

① ［英］苏立文：《东西方美术的交流》，陈瑞林译，江苏美术出版社 1998 年版，第 64 页。

是把线条密度不同的物体组成前后间隔，来分出层次”[①]。虽然没有光线的明暗变化和色彩的丰富多样，但中国绘画线条的位置布局和组合关系，线条的徐疾、曲直、轻重、疏密，同样能表现物象的形，体现出物象的轮廓、质感和空间感，《芥子园画传》所谈到的物象造型方法：“石分三面”“树分四枝”“左既勾浓，则右宜稍淡，以分阴阳向背”即是很好的诠释。中国传统绘画的线与面的功能随着笔墨的发展而趋于融合，也就是说，线具有了面的功能而具有独立的表现力，“线条不仅可以精细地勾画轮廓，还可以用淡墨和湿墨向周围适当扩散，形成虚实变化，甚至直接转化为成面。这样，线条的流动特性就被引入原来主要是涂色功能的块面，面的静止特征被打破，线与面从性质上不再仅仅作为不同的造型要素，承担勾画轮廓和敷色这样各自独立的功能，而是综合为一种独特的造型语言”[②]。再如中国古代人物画所谓人物衣纹十八描，铁线描适于表现坚实、挺拔之物；高古游丝、琴弦描宜表现柔嫩的肌肤、细软轻纱，如唐代的仕女形象；曹衣描受佛教艺术影响，表现衣纹稠密，紧贴身体，适于表现佛教人物；钉头鼠尾描则适合表现英雄人物、武士形象。

最能够说明中国绘画线条的独立造型功能莫过于白描。白描之“白”指素色；“描”即摹画，可以指技法，也可以指绘画形态，在中国古代绘画中又称为粉本、白画，也有人称为线描，原是艺术创作过程中使用的草稿或初稿。清人方薰在《山静居画论》中说，“白画，亦称‘白描’”。白描纯粹依靠线描造型，纯用墨线勾描，不着其他色彩，重在传神写韵，以线描为基础，笔法简洁，线条清晰，形象突出。本质特征是“扫去粉黛，不施丹青”，与之相对的是渲染。白描画的形状、体积、质感等均以线条表现，且用线必须准确、清晰明了，不能涂改，即使修改了微小之处，形体都要受到严重破坏，所以白描是最能显现线描功底的。清代沈宗骞在其《芥舟学画编》中说：“以盈尺之面而缩于方寸之中，其眉目鼻口方位，若失之毫厘，何啻千里？”[③] 可见白描用线的严谨、精确。吴道子、李公麟是闻名古今的白描大师，李公麟继承前人“扫去粉黛，不施丹青”，淡毫轻墨，纯以线条的变化赋形造象，表情达意，使单线的白描人物

---

① 罗世平：《线描：中国画文脉传承的基石》，《美术研究》2008 年第 4 期，第 121 页。

② 赵维华：《绘画媒介与造型样式——中西传统绘画造型语言比较研究》，广西美术出版社 2008 年版，第 49—50 页。

③ （清）沈宗骞：《芥舟学画编》（第四卷），史怡公标点注译，人民美术出版社 1959 年版，第 8 页。

画成为一种独立的艺术形式，对于白描艺术的成熟发展起到了巨大推动作用。李公麟笔下的线条朴素、内敛、简练而饱含气韵，融合了书法用笔的特点，吸收了石鼓文的圆转浑厚、狂草的豪放自如，如《免胄图》书法用笔意味浓厚，线条细而不弱、衔接流畅，多用复笔，顿折和提按并用，缓而有力，具金石趣味。

（三）动态与情感：线语言自律性之二

中国绘画的线能够传达情感，也就是线的人格化，表现意趣和内在气质。当代画家吕凤子对线的情感属性做过论述："凡属表示愉快感情的线条，无论其状是方、圆、粗、细，总是一往流利不作顿挫，转折也是不露圭角的。凡属表示不愉快感情的线条，就一往停顿，呈现一种艰涩状态，停顿过甚的就显示焦灼和忧郁感。"[①] 中国绘画的线将其表情的功能发挥得淋漓尽致，潘天寿曾说："线，是有骨子的东西，它从自然中来，又应高于自然，比自然更有精神，更有力量和气势。"[②] 这一点是中国画的线不同于西方绘画的独特之处，"西方绘画的传统是如何通过材料媒介的运用使绘画作品面貌更好地表达精神层面的理想美，这种传承是物属的；而中国绘画以人格主体精神修养为本讲'笔墨精神'的传承，最终是民族气节与传统道德的传承，是纯精神的。中国艺术经历朝代的更替，魂魄不散，所谓'技有巧拙，艺无古今'。其精髓千古不易"[③]。线的情感化和人格化是中西绘画的显著区别之一，中国古代画论说的"意在笔先"即包含线的情感性之义，即线要表意。唐代张彦远在其《历代名画记》中说："合造化之功，假吴生之笔，向所谓意存笔先，画尽意在也。"[④] 由于意存笔先、以气使笔，线才具有了情感性和生命活力，情感的作用促进了线的自由。线的形态往往是画家的心路历程，线所传为愉悦之情，则无论线或方或圆、或粗或细，线形总是欢畅流利；如所传之情为苦闷之意，则线形时见艰涩、顿挫，如顾恺之的《洛神赋图》，其线并不严格依照对象的形体轮廓而作，线条俊秀挺劲、洒脱飘逸，极富情致。宗白华说："从这一画之笔迹，流出万象之美，也就是人内心之美。没有人，就感不到这美，没有人，也画不出、表不出这美……

---

① 吕凤子：《中国画法研究》，上海人民美术出版社 1978 年版，第 4 页。

② 潘公凯编：《潘天寿画论》，河南人民出版社 1999 年版，第 72—73 页。

③ 潘勤：《从"线"的意义看中西绘画价值体系之别》，《文艺争鸣》2010 年第 5 期，第 22 页。

④ （唐）张彦远：《历代名画记》，俞剑华注译，江苏美术出版社 2007 年版，第 46 页。

画家、书家、雕塑家创造了这条线，使万象得以在自由自在的感觉里表现自己，这就是‘美’。”[①] 宗白华之言说明了中国绘画的线对于表达个体情感的高度自由。

线的动态属性也是中国绘画区别于西方绘画的特征之一。就造型手段而言，无论中西绘画，线本身都具有动态的属性。但在西方绘画中，线的动态属性往往被消弭掉了，西方绘画中的线必须与明暗、光影、体面、色彩等因素结合起来，在诸种造型元素关系的作用下，线的形态及形式美就被模糊化了，观者所注视的是真实形象的再现，是“凝固瞬间”的再现，线作为形式本身溶解到形象之中，由此，线的动态属性被削弱了，因而西方古典绘画被人们称为“静止的空间艺术”，线被凝固在形体之上。而中国绘画中的线是独立的造型元素，也就能将其动态属性最大限度地展现出来，于是有了“气韵生动”之说。现代画家傅抱石认为：“中国画必须先使它‘动’，能‘动’才会有办法……中国画学上最高原则本以‘气韵生动’为第一，因为‘动’，所以才有价值，才是一件美术品。”[②] 一方面，中国绘画的线形态变化多样。中国绘画的线在运行之中有起伏的变化，有一波三折之说，其形有粗细、肥瘦、圆转、方折的变化，同时，线墨迹也是变化的，用笔的缓急、顿挫、转折、提和按等变化使墨色产生浓淡、干湿、枯润等变化，故古人有“墨分五彩”之论。另一方面，线的运动形成了强烈的韵律感。中国绘画的线有轻重快慢的不同变化形成了规律性的节奏，就会产生韵律感，线与线的组合也会形成韵律，线的排列的规律性以及线的疏密的不同布局，相互呼应，会在画面整体上形成一种韵律感，如马家窑文化中涡形彩陶纹饰，线条有规律地循环往复，给人一种很强的节律感，具有强烈的视觉审美效果。北宋武宗元的《朝元仙仗图》众多人物前后排列，衣纹线条依次有规律地排列，数量众多，形成了磅礴的气势。

（四）抽象、程式与笔墨本体化：线语言自律性之三

笔墨是中国绘画基本的形式语言，一方面，最初意义的笔墨是工具性的，或者称为艺术媒介。另一方面，更重要的是，笔墨发展到后来逐渐远离了工具化的意义而具有了审美价值和独立性，它不仅仅是造型元素和塑形手段，而且是具有审美意义的本体性存在，在此意义上，笔墨语言本体化了。

---

① 宗白华：《美学散步》，上海人民出版社 1981 年版，第 143 页。

② 叶宗镐：《傅抱石美术文集》，江苏文艺出版社 1986 年版，第 458 页。

笔墨的抽象性并不完全受自然形态和色彩的限制。抽象性是指升华的、非具象的形式美，是在似与不似之间找到一种表达方式，用抽象的形态来暗示或表达作者的思想或情感，这一点在晚明清初绘画形式突破方面表现得十分突出。晚明时期特殊的政治环境与时代风貌给文人和艺术家造成了异常压抑的氛围，道统思想出现了裂缝，处于时代风潮中的艺术家产生了不同于传统的形式变革，正如沃林格所说："抽象冲动则是人由外在世界引起的巨大内心不安的产物。"[①]晚明时期最重要的线语言形式演进的趋势和特征是笔墨的进一步独立，使笔墨与客观对象之间的关系，由紧贴对象形体，逐渐趋向于与对象之间的疏离，而且强化和凸显了笔墨对生命意蕴的传达，所以说总体上是走向一种感性的抽象。"中国画中抽象美的笔墨形式，同'摹拟'物象是有矛盾的。这是一个不易否认的事实"[②]。由此，笔墨获得了前所未有的提升，极大地开发了表现空间，笔墨逐渐摆脱以往为描绘对象服务的附庸地位，而凸显出自身的审美价值，在这个意义上，笔墨形式本身实际成为表现的内容。康定斯基说："绘画寻找着'新的形式'，但还只有很少几个人知道，那却是一种不自觉地寻找新的内容。对每个时代来说，有它自己的艺术自由的尺寸，和它相应和。对于这个自由的界限，最有天才的力量也不能跳过；但每次须做到竭尽这个尺度，而每次也是被竭尽了，不管障碍多么大。"[③] 这一论述说明"新的形式成了新的内容"，如清代扬州八怪的花鸟画体现了笔墨的抽象性，笔墨已经从文字和内容的藩篱之中解脱出来而成为审美对象本体，正因为如此，笔墨吸引了欣赏者更多的注视和解读，其审美意蕴更为丰富和深厚。当代画家吴冠中曾说："将附着在物象本身的美抽出来，就是将构成其美的因素和条件抽出来，这些因素和条件脱离了物象，是抽象的了，虽然它们是来自物象的。"[④]

笔墨本体化的另一个表现是程式化。中国绘画中线的程式化主要表现在笔墨方面，笔墨渗透入中国画的精髓。英国艺术史家苏立文认为程式化是中国绘画的典型特征："中国和日本的传统绘画依赖一套程式化的表现技法，比起西方

---

① ［德］沃林格：《抽象与移情》，王才勇译，辽宁人民出版社 1987 年版，第 16 页。

② 徐书城：《再谈抽象美和中国画》，《美术》1984 年第 5 期，第 52 页。

③ ［德］瓦尔特·赫斯：《欧洲现代画派画论选》，宗白华译，人民美术出版社 1980 年版，第 143 页。

④ 吴冠中：《笔墨等于零》，江苏文艺出版社 2010 年版，第 182 页。

传统绘画来，这种程式化的程度要严重得多。”① 合理的程式化并不等于因袭复古，因袭复古的笔墨实际上是没有处理好笔墨的程式化与笔墨的情感性的关系。清代画家恽寿平在《南田画跋》中说：“笔墨本无情，不可使运用笔墨者无情。作画在摄情，不可使鉴画者不生情。”② 笔墨程式是中国绘画符号化和标识化的体现。“程式是中国画为实现艺术造型目的所惯用的符号化的方法，笔墨是使用这种方法后得到的总的效果——这种效果在一定程度上已超越了象的层面，上升为能传情达意的、把中国画感性形式充分、恰当、完善地表现为理性、抽象，甚至某种思辨意味的特殊手段”③。当笔墨程式得以合理运用时能够恰如其分地传达情感，营造意境，一定程度上摆脱对于表现物象真实性的任务，“程式体系中的结构符号，虽然与自然天地有着一种形象上的联系，但后人在借助这些符号时，并不过多地关注其真实性如何，而是倾心于表现各自主观感觉中的情境传达”④。

第二节　书法与线的艺术

一、文字的起源与线

中国书法是汉字的艺术，文字是书法艺术形成、发展的基础，先有了汉字，然后才有书法，要了解书法艺术的特点，必须先了解文字的起源及其特点。

世界各民族的文字概括起来可分为两大体系：从形与从声。中国的汉字基本上属于从形的类别，许慎在《说文解字》序中提到了汉字的六种造字方法，即“六书”，包括象形、指事、形声、会意、转注、假借。许慎同时提出了文字产生的三种说法：第一种为仓颉造字之说。所谓仓颉造字，并非指的是文字乃古代的某一圣贤个人的行为，而是假托圣人之名，描述了文字产生的渊源和过程，文字是古代先民集体智慧的结晶。许慎在《说文解字》中说：“黄帝之史仓颉，见鸟兽蹄迒之迹，知分理之可相别异也，初造书契，百工以乂，万品以察，

---

① ［英］苏立文：《东西方美术的交流》，陈瑞林译，江苏美术出版社 1998 年版，第 320 页。

② （清）恽寿平：《南田画跋》，毛建波校注，西泠印社 2008 年版，第 25 页。

③ 屈健：《在传统与现代之间：屈健艺术文集》，西北大学出版社 2007 年版，第 4 页。

④ 中国美术学院中国画系：《形神与笔墨：中国画学研究》，中国美术学院出版社 2008 年版，第 52 页。

盖取诸。"[①] 第二种是伏羲画卦说。《周易·系辞下传》:"古者庖牺氏之王天下也,仰则观象于天,俯则观法于地,观鸟兽之文与地之宜,近取诸身,远取诸物,于是始作八卦……"[②] 文字的创造是从认识事物开始,取形象而成的。第三种是神农结绳说。《庄子·胠箧篇》有云:"子独不知至德之世乎?昔者容成氏、大庭氏、伯皇氏、中央氏、栗陆氏、骊畜氏、轩辕氏、赫胥氏、尊卢氏、祝融氏、伏羲氏、神农氏,当是时也,民结绳而用之。"[③]

这三种说法其真实性有待进一步考察,但是有一点是共同的,即文字的产生过程中一个重要特点是"观物取象"。远古先民在认识世界时,观物取象,采取最为简便的符号来刻写、记录认识的结果,这些刻画符号就是文字的雏形,而这些符号大部分是由线条构成。仰韶文化的陶文符号、大汶口文化的象形符号和龙山文化的陶器刻符、殷周甲骨文字,都是由纯粹的线条构成。文字与线条结下不解之缘,而中国文字的产生从一开始就具有装饰性和一定的美感,虽然这种装饰性可能并非发自自觉。就目前所了解的资料,很多文字学家认为原始文字最早出现在石器时代彩陶上的刻画符号,历史学家唐兰就认为:"文字起于图画,愈古的文字,就愈像图画。"[④] 德国艺术史学家格罗塞说:"就某种意义上讲,每一幅图画都是文字,因为每幅画总是代表一件事物。"[⑤]

仰韶文化遗址中发现的陶器上刻有布纹、席纹等线条形态,这些图案、刻画符号严格意义上说,不能算作汉字,更不是书法,但是其意义在于这些彩陶图案、刻画符号表明了,在线条及其线条组织上具有一定的审美特征,这正是对后代书法的启发。需要明确的是,当时的这些刻画符号在后代看来具有审美特征,但是却不能确证其具有独立的审美价值,因为刻写符号是寓记事、交流、装饰等多种功能于一体的符号系统,所以它并非独立的艺术。不过反观之,这种装饰性的特点孕育了后代的书法艺术,表明了线条组合的原始符号能够成为艺术的可能性。

二、以书为骨

中国书法肇始于文字书写,书法呈现于人们的视觉直观是汉字的形象,唐

---

① 华人德:《中国书法史:两汉卷》,江苏教育出版社 1999 年版,第 198 页。

② 黄寿祺、张善文:《周易译注》(下册),上海古籍出版社 2007 年版,第 402 页。

③ 陈鼓应:《庄子今注今译》(中册),中华书局 1983 年版,第 262 页。

④ 唐兰:《中国文字学》,上海古籍出版社 2005 年版,第 93 页。

⑤ [德] 格罗塞:《艺术的起源》,蔡慕晖译,商务印书馆 1984 年版,第 150 页。

代张怀瓘在《书断》中说："文章之为用，必假乎书，书之为征，期合乎道，故能发挥文者，莫近乎书。"① 可见，文字是书法美形成的依托和前提，文字的形义为书法美的形成提供了表现的空间，因此，书法的前提首先是"书"，必当"以书为骨"。

（一）汉字的稳定性确定了书法艺术的延续性

汉字发展经历从不稳定到稳定的阶段，经过书体的演变之后，汉字的基本框架结构固定下来，这种稳定性为书法艺术的发展提供了基础。

第一，汉字线条笔画的稳定性促进了书法艺术的延续性。汉字基本上是线条的组合，文字形体是前提，在此基础上，形成各具风格的文字形象。书法艺术的基本事实就是：线条是书法的造型手段，而文字则是书法的艺术形象和本体。元代郝经对书法的形成发展做了这样的评述："夫书一技耳，古者与射、御并。故三代、先秦不计夫工拙而不以为学，是以无书法之说焉。自包羲氏画八卦，造书契，皇颉制字，取天地法象之端，人物器皿之状，鸟兽草木之文，日月星辰之章，烟云雨露之态而为之，初无工拙之意于其间也。世变日下，渐趋简易，故变古文为篆，变大篆为小篆，又变小篆为隶，为楷，为八分，为行，为草，为真行，为行草，为章草，为正草，废刀用笔，废竹用帛，废帛用纸，皆与世变而下也。道不足则技，始以书为工，始寓性情、襟度、风格其中而见其为人，专门名家，始有书学矣。"② 书法的艺术化正是"以书为工"，也就是文字书写的艺术化。文字是书法表现的对象，是书法艺术性得以展现的载体，文字与书法是须臾不可分的，无论书法艺术怎样表现创作主体的审美情感、审美观念，文字本身是它不可动摇的基础，而汉字形体结构的稳定使得书法艺术具有明确的对象，也使得书法艺术的发展能够不断延续，而不至于摇摆不定。西方和中东地区，很多古老的文字并没有延续下来而消失了，文字消失了，也就无所谓书法艺术的延续，这些地区的文字虽也有装饰性的文字写法，但是与中国的书法艺术难以相提并论。钟繇、欧阳询、颜真卿、赵孟頫，无论他们的楷书体风格怎样变化，终究是汉字楷书体的书写，其书体的基本构架即使经历上千年也没有大的变化，因此书法艺术是普遍性和具体性的结合，文字的结构

---

① 上海书画出版社、华东师范大学古籍整理研究室编：《历代书法论文选》，上海书画出版社1979年版，第154页。

② 崔尔平：《历代书法论文选续编》，上海书画出版社1993年版，第174页。

和规则是普遍性的，文字的不同表现是书家个体风格的具体显现。

第二，汉字书体发展的稳定性。汉字书体的演化是“六体”的演变，虽然其字体演进也经历过很长的历史时期，但是书体的变革至秦汉就已经基本完成，古文字向今文字的过渡基本告一段落，虽然在文字过渡时期出现过一些比较特殊的书体，如鸟虫书等，但是到了汉代，书体基本就稳定下来，包括篆、隶、楷、行、草等，正如近人祝嘉所言：“各种书体，皆备于汉，后世无以复加，守辙寻途而已。”① 书体稳定下来之后，书法艺术也就有了明确的表现对象和表现方式。纵观中国历代书法艺术可以发现，各个历史时期的书家所使用的书体无不是历史沿袭下来的这几种书体，几乎不曾发现有书家使用以上书体之外的书体，或者自造的“书体”，这一点充分体现了文字对书法艺术的规范作用。倘可以全然不顾忌文字性的制约，也就无所谓书法艺术，这样的书写也就失去了根本。

（二）汉字的组合方式决定了书法艺术的丰富性

西方的字母组合成词汇，单个的字母相当于汉字的笔画，组合之后西方的字母形成的是单词，而中国文字笔画组合成的是字，所以比较而言，西方的文字其实没有严格意义的“字”，而单个的字母却无法表示明确的意义。中国的文字是独立的个体，有完整的结构，有不同的线条组合方式，这是两者的一个区别。另一个区别是中国的文字是“方块字”，都可以写在四方格里面，在视觉形象上其造型结构比较一致，组合起来的美感更为强烈。而西方的字母组成的文字是横向的，视觉上呈水平的长方形的形态，字母与字母之间的组合难以形成一个牢固的形象整体。不仅如此，汉字作为书法艺术，创作时具有一套美学法则，包括笔法墨法、间架结构、布局、疏密等，有代代相传的创作理论和经验，这些都是西方文字所无法比拟的。特别是汉字的形体结构对于书法艺术的多样性具有深刻影响，汉字的方形构造随着笔法的不同可以在局部或者整体加长或者加宽，可以伸缩自如，这种可塑性强的结构特点正好符合艺术表现的规律，艺术家可以根据自己的思想情感和主体意愿进行创作，虽然书体的演变最终稳定为六种，但是六种书体在书家笔下演化为独具特色的个体化特点的书法艺术形态，使其成为表达创作主体的一种艺术形式。

以楷书为例，魏晋时期的书风为南北并行，以“二王”为代表的书风优雅秀美，北朝碑刻书风则雄壮浑厚。尤其是“二王”的楷书笔法，王羲之一改魏

① 祝嘉：《书学史》，中国书店 1987 年版，第 15 页。

晋以来隶书留存的质朴书意，完全脱去钟繇楷书的隶意，其楷书清劲秀丽，疏旷开达，楷而不呆，成法多变，如其代表作《黄庭经》（如图 3.6），清代梁巘赞其楷书："结构之稳适，撇捺之敛放，至《黄庭》已登绝境，任后之穷书能事者，皆未能过。然极浑圆苍劲，又极潇洒生动。"① 而到了唐代，随着地域的统一，南北书风合流，形成了新的审美规范，也正是这一时期，楷书彻底摆脱了篆、隶、草等各类书体的残留影响而完全独立出来，成为独立的、具有自身审美法则的书体，一大批楷书大家横空出世，从初唐的虞世南、欧阳询，到中唐的颜真卿、柳公权，各有特点。唐代书法在用笔上汇南北笔法于一体，方圆结合，严谨平和典雅，过去楷体的粗犷朴野被逐渐淘汰，初步形成了结构谨严、外柔内刚、圆润遒美、典雅精工的风格。颜真卿的楷书不同于王羲之楷书的秀美飘逸，也不同于前代楷书笔画线条的瘦硬之态，而是将笔画变为肥厚、清新雄美，既有法度之范，又有活泼之气，刚劲浑厚，秀劲丰润。宋欧阳修曾评其书法："斯人忠义出于天性，故其字画刚劲独立，不袭前迹，挺然奇伟，有似其为人。"②

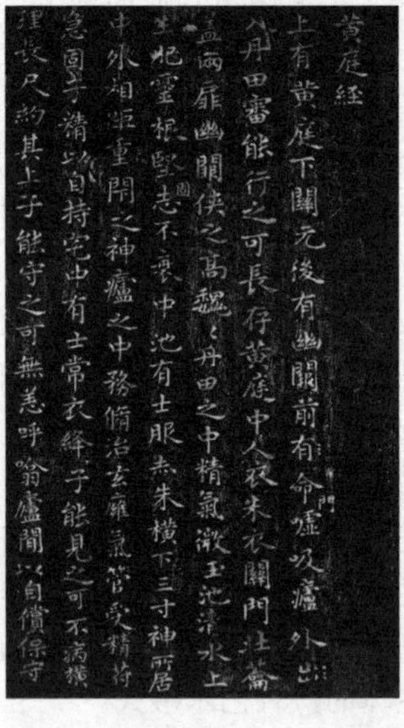

图 3.6　（东晋）王羲之《黄庭经》

① （清）梁巘：《承晋斋积闻录》，洪丕谟点校，上海书画出版社 1984 年版，第 6 页。

② 王镇远：《中国书法理论史》，黄山书店 1990 年版，第 212 页。

三、以写为法

书法形态的不同，其直接原因在于书写方式的不同，即用笔之法的不同。东晋卫铄在《笔阵图》中说："夫三端之妙，莫先乎用笔；六艺之奥，莫重乎银钩。"[①] 中国古代的笔法之论述甚多，书家总结出各类颇具代表性的笔法心得，代代相传，影响甚广，众多书家皆是吸取前人用笔精髓而自成一家，将书法笔法不断发扬光大。元代书画大家赵孟頫说："书法以用笔为上，而结字亦须用用工。盖结字因时相传，用笔千古不易。"[②] 可见笔法的重要。笔法的特点主要表现在以下几个方面：

（一）笔锋

清人周星莲在《临池管见》中有云："书法在用笔，用笔贵用锋。用锋之说，吾闻之久矣，或曰正锋，或曰中锋，或曰藏锋，或曰出锋，或曰侧峰，或曰扁锋。知书者，有得于心，言之了了。"[③] 可见，古人对用笔的笔锋的类型和特性已经有了精到的分类和总结，概括起来，笔锋有中锋、侧锋、藏锋、露锋等几种主要类别，其使用之法因人而异各有不同。首先，中锋用笔为历代书家所重视，为书法的基本笔法，中锋之气充实则字体中正。所谓中锋运笔就是行笔时笔锋始终在笔画的中心线上运行。明人丰坊《书诀》有云："古人作篆、分、真、行、草书，用笔无二，必以正锋为主，间用侧锋取妍。分书以下，正锋居八，侧锋居二，篆则一毫不可侧也。"[④] 可知，无论何种书体，无论其形态如何，书法用笔均以中锋运笔为主，侧锋等其他笔锋作为辅助使用，历代书家视之为中国古代书法用笔的不变精髓。明代汤临初在《书指》中说："锋在画中，则左右皆无病，此书家精一之传也。"[⑤] 中锋用笔跨越时代成为中国书法用笔不变的法则，更有"作字之理，不过'中锋'二字尽之"的说法。中锋用笔的特征，颜真卿比之为"如锥画沙"。书法用笔同时也讲求变化，中锋用笔是基础，但是字形的丰富，具有神韵，必须有相对应的笔锋的使用，于是便有中锋、侧锋之别，藏锋、露锋之别。侧锋，就是笔锋与平面不是垂直关系，而呈现一

---

① 上海书画出版社、华东师范大学古籍整理研究室编：《历代书法论文选》，上海书画出版社1979年版，第154页。

② （元）赵梦頫：《赵梦頫集》，任道斌校点，浙江古籍出版社1986年版，第253页。

③ 王伯敏等：《书学集成（清）》，河北美术出版社2002年版，第535页。

④ 楼鉴明、洪丕谟：《历代书论选注》，复旦大学出版社1987年版，第107页。

⑤ 毛万宝、黄君：《中国古代书论类编》，安徽教育出版社2009年版，第110页。

定的角度。侧锋一般作为中锋的辅助笔法来使用，侧锋的特点是能够让线条形态更加鲜明和多样，产生鲜明的美感。清人王澍在《翰墨指南》中说："侧锋取妍，故侧锋亦不可少。"① 但是侧锋不能使用过多，过多则为书法之大忌。董其昌在《画禅室笔记》中说："笔画中须直，不得轻易偏软。"② 藏锋与露锋也是一对重要的笔法范畴，中国书法历来讲究起笔、收笔之藏锋，使锋不外露。东汉蔡邕在《九势》中就已论及藏锋："藏锋，点画出入之迹，欲左先右，至回左亦尔。"③ 运笔的过程中起笔和收笔须讲求藏锋，使笔锋在开端与收尾处不外露。一般来说，笔画运笔过程有"逆入、涩行、紧收"的说法，即开始起笔应该用逆锋，先收后放，欲进先退，收笔处要有回笔。唐代蔡希综在《法书论》中说："夫始下笔，须藏锋转腕。"④ 董其昌将前代之说进行了总结："颜平原屋漏痕，折钗股，谓欲藏锋。"⑤ 露锋是指笔画在起笔和收笔处锋芒在外。露锋的作用体现在对于笔画和字与字的连接呼应方面，在行书、草书中使用较多。藏锋、露锋须相互配合，相得益彰。清代王澍《翰墨指南》有云："笔正则锋藏，笔偃则锋露。一正一偃，一藏一露，则神奇出焉。书法单重藏者亦非正法，必当藏而藏，当露而露，自然之妙也。"⑥ 正是这种不同笔锋的配合使用，有主有辅，线条及其组合才有了多姿多彩的变化。

（二）节奏

书法之中，运笔的节奏至关重要，快慢徐急对于线条的质感具有显著的影响。节奏也就是不同笔法的变化规律，主要包括运笔的徐疾，笔画的方圆、提按等。

运笔的徐疾是书法产生节奏韵律变化的主要因素。落笔徐缓而重则取其妍美，疾速则显流畅遒劲，所以运笔的缓与疾，应该有机配合，以求理想的效果。只重缓，则失却神气；只求速，则失却体势。东汉蔡邕认为运笔快慢有疾势与

---

① 毛万宝、黄君：《中国古代书论类编》，安徽教育出版社 2009 年版，第 117 页。

② 卢辅圣：《中国书画全书》（第三册），上海书画出版社 1993 年版，第 1000 页。

③ 上海书画出版社、华东师范大学古籍整理研究室编：《历代书法论文选》，上海书画出版社 1979 年版，第 6 页。

④ 赵建军、王耘：《中国美学范畴史》（第二卷），山西教育出版社 2006 年版，第 324 页。

⑤ 上海书画出版社、华东师范大学古籍整理研究室编：《历代书法论文选》，上海书画出版社 1979 年，第 541 页。

⑥ 卢辅圣：《中国书画全书》（第八册），上海书画出版社 1994 年版，第 834 页。

涩势的分别："疾势，出于啄磔之中，又在竖笔紧趯之内。"[①]"涩势，在于紧駃战行之法。"[②] 南宋姜夔在《续书谱》中说："大抵用笔有缓有急，有有锋，有无锋，有承接上文，有牵引下字，乍徐还疾，忽往复收。缓以效古，急以出奇；有锋以耀其精神，无锋以含其气味。"[③] 在此他谈到运笔缓急的各自的特点和作用，用笔之涩，则线条沉稳，骨气十足，遒健而立，行笔该淹留则需淹留；用笔之疾，则线条流畅，气脉贯通，姿态多变而显妍美，神韵由此而出。王羲之的《兰亭序》(如图 3.7) 被誉为天下第一行书，其笔画中锋、侧锋并用，而归于中锋，气势连贯，形成纵势，鲜明地体现出行书的节奏，完美地将流畅速疾与蕴藉平和之风融合，充满自然之趣和清秀之美，该帖自问世后便被大量传拓临摹，影响巨大。

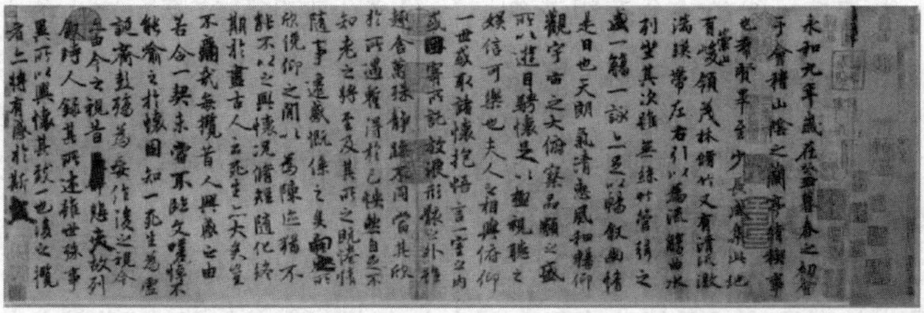

图 3.7 (东晋) 王羲之《兰亭序》(摹本)

运笔还有方圆之分，康有为在《广艺舟双楫》中有如下论述："书法之妙全在运笔。该举其要，尽于方圆，操纵极熟，自有巧妙。方用顿笔，圆用提笔。提笔中含，顿笔外拓。中含者浑劲，外拓者雄强，中含者篆之法也，外拓者隶之法也。提笔婉而通，顿笔精而密。圆笔者萧散超逸，方笔者凝整沉着，提则筋劲，顿则血融。"[④] 方笔指的是笔画在起收以及转弯的地方有棱角的形态，方笔棱角方正，顿笔外拓，具有骨气，一般认为方笔之法出于隶书；笔画线条的

---

① 上海书画出版社、华东师范大学古籍整理研究室编：《历代书法论文选》，上海书画出版社 1979 年版，第 6 页。

② 上海书画出版社、华东师范大学古籍整理研究室编：《历代书法论文选》，上海书画出版社 1979 年，第 7 页。

③ (宋) 姜夔：《续书谱》，朱友舟注译，江苏美术出版社 2008 年版，第 120 页。

④ 上海书画出版社、华东师范大学古籍整理研究室编：《历代书法论文选》，上海书画出版社 1979 年版，第 843 页。

起笔、收笔、转弯处不出棱角则称圆笔，运笔时左右圆转运行，在点画中行动时，连续又略带停顿，一般认为其写法出自篆书。方硬之笔如柳公权的楷书，改变颜真卿楷书肥壮的竖画，而是将横画、竖画写得大体均匀，且显瘦硬，又吸取了北碑中方笔字棱角分明的特征，点、撇、捺如同刀切一般，爽利硬挺，形成了瘦硬露骨“柳体”。方圆用笔的有效配合使书法具有美感。康有为在《广艺舟双楫·缀法二十一》论其方圆的配合：“妙处在方圆并用，不方不圆，亦方亦圆，或体方而用圆，或用方而体圆，或笔方而章法圆，神而明之，存乎其人矣。”①

提笔和按笔，也是笔画线条运用中的重要组成部分。提、按体现的是运笔的力度的变化，也就是用笔下压的力量的变化，由此带来线条形态的变化，正因为有了提和按，线条才会有粗有细，从而产生变化和节奏，这为线条的形态增添了灵性。清代刘熙载在《书概》中说：“凡书要笔笔按，笔笔提。辨按尤当于起笔处，辨提尤当于止笔处。”② 提笔和按笔的精髓在于轻重得宜，该重处力量须显，须轻时举重若轻，同时，在提、按中做到二者兼备，提中有按，按中藏提，既避免坠堕之感，又避免飘忽之态。

（三）骨力

中国书法对于力的重视由来已久，东汉蔡邕《九势》云：“藏头护尾，力在字中，下笔用力，肌肤之丽。”③ 东晋卫铄《笔阵图》有云：“善笔力者多骨，不善笔力者多肉；多骨微肉者谓之筋书，多肉微骨者谓之墨猪；多力丰筋者圣，无力无筋者病。”④ 他们将书法创作是否具有力度作为能否产生审美效果的关键因素之一，并将其比为筋骨，称之为“骨力”“筋力”，线条的形态变化以造成丰腴浑厚或清雅秀丽等不同的美感。明代赵宧光《寒山帚谈》：“何谓力量？同是刚劲之称，深浅粗细，从可分也。力浅量深，力粗量细，力卑量高，力易量难。露筋骨为力，藏筋骨为量，无筋骨为弱，急疾偏锋为露。正锋不滞为藏，

---

① （清）康有为：《广艺舟双楫注》，崔尔平校注，上海书画出版社 2005 年版，第 159 页。

② 金学智：《书概评注》，上海书画出版社 2007 年版，第 141 页。

③ 上海书画出版社、华东师范大学古籍整理研究室编：《历代书法论文选》，上海书画出版社 1979 年版，第 6 页。

④ 上海书画出版社、华东师范大学古籍整理研究室编：《历代书法论文选》，上海书画出版社 1979 年版，第 112 页。

柔媚宛转曰弱。”① 从这段论述中可知，书法之中力的不同对于表现笔锋和线条的形态具有重要影响。如赵孟頫的楷书，其楷书除去颜、柳楷书的装饰顿挫之法，而远溯晋人之风，同时吸收李邕书碑，既存有流美之韵，又存遒劲之气，骨气不减，如其小楷作品《老子道德经卷》(如图 3.8)。

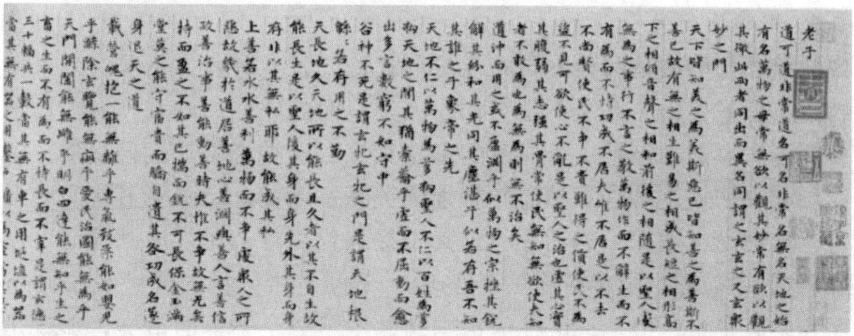

图 3.8　(元) 赵孟頫《老子道德经卷》

上文所述卫铄关于笔力筋骨之论，即说明创作者须使字体具备骨力，从而产生力感效果。从力与线条的关系来说，有骨力主要指用笔坚实，表现为方直、明快的线条；而具肉者，主要指用笔形态饱满与否，多表现为圆弧线。骨肉丰满，就是要合理地运用力度，骨力并非骨线外露，字体瘦骨嶙峋，力的表现也不在于使用很大的力量，下笔越重越好，东晋卫铄有言：“下笔点画波撇屈曲，皆须尽一身之力而送之。”② 即用笔的整体性、协调性，笔、腕、指、肘、肩相互协调配合，将全身之力通过这样的配合输送至笔锋。

颜真卿在《述张长史笔法十二意》中比较准确地谈到了力的表现：“自兹乃悟用笔如锥画沙，使其藏锋，画乃沉着。当其用笔，常欲使其透过纸背，此功成之极矣。”③ 颜真卿此论表达了这样的含义：第一，用笔之力感在于中锋执笔，因中锋运笔，其着墨部位吃墨最透，得力最多，如人之筋骨，如锥画沙，而侧锋、偏锋则靠笔毫两端着墨，吃墨相对较浅而不及中锋之效果；第二，笔

① 卢辅圣：《中国书画全书》(第四册)，上海书画出版社 1993 年版，第 94 页。

② 上海书画出版社、华东师范大学古籍整理研究室编：《历代书法论文选》，上海书画出版社 1979 年版，第 112 页。

③ 上海书画出版社、华东师范大学古籍整理研究室编：《历代书法论文选》，上海书画出版社 1979 年版，第 280 页。

法有力犹如能够力透纸背，这是“力透纸背”之说的由来。

四、“书与画异形同品”

中国书法艺术的发展，对于笔墨、线条来说，最为重要的一个过程莫过于书画合流，书画关系对于中国书法或者绘画的发展，具有重要的意义。

（一）“书画同源”辨析

中国绘画与书法是两种不同的艺术形式，二者具有各自不同的艺术特点和鉴赏特点，但是引人注目的不是它们的区别，而是它们的联系。中国自宋代以后很多绘画大家同时也是享誉一时的书法大家，这种现象让人们坚信，中国传统的绘画和书法一定具有某种血脉相连的关系，因此，绘画与书法的联系很早就成为艺术理论中被探讨的话题，这其中最有代表性的是“书画同源”说或者“书画同体”说。在中国传统书画范畴中，书画是否同源，或者说书画是否同体，至今未有定论，但是，这种争论本身显示了一个不争的事实，那就是中国传统绘画和书法的确具有极为密切的关系。

最早在理论上关注到二者之间紧密联系的是唐代的张彦远，他在《历代名画记》中有过一段影响甚远的评述，“奎有芒角，下主辞章；颉有四目，仰观垂象。因俪鸟龟之迹，遂定书字之形。造化不能藏其秘，故天雨粟；灵怪不能遁其形，故鬼夜哭。是时也，书画同体而未分，象制肇创而犹略。无以传其意，故有书；无以见其形，故有画。天地圣人之意也。按字学之部，其体有六：一古文，二奇字，三篆书，四佐书，五缪篆，六鸟书。在幡信上书端像鸟头者，则画之流也”。颜光禄云：“图载之意有三：一曰图理，卦象是也；二曰图识，字学是也；三曰图形，绘画是也。又周官教国子以书六书，其三曰象形，则画之意也。是故知书画异名而同体也。”① 他在中国书画史上第一次提出了“书画同体”的观念，后来元代赵孟頫的《题秀石疏林图卷》诗再次明确了这一观点：“石如飞白木如籀，写竹还应八法通，若也有人能会此，须知书画本来同。”“书画同源”这一术语则出自明代何良俊的《四友斋画论》：“夫书画本出一源，盖画即六书之一，所谓象形者也。”② 历代关于书画联系的论述不少，郑樵在《通志·六书略》云：“书与画同出，画取形，书取象；画取多，书取少。凡象

① （唐）张彦远：《历代名画记》，俞剑华注译，江苏美术出版社 2007 年版，第 1—2 页。

② （明）何良俊：《四友斋丛说·卷二十八》，中华书局 1997 年版，第 255 页。

形者，皆可画也；不可画则无其书矣。”[①] 郑樵认为，书与画有取形与取象的区别，取多取少的差异，但是同出一源。北宋郭熙在《林泉高致》中说：“王右军喜鹅，意在取其转项，如人之执笔转腕以结字，此正与论画用笔同，故世之人多谓善书者往往善画，盖由其转腕用笔之不滞也。”[②] 这是说书画用笔用线的方法相似。元代杨维祯在《图绘宝鉴序》中说：“书盛于晋，画盛于唐宋，书与画一耳。士大夫工画者必工书，其画法即书法所在。”[③] 清代董棨在《养素居学画钩深》中说：“书成而学画，则变其体而不易其法，盖画即是书之理，书即是画之法。如悬针垂露，奔雷坠石，鸿飞兽骇，鸾舞蛇惊，绝岸颓峰，临危据槁，种种奇异不测之法，书家无所不有，画家亦无所不有。”[④] 从这些论述中可知，历代书画家们认为书画同法，因此，一者的成熟是另一者成熟的基础，书画之理在文人那里是相通的。这种观点倾向一直延续到现当代，现当代的不少艺术家和美学家都持这种观点。宗白华说：“中国画以书法为骨干，以诗境为灵魂，诗、书、画同属于一个境层。”[⑤] 现代画家黄宾虹在《古画微》中谈道：“书画同源，贵在笔法，士夫隶体，有殊庸工。”[⑥] 可见，书画相通的观念从古至今都未间断。

无论是书画同源或者书画同体，都集中在以下几个问题的探讨：第一，书法与绘画的起源是否相同？书法源于绘画，还是绘画源于书法？第二，书法与绘画在技法上是否具有相通之处？第三，画理与书理具有相通之处，二者的表现形式虽不同，但是在“艺理”上是相同的。对于这些问题，前人已有过诸多研究，有些问题甚至产生了明显的分歧甚至争论。

争议最大的莫过于“书画同源”这个问题，对于这个问题，研究者们明显呈现出两种不同的意见：一种认为绘画和书法都源自象形的符号系统，简单说是书法源于绘画或绘画源于书法；另一种认为绘画和书法起源于两种不同的体系，具有各自独立的源头，只是在之后的发展中因为各种原因日益接近，并产生了千丝万缕的联系。就第一种观点，书法与绘画同出一源，在于其都源自象

① 林木：《论文人画》，上海人民美术出版社 1987 年版，第 60 页。
② （宋）郭熙：《林泉高致》，周远斌点校，山东画报出版社 2010 年版，第 77 页。
③ 俞剑华：《中国古代画论精读》，人民美术出版社 2011 年版，第 39 页。
④ 潘运告：《清代画论》，云告译注，湖南美术出版社 2003 年版，第 225 页。
⑤ 宗白华：《美学与艺境》，人民出版社 2009 年版，第 141 页。
⑥ 张同标编：《黄宾虹谈艺录》，河南美术出版社 2007 年版，第 235 页。

形的特征。书法是汉字的书写艺术，书法形成的前提是文字的兴起，那么追根溯源，所谓书画同源，也就是要考察绘画与文字的关系。考古发掘而来的证据在很大程度上有力地证明了这种观点，《周易》中“仰观”“俯察”的提法，东汉许慎在《说文解字》中的说法，半坡遗址发现的几何符号，殷墟甲骨文中的文字，都具有典型的象形特征。汉字的形态最初是象形，是对客观世界和外在自然的模仿，通过线条的组合变形，形成了早期的汉字，而绘画同样具有这样的特征，有论者认为绘画与书法所起源的图像系列，是一种亦书亦画的符号系统，是一种混沌模糊的原始图形，说它是文字亦可，说它是绘画亦可，这种原始图形就是书画的共同起源。反对这种观点的论者认为，书法与绘画源自不同的符号系统，绘画与书法并不是都源自象形，象形是汉字造字法则的一种，其他法则同时存在，造字六法之中的指事，被认为早于象形。另外，书法与文字出现的内在目的并不相同，文字是源自群体性的、必然性的交流符号的实用目的，具有更加抽象的特征；绘画是偶然性的、非群体性的一种方式。学者徐复观就否认“书画同源”，他说：“谈到绘画，首先应打破传统的书、画同源，或书出于画的似是而非之说。”① 他认为书、画完全属于两种不同的系统，对于绘画来说，“最早的彩陶花纹，这完全是属于装饰意味的系统；它的演变，是随着被装饰的目的及关于此种目的的时代文化氛围而推动，所以它本身没有象形不象形的问题”②。也就是说绘画出于装饰的意味而产生，并不一定出于象形。对于书法来说，“文字的演变，完全由便于实用的这一要求所决定”③。也就是说，文字出于实用的目的而产生，因此，他认为“文字与绘画的发展，都是在两种精神状态及两种目的中进行的”④。

综合以上种种观点，不难发现，争论的焦点实际是对书与画的概念的辨析，对此我们应该坚持艺术发展的历史观，承认书、画概念的历史演进。书的概念，从上古时期到先秦再到晋唐，其内涵是不一样的，书在最初所指的是文字，处于草创阶段的文字并不具备艺术的自觉性，也没有生发出独立的审美意识。魏晋时期作为艺术观念的书法，其内涵已经发生了巨大变迁，如果简单将二者并

---

① 徐复观：《中国艺术精神》，广西师范大学出版社 2007 年版，第 107 页。
② 徐复观：《中国艺术精神》，广西师范大学出版社 2007 年版，第 108 页。
③ 徐复观：《中国艺术精神》，广西师范大学出版社 2007 年版，第 108 页。
④ 徐复观：《中国艺术精神》，广西师范大学出版社 2007 年版，第 108 页。

置，无异于将艺术与非艺术笼统放在艺术批评的范畴内来比较。同样，绘画概念也呈现出历史发展的多面性，绘与画的概念不尽相同，早期的绘画实用功能明显，伦理劝诫意味浓厚，魏晋时期，传神论出现，绘画的艺术功能得以提升，审美意识觉醒，所以，将书、画两个概念并置起来的时候，需要厘清其具体的历史内涵，而不能一概而论。就笔者看来，如果要追踪二者的真正源头，就决不能忽略二者后来相互交融的历史发展事实，无论其源头是否相同，书与画最终走到了一起，相互促进和影响，事实至少说明了二者一定具有非同一般的特殊联系，一定具有某种内在的相通性。所谓的“书画同源”不能从字面上狭义理解，它实际上说明了中国书画在几千年的发展中相互影响、共同促进的历程，“书画同源”实际上说明的是艺术发展的规律，以及不同艺术形态得以完美结合而又独立发展的奇妙现象，并非所有不同的艺术形态在漫长的发展历史中能够像中国书画一样走出这样一条不同寻常的路径，而这才是我们所应该关注的。因此，应该从更宽泛的意义上来理解书画同源，如果一定要在源头上加以限定，应该说这个源头就是外在的客观世界和自然万物，所以“象形说”在这个意义上仍然具有其价值与合理性。文字也好，书法也好，绘画也好，都是对自然万物的象形，如果对书画关系进行概括，不妨用这样的说法：书画异形而同品。那么，书画共同的品格是什么呢？那就是线，线是一个核心的要素，将其他众多的相似点串连起来，包括工具、技法以及其他因素。

（二）线条：绘画与书法共同艺术品格

前文已述，中国书法是线条艺术，中国传统绘画也是线的艺术，线条是两种具有中国民族性的艺术形态所具有的共同品格，那么，书法之中的线与绘画中的线具有怎样的共同特点，使二者能够相通，相互促进、融合呢？主要表现在以下几个方面：

第一，起源的趋同性。关于起源，上文已经进行了分析比较，书法与绘画能够走到一起，关键在于它们都是“象形”的艺术，正如康有为所说“二者都是形学”，这一说法可谓一语中的。相对而言，书法更抽象一点，书法所直观反映的对象是已经被抽象过的文字，书法艺术的变化无论怎样多元化，都不能偏离文字的方向，书法最终写出来的必须是汉字而不能是其他。绘画则不同，绘画所直观反映的对象范围更加广阔，自然万物、禽鸟虫鱼、花草树木皆可入画，而这些却不能直接出现在书法之中，如果书法体现了自然的生命律动，那也是一种主观化的意会。这是二者的根本区别，但是与此同时存在的是，它们的艺术形象却十分相似，正如上文所讨论的，虽然书画是否同源未有定论，但是可以肯定的是，书画的萌芽状态是十分相似的，在原始的艺术萌芽之初，书法与绘画的雏形都是刻写的线条图像或者符号，它们都是刻写的产物。

第二，媒介相同。中国书画所使用的工具是其艺术形态和艺术风格形成的媒介基础。当然，中国传统书画工具也是一个历史演进的过程，不同时期使用的工具不尽相同，绘画和书法所使用的工具各有其种类，绘画使用的工具更为多样化一些，而书法的典型的工具就是文房四宝——笔墨纸砚。但是当水墨画兴起后，书法与绘画的工具逐渐靠近，书法的工具同样可以作为绘画的工具，笔墨融合以后，笔墨成为书画共同的媒介，由同一种媒介形成的线条，必然在艺术品格上显现出相通性。前文对此已有详尽论述，在此不再赘述。

第三，笔墨技法和审美观念相近。笔墨既是工具意义上的范畴，也是书画技法的典型代表，更是其审美特征的显现。线条的形态变化都体现在笔墨的运用变化之中，线条的性质和风格也在于笔墨的性质和风格，用笔和用墨既是相对独立，也是紧密结合的技法体系。如韩拙所说“笔以立其形制，墨以分其阴阳”，书法与绘画的笔墨技法从各自不同的方向相互汇聚，自宋代以后，文人画的兴起，使得书法与绘画的结合愈加紧密，尤其是水墨画的大兴，客观上使得绘画与书法的形式元素迅速融合，这就是“笔墨”之道，笔墨获得独立地位又推动了书画的融合。“所谓笔墨的独立，书画在表现层面的真正结合，就是笔墨必须超越于造型的功能，以其自身的抒情表现性质去传递画家的感情。”[①] 笔墨成为文人们得以自由穿梭于书法艺术与绘画艺术的情感载体，在这两种艺术形态之中，艺术家将各自积累的艺术经验和技法心得相互传递和渗透，新的艺术经验和技法创新又促进了二者的进一步的融合。笔墨技法的纯熟和表现形态的直观体现即是线条和线条的组合，而线条和线条的组合投射到人们的视觉直观和审美心理上便形成了相对稳定的欣赏习惯和审美期待，当人们认识到这种审美期待在书画两种艺术形态中具有某种共同之处时，笔墨之道便成为人们欣赏书画和评判书画的价值尺度。笔墨之道既体现了书画技法和观念上的内在联系，又在塑造人们欣赏习惯和审美期待的运动过程中升华了自身。

---

① 林木：《从书画同源到笔墨表现——书画艺术分合分析》，见邱振中主编《书法与绘画的相关性》，中国人民大学出版社 2011 年版，第 100 页。

第三节　线的空间艺术——园林

线作为一种视觉元素和造型艺术基础，既是一种可见的可以直接感知的形态，即“明线”；也可以是一种整体感知，但不是眼睛能够在有限的空间内能够直接感知的，即“暗线”，暗线可以表现为明线的延伸，或者是一种经过想象而成的线，或者是具有线的基本特征的某种结构或元素。中国古代艺术中最为典型的线条艺术是书法和绘画，这两种艺术类型的线条是直接可感可觉的，而比较隐晦的线是在音乐、小说、戏剧等艺术类型中。就造型艺术而言，书法与绘画可以看作平面的线条艺术，雕塑、建筑、园林等则为空间的线条艺术。

一、中国园林：从自然到山水

中国的园林与中国的绘画书法一样，具有自身独特的特色，具有不同于西方园林的特点。中国园林的发展线索耐人寻味，即它越来越像一种立体式的中国绘画，并且具有与绘画相通的方法和观念。中国历史上最早的园林可追溯至商周时期，据《穆天子传》载：“春山之泽，水清出泉，温和无风，飞鸟百兽之所饮，先王之所谓‘县圃’。”[①] 可见当时的园林以直接利用天然的自然环境作为田猎生活娱乐的场所。先秦两汉经过了一个大发展，苑囿形式逐渐成为主流，人造的自然景观增加，并且已经有比较鲜明的主题，这一时期的园林以宫室楼阁为主，内有飞禽走兽，并种植果木花草，如汉代著名的上林苑，苑中珍奇异兽无数，并建有离宫七十余所。魏晋时期艺术自觉开始萌发，园林开始成为独立的审美对象，具有独立的审美价值，这一时期的园林不再似秦汉时期以写实性的观念再造、复制人工自然，尤其是南渡以后，江南园林不再以秦汉时期规模宏大的宫廷楼台和奇珍异兽为追求，而是吸收了上古园林的山水元素，游赏性增强，精致程度增加，私家园林开始出现，造园写实的手法也开始逐渐被写意的手法取代。《梁书·庾诜传》记载南朝文人庾诜：“性托夷简，特爱林泉。十亩之宅，山池居半。”[②] 文人园林此时也开始出现，唐宋时期是奠定中国园林艺术基本体系的时期，园林开始成为陶冶性情、享受审美愉悦的场所，而且此时的园林十分注重园林意境，园林景观形成了自然景观和人文景观的完美融合，

---

① 张承安主编：《中国园林艺术辞典》，湖北人民出版社 1994 年版，第 294 页。

② 吴功正：《六朝美学史》，江苏美术出版社 1994 年版，第 535 页。

从皇家园林到私家园林，审美与怡情都是人们进入园林的主要动机，尤其是文人对园林更是情有独钟，在园林造型手段上形成一套完整的形式语言，如叠山、理水、借景等。“各家园池自有各家景致，但要得语言气味深长耳。”[①] 园林的意趣并不在于规模，而在于通过“以小见大”和简约写意的手法，园林的效果就如同一幅意境深远的绘画，如宗炳在《画山水序》中所说：“竖画三寸，当千仞之高，横墨数尺，体百里之迥。”[②] 苏州园林是私家园林的代表，其中山石的造型如同山水画中的皴法一样，正如明代造园家计成在《园治》中说：“画家以笔墨为丘壑，掇山以土石为皴擦。虚实虽殊，理致则一。”[③] 如上海豫园(如图3.9)的黄石假山用以小见大的手法，早峰峦、丘壑、峭壁、悬崖，在有限的空间里展现了山水的无尽内涵。应该说，中国园林布局在三维的空间里，借鉴、转化了山水画中的艺术方法和艺术观念，相应也具有了自身的特点，当观赏者在园林中时，如同是进入了一幅山水画卷之中。

图 3.9　上海　豫园（局部）

从以上中国园林发展的简要线索中可以看出，中国园林发展从不自觉到自觉，从写实到写意，从模仿到立境，而后与绘画尤其山水画结下了密切的联系。这些特点都决定了中国园林的审美属性之中定然少不了一个因素，那就是线。

---

① （宋）陈亮：《陈亮集》，中华书局1974年版，第291页。

② 俞剑华：《中国画论选读》，江苏美术出版社2007年版，第72页。

③ 陈植：《园冶注释》，中国建筑工业出版社1988年版，第24页。

二、中国园林的线性美感

线被运用到中国园林艺术之中，不仅有线的意识，还有线的手法，同时有线的美感。

（一）中国园林的线意识

在造型艺术中，运用线条完成造型任务是常见的，但是否具有线的意识，并将这种线的意识贯彻到怎样的程度，对于线的认识达到了一个怎样的高度，这些问题往往决定了线条运用的方法、过程以及效果。中国园林艺术并非从一开始就具有线意识的，也不是一开始就自觉地以线性方法来完成园林艺术的，但是随着中国园林艺术的成熟，线意识也愈发清晰、强烈和自觉。为什么中国园林中的走廊和道路都是蜿蜒曲折？为什么园林中的亭台、山石、池水都不能一览无余？为什么园林之中的景物造型与绘画当中如此相似？这些问题的出现都绝非偶然，因为这背后有中国古代艺术的线意识在起作用。线意识的一个重要表现即统一性，“每一条线都是艺术表现语言的个体语言单位，当它独立时，虽也有可供欣赏的局部审美价值，但就其表现功能而言，构成的意义却是有限的：它只有存在于统一的表现系统之中，才具有艺术创造的意义”①。这种整体性与统一性突出表现在园林的整体结构布局上，中国园林中的“线”不同于书法与绘画中的线，书法与绘画的线是通过笔墨的运用及其变化而形成的，是比较鲜明的“明线”，而园林则是立体三维的空间艺术，其审美感受最终要通过人身临其境才能体会，无法用笔墨工具完成，因此，“线”的表现是一种比较虚化和抽象的形态，但是虚化并不意味着消失，而是蕴含在园林的各个部分。

中国园林的游览路线一般是以曲线的形式布局，而且应用最为普遍，桥、廊、花坛等各处景观无不是曲线造型。西方古典园林也有线的组成要素，但不是在整体上贯彻线的意识，因而在整体上不是线意识的。西方古典园林以几何形状来架构园林，建筑物为主体，园林布局结构分明，秩序井然，以块面形态布置，平面化的布局显得开阔平朗，而这种几何形状往往都是以“面”造型的，而不是以线造型，黑格尔曾评述西方园林：“最彻底地运用建筑原则于园林艺术的是法国的园子，他们照例接近高大的宫殿，树木是栽成有规律的行列，形成林荫大道，修剪得很齐整，围墙也是用修剪整齐的篱笆来造成的，这样，就把

---

① 韩玮：《线描艺术概论》，山东大学出版社2000年版，第127页。

大自然改造成为一座露天的广厦。”[①] 线在艺术表现的整体之中，而不仅仅在于个别细节的使用和精巧，如此可说具有线的意识。

另外，中国园林艺术更深一层次的线意识表现在线性时间观。园林首先是一个空间艺术，景观在同一个空间里并列，而中国园林则表现出更为鲜明的时间意识，它并不是一个静止不动的景观，而是具有流动性的时间性的线性景观系列，“景则由时而现，时则由景可知”，中国园林在景观的设计布置上，会有意识造成春夏秋冬四时交替的审美效果，园林的景致在不同的季节呈现出不同的季节性特色，春花秋月、夏雨冬雪在同一个园林内会依次展现出来，在中国园林中，时空不会凝固，英国美学家纽拜说：“时间的流驶使人面临的不是一个风景而是一个风景序列。风景是一组活动画片，它是在空间中也是在时间中展开的。”[②] 学者金学智在《中国园林美学》中谈道：“园林中的建筑、山水、花木，都是物质性的三维空间造型，但由于作为园林美的物质性建构元素的季相的介入，又明显地渗进了时间的维度，体现出四维时空结构的美。而这种四维时空结构的季相美，又最典型而敏感地体现在花木的有序转换上，因此，园林总特别注意配植最足以表征四时季相流程的花木。”[③] 这种时间的线性维度在中国园林艺术中得到了很好的体现（如图 3.10、图 3.11）。

图 3.10　无锡 寄畅园（局部）

① ［德］黑格尔：《美学（第三卷上）》，朱光潜译，商务印书馆 1979 年版，第 105 页。

② 中国社会科学院哲学美学研究室选编：《美学译文（2）》，中国社会科学出版社 1982 年版，第 186 页。

③ 金学智：《中国园林美学》，中国建筑工业出版社 1990 年版，第 342 页。

图 3.11　无锡 寄畅园（局部）

（二）中国园林艺术造型手法的线性

第一，“以画入园”的造型法则。从中国园林艺术的发展史中不难发现，中国园林艺术景观营造的一个突出特点是以山水为主体，山水画审美观念和造型方法也被移植到园林中来，各种景观的布局都体现出了绘画的意趣，其中一个典型的例子就是假山的营造，在中国园林中最常见的假山的造型，几乎可以说就是中国古代山水画的山石形态在现实空间中的另一种表现，其外观的形态几乎都是以山水画中的皴法来完成的，山水画之中的笔墨之道，勾染点皴之法在中国园林艺术中同样是有效的。在中国园林之中，山石有四种审美标准，即透、漏、瘦、皱，其中，皱的审美内涵，就与绘画之中的皴法具有密切的联系。清代沈宗骞在《芥舟学画编》中说：“依石之纹理而为之，谓之皴。皴者皱也，言石之皮多皱也。”[①] 可见，“皴即是皱，皱即是皴，说得更准确些，皴是艺术领域中的皱，皱是现实领域中的皴”[②]。皴作为山水画中一种特殊的线条技法，园林则将皴的手法以及审美特征转化到立体的园林山石之中来而成为“皱”，可以说，皱是园林艺术中山石的线条美感的具体体现，皱的形态美与山水画之中的皴法极为相似。为突出山石的质感和纹理，增强其立体感和变化形态，除了应

① （清）沈宗骞：《芥舟学画编》（第 4 卷），史怡公标点注译，人民美术出版社 1959 年版，第 57 页。

② 金学智：《中国园林美学》，中国建筑工业出版社 1990 年版，第 227 页。

用皴法之外，其他景观的布局同样如同绘画一般，水池的曲直变化与山石交相辉映，与花木的挺拔虬曲相得益彰，直线与曲线，动态与静态，刚劲与柔美，不同的审美特性在园林之中被有机地整合起来，各种景观的空间组织错落而又有序，宛如一幅画作一样充满生机。

对于水的造型同样如此，中国园林中的湖泊池沼都是水体的具体形态，大的湖泊如颐和园中的昆明湖，小的如江南私家园林中的溪涧，水体也具有线的形态美感：一是表现在水岸线性形态。中国园林中湖海池沼等水体的水岸会自然形成一种线形，这种线形在园林景观的整体布局中具有自身的美感。湖海池沼作为园林中的一类水体，大型园林或皇家园林，一般湖泊面积较大，其水岸多呈直线，如颐和园昆明湖、故宫内慈宁宫水池；江南园林以小型池沼为主，其水岸多是曲线、不规则的形态为主，呈现出自然美，苏州园林如拙政园等水岸都是自然曲线造型，显得更有灵动性。二是表现在蜿蜒而行的溪涧水流。溪涧因其带状的线形特征使其具有了流动的品格，与山石共同营造出了审美意境，具有一种幽深的美感。如无锡寄畅园中八音涧，水流狭长，因地形或聚或散，或直或曲，极具流动之美，溪涧的流动贯穿整个园林，增添了灵气和飞动之势，其线形的美感作用是不可替代的。三是表现在花木选择方面。中国园林中植物的选择也是具有一定的倾向性：一方面，具有直线形态的高大笔挺的林木类植物备受青睐，松、柏、榆、梧桐、银杏等树木一般应用较多，这类植物主干挺拔刚健，枝叶繁茂，树荫浓密，其刚劲的直线形的躯干给人一种稳定可靠的审美心理效应；另一方面，形态变化的藤蔓类植物增添了园林植物的情趣，藤蔓类的植物多是攀爬性质，如藤萝、葡萄、石榴等，需要依附其他牢固的物体顺势而长，以其他树干或者墙体石木为依托，而这种依势而长的特性使得此类植物具有一种姿态变化多样的线形美，它蜿蜒盘转，左右萦回，如同飞动的书法一般。

第二，曲线与折线的运用。曲线在中国园林中运用得相当充分，使中国园林富有民族性的特色。中国古典园林在布局上，力求避免直露，做到隐而不发，具有动态效果，注重曲线运用，曲线具有比直线更好的视觉导向作用。中国园林将自然山水以曲线的廊、径、桥加以引导、连接和划分，使自然景观呈现出节奏感，同时将有限的空间时间化，视觉空间被加深和延展了。另外，曲线具有的过渡和遮挡功能，使游览的视线延长，有助于激发人的想象，营造丰富的意象和幽深的意境。唐代诗人王建有诗云："曲径通幽处，禅房花木深。"这两句诗很好地诠释了“曲径”的美学意义。“造园如作诗文，必使曲折有法，前后呼应，最忌堆砌，最忌错杂，方称佳构”[①]。明代程羽文在《清闲供·小蓬莱》中说，“门内有径，径欲曲”[②]“室旁有路，路欲分”[③]。景区的划分以长廊和粉墙为主要手段，长廊之中一般没有直线的形态，都是折线或者回形，而围墙则以“之”字形为主，而且还会随地势高低不同有曲折变化。曲线还表现在桥、径的设计上，在中国古典园林中，径一般都配合山体环境植被等自然环境而成，一般很少有直线的形态，大多是以曲径为主。曲径具有重要的审美价值，它增加了景观的空间层次，将空间化的景观时间化，延长了观赏路线，而且带来的移步换景的效果，增添了审美情趣，明代计成在《园冶》中有“长廊一带绕回”“曲径绕篱”的说法。桥是园林中的一个重要部分，桥不仅连通水面两岸，连接不同景区，与大型园林与小型园林的水岸曲直相比，大型园林在桥的造型上，却是以曲线造型为主，在颐和园、北海等处的湖面上，几乎都见不到直线形的桥，典型的桥体便是石拱桥。曲线形的桥体与水平的水面相互映衬，相得益彰。

（三）中国古代园林线性的韵律美

韵律不仅表现在绘画、书法、文学、音乐方面，而且是包括园林在内的其他艺术类型具普遍性的艺术美。对于园林艺术来说，“造园作品的韵律节奏，是由要素自身的形状、色彩、质感等以及植物、建筑、山、石、水等造园要素的连续、重复的运用，并在连续、重复中按照其一定的规律，安排适当的间隔、停顿所表现出来的。它具有丰富而又复杂的特性，植物的树干、树冠、叶序，水的流动及波纹，山峦的起伏层次，石块的叠放错落，园林建筑横向线条展开层叠的序列节奏等”[④]。广义的线的韵律，涵盖了园林各种元素的虚实、缓急、藏露、浓淡、曲直等具有节奏性变化形态；狭义的线性韵律，则是线形元素本身具有的节奏变化。就广义的线性韵律来说，中国园林中的各种元素包括山水、建筑、树木、花草、桥径、声音等有一定的变化节奏，包括园林布局上的节奏、色彩变化的节奏、形态变化的节奏，如路径两旁的林木按照一定种类的有规律排列，树干的直线形的有规律变化，观赏性花草的有规律排布，树木色彩上的

① （清）钱泳：《履园丛话》（下册），上海古籍出版社 2012 年版，第 369 页。
② 李世葵：《〈园冶〉园林美学》，人民出版社 2010 年版，第 28 页。
③ 李世葵：《〈园冶〉园林美学》，人民出版社 2010 年版，第 29 页。
④ 万叶、叶永元编：《园林美学》，中国林业出版社 2001 年版，第 105 页。

变化节奏，如此等等，都能够产生出一种线性的韵律感。就狭义的线形韵律来说，指的是具有线形特征的元素的韵律，山石的叠放形态所形成的节奏感，流水的快慢缓急变化，如“连石”的布置，连石原来指的是在水面上以代替桥用以踏步连成一线的石头序列，其特征是多石相连，也称“汀步”，后来汀步也用于草坪之中。连石相当于一条虚线，多以曲线形状为主，具有鲜明的节奏感和韵律感。又如“流觞曲水”，这是瀑涧之水的另一种特殊的线形流水，源于古代的文人游戏，比较著名的是王羲之《兰亭序》记载的“流觞曲水”的文人游戏：“此地有崇山峻岭，茂林修竹，又有清流激湍，映带左右，引以为流觞曲水，列坐其次，虽无丝竹管弦之盛，一觞一咏，亦足以畅叙幽情。”[①] 文人们在曲水溪涧旁饮宴对文，其乐无穷。

第四节　线的空间艺术——建筑与雕塑

一、中国古代建筑与雕塑的审美解读

建筑与雕塑是区别于绘画的三维立体的造型艺术，这两种艺术形态不同于绘画在二维平面所营造的虚拟真实，它们本身能够以自身的立体形态让人们直接感受触摸。建筑的特点在于其始终与实用性、功能性结合在一起，除去部分纪念性建筑如庙堂、纪念碑以及陵墓等，几乎大部分的建筑都要能够供人们使用。建筑物本身并不是目的，关键在于建筑给人们营造了“真实的空间”，人们可以身处建筑之中去感受其存在。从世界建筑发展历史来说，从古至今能够延续下来的建筑体系主要是三大系列：欧洲建筑、中国建筑和伊斯兰建筑。

雕塑也是一种立体艺术，它用物质性的材料在三维的空间中塑造出可视、可触的立体艺术形象，表现创作者的审美情感、审美理想，传达和表现人们的情感和观念。法国著名雕塑大师罗丹曾说：“雕刻师怎样的呢？你拿起斧头来，把不要的东西统统砍去就是了。”罗丹的说法阐明了雕塑的基本制作手段，也就是雕、塑、刻。中国雕塑艺术有它自己的发生与发展过程，中国最早的雕塑不是一个独立的艺术门类，而是附属于当时的实用工艺品，如陶器、玉器、青铜器。直到秦汉时期，中国雕塑才作为一个独立的艺术门类大放异彩。汉代以及

① 吴功正主编：《古文鉴赏辞典》，江苏文艺出版社 1987 年版，第 518 页。

南北朝时期，佛教寺庙建筑、石窟造像盛极一时，给中国雕塑艺术带来极大的发展，佛教雕塑占了重要地位。与此同时，陵墓雕刻的艺术成就斐然，唐代雕塑是中国雕塑史的辉煌时期，不论陵墓雕刻、墓室俑室以及石窟寺庙造像，其数量之多，工艺之精美，可谓令人惊叹。唐代以后直至明清，由于佛教造像之风衰落，雕塑也走向低潮，但民间小型赏玩性雕塑品仍具有相当高的艺术水准。

（一）中国古代建筑的审美解读

中国古代建筑作为世界建筑体系中的重要组成部分，具有不同于西方建筑的独特建筑理念、审美取向、艺术风格，主要表现在以下几个方面：

第一，融于自然的营造观念。建筑作为人类的居所在原始社会已经形成，旧石器时代人们从穴居和巢居开始，中国古代文献有“有巢氏”的记载，就是原始社会人们开始以木筑巢，说明了当时人们开始使用木材作为建筑材料。经过了长期的发展，木构架和夯土墙结合的形式逐渐成为中国古代建筑的基本格局，之后的宫殿、宗庙、民居、宗祠等各类建筑形式基本沿用这一格局，以木材作为主要建筑材料和结构框架是中国古代建筑所特有。如蔡元培先生所说：“我国建筑，既不如埃及式之阔大，亦不类峨特式之高蹇，而秩序谨严，配置精巧，为吾族数千年守礼法尚实际之精神所表示焉。”① 梁思成先生在《中国建筑史》一书中说：“世界它系建筑，多渐采用石料以替代其原始之木构，故仅于石面浮雕木质构材之形，以为装饰，其主要造法则依石料垒砌之法，产生其形制。中国始终保持木材为主要建筑材料，故其形式为木造结构之直接表现。其在结构方面之努力，则尽木材应用之能事，以臻实际之需要，而同时完成其本身完美之形体。匠师既重视传统经验，又忠于材料之应用，故中国木构因历代之演变，乃形成遵古之艺术。”② 古代中国人放弃坚固的石材而选择耐用性差的木材，乃是国人对木材特性的偏爱，木材较之砖石更加温和实用、平易轻捷、透气透风，以木质构架便将墙体解放出来，墙体不需承重，于是墙面可以更自由地开窗和表现，更能够将建筑物内部和外部有效连通起来，也就能够将建筑与自然连通起来。另外，中国古代建筑的构造选址特别考虑环境，力求与环境的融合，二者融合起来成为一个“审美共同体”，比如楼亭是中国古代建筑具有独特审美情趣的现象，江南三大名楼黄鹤楼、岳阳楼、滕王阁，几乎都是建于临

---

① 高叔平编：《蔡元培美育论集》，湖南教育出版社 1987 年版，第 22 页。

② 梁思成：《中国建筑史》，百花文艺出版社 1998 年版，第 13 页。

水之处，立于山峦之侧。

第二，世俗情怀与人本精神。中国传统建筑以木材作为主要建筑材料，而木材显然不及石材经久耐用。中国建筑不求长久的观念有着明确的记载，明代造园大师计成在《园冶》一书中说："固作千年事，宁知百岁人。足矣乐贤，悠然护宅。"[①] 梁思成先生也说："盖中国自始即未有如古埃及刻意求永久不灭之工程，欲以人工与自然物体竟久存之实，且既安于新陈代谢之理，以自然生灭为定律；视建筑且如被服舆马，时得而更换之；未尝患原物之久暂，无使其永不残破之野心。"[②] 中国传统观念上从来没有把建筑作为永恒存在物加以看待，而认为建筑物与日常用品并无二致，都有一个"新陈代谢"的过程，同样会不断更新，因此，中国历史上的都城几乎每经一代就会重修或再建，很多建筑物也会重复修建。不求永恒表现的是中国古代审美文化中的世俗情怀和人本精神。除去陵墓等建筑，房屋瓦舍都是给当时的人居住的，必须要符合时代的审美趣味和社会风尚，同时，木制建筑容易上色，也容易进行彩绘与装饰，更富于艺术效果，显出人文情怀。西方建筑被视为宏伟崇高的存在物、永恒存在的艺术品，因此，一旦建筑建成则希望其长存于世，在这个意义上说，西方的建筑具有一种"神性"，可看作"神本思想"的呈现。石材建造的建筑物庞大生硬，给人以威严、崇高、神秘的情感体验，西方的建筑师以及艺术家们不惜花费几代人、上百年的时间去完成一件建筑艺术品。

第三，尽善尽美的审美价值取向。欧洲建筑比例精确，结构协调，简洁庄重，具有很好的视觉美感，而相比之下，中国的古代建筑似乎在牢固性、精确性以及整体的比例协调性上不及西方，中国古代专门的建筑设计理论也寥寥可数，除了宋代的《营造法式》等之外，其他著作实在难以寻觅，关于建筑的设计与艺术观念散见于各类学说典籍之中。究其原因，中国古代艺术观念中将善与美结合，力求尽善尽美。自孔子始，讲求伦理秩序便是思想界的主流，尽善尽美成为文学艺术的最佳标准，宫殿楼台的设计也需有礼有序。中国古代建筑尤其是都城与宫殿的设计十分讲求尊卑次序，唐代的长安城、明清的北京城十分鲜明地说明了这一点，其设计都以一条中轴线贯穿南北，宫殿位于中轴线之上，显示皇权尊严，而宫殿群又以功能不同依据东西划分，以东为贵，西为次，

---

① （明）计成：《园冶注释》，陈植注释，中国建筑工业出版社 1981 年版，第 60 页。

② 梁思成：《中国建筑史》，百花文艺出版社 1998 年版，第 18 页。

王公大臣、庶民百姓的居所又相继围绕皇城而建，次序绝不可乱，也就是说，建屋筑城也须合礼才行。北京四合院作为中国人家居建筑的典型，表现的是宗法社会的礼制，长幼、尊卑、男女种种差别在四合院之中表现得淋漓尽致。“善”还表现在建设之中的实用性，《墨子·辞过》篇载：“故圣王作为宫室，为宫室之法，曰：高足以辟润湿，边足以圉风寒，上足以待雪霜雨露，宫墙之高足以别男女之礼。谨此则止，凡费财劳力，不加利者，不为也。”[①] 墨子所说之意即建筑房屋只为遮风挡雨、避严寒酷暑，又可分礼教等级，建设房屋合乎礼的基础上能够做到尽量节约最好，大兴土木在古代帝王之中往往被视为昏聩之举。

（二）中国古代雕塑的审美解读

中国古代雕塑具有自身独特的民族性和艺术性，表现在以下几个方面：

第一，材料选择的灵活性与对泥塑的青睐。雕塑的突出特点是艺术和材料的紧密结合，材料对雕塑艺术的重要性不言而喻，材料的种类不同给人的审美感受也大不相同，木质材料松软细密而温暖，石材坚硬庄严，有钢铁般的沉重冷峻。传统西方雕塑是以石雕为主流，石材是其首选的材料，而中国雕塑选材的范围则大得多，大凡自然之中具有可雕可塑性质的材料，都曾被用于雕刻和塑造，而不似西方对某种特殊材料有着明显侧重。同时，中国古代对于土水合成材料特别有所偏好，美术史学家常任侠曾说：“古代雕塑使用的材料，有金铜、玉石、木、夹纻和泥塑，唐时杨惠之曾以泥塑出名。敦煌千佛洞和天水麦积山，都存在有不少带彩的泥塑，它较之金石材料，更能显出雕塑家得心应手的妙技。”[②] 因此，泥塑彩绘在中国古代雕塑发展中尤为突出，可以说，中国人对于“泥”这种材料的选择具有鲜明的民族性，很重要的一点在于软质材料的可塑性、可雕性大，也即得心应手、随心所欲创作的可能性大。土质材料的另一个优点是与彩绘结合在一起，如新石器时代灿烂的彩陶文化是塑绘结合的产物，许多陶器上都会着以红色或黑色的几何形、旋涡形或动植物等各种纹饰。常任侠肯定了这一点：“泥塑的艺术，较之金石材料的雕刻艺术，更能显出雕塑家得心应手的妙技。自唐宋以来，各地寺观盛行泥塑、木雕，逐渐代替了洞窟

---

① （战国）墨子：《墨子》，上海古籍出版社 1989 年版，第 11 页。

② 常任侠：《常任侠文集·卷一》，郭淑芬等编，安徽教育出版社 2002 年版，第 175 页。

石刻造像。这也是佛教艺术的一大演变。”[①]

第二，以线为主、多技法综合性的灵活表现手法。中国雕塑的创作过程与西方雕塑也有很大差别，整体来说，其创作过程没有西方精确的比例概念和形式逻辑的限制，而是显得任意性较大，创作主体依据主观的情感取向以及审美趣味来进行艺术加工和取舍，因此，作品大多真实感并不是特别强烈，但能够引起观者超越直观视觉以外的内容的联想。罗丹曾提出雕塑的要点，“你们要记住这句话：没有线，只有体积。当你们勾描的时候，千万不要只着眼于轮廓，而要注意形体的起伏。是起伏在支配轮廓”[②]。罗丹的这番话表明了西方雕塑注重形体。在具体雕刻手法上，中国雕塑中圆雕、浮雕、线刻等多种表现方法常常被不拘一法地混合用于一件雕塑品上，中国许多整体形状为圆雕的大型石雕，局部往往有着浮雕、线刻的部分。如古代的陵墓雕塑，石兽的雕刻就是这种手法的典型表现形式，虽然是圆雕形式，但是线刻的痕迹十分明显。陶俑塑造同样如此，多种造型手段混合使用，其整体形象是以模塑与手塑结合形成的立体圆雕，而细节之处则多采用堆、捏、贴等方法造成浮雕效果，同时面部或衣饰等处采用刻线或画线等手法。在雕塑放置的场所上，中国古代雕塑也不同于西方。西方大型雕塑常常独立于广场、路边，或独立于城头，显得十分显眼，可算是城市装饰艺术的表现形式；中国雕塑却很少在广场或道路上树立某件雕塑，中国大型雕塑多以群雕形式出现，常常被置于自然环境之中，选择的位置非常注重与环境的结合。

二、中国古代建筑中线的艺术表现

（一）线的序列性布局

如果将中国古代建筑与西方建筑作对比，可以发现西方建筑注重单体建筑的建造，注重单体建筑本身的完整、精确与和谐，强调单体建筑体量的庞大和威严之感，古希腊的神庙、中世纪的大教堂往往都是以巨大的单体建筑著称于世，另外，西方建筑将单体建筑内部按照功能的不同进行空间的切分。中国古代建筑以木材作建筑材料的主体，以木构框架为结构主体，受制于天然木材的尺寸和体量，无法将空间充分扩大，特别是庞大屋顶的延展，因此，中国古代建筑

① 常任侠：《常任侠文集·卷一》，郭淑芬等编，安徽教育出版社 2002 年版，第 393 页。

② ［法］罗丹：《罗丹艺术论》，广西师范大学出版社 2002 年版，第 5 页。

设计以“建筑群”组合作为重点，注重建筑群体的延展，不似西方建筑向四周、向上部的扩张，中国古代建筑以平面化的方式向地面扩展。“中国古代建筑的结构没有能力把一系列空间覆盖在一幢建筑物里，因此，中国古建筑的序列，是一连串的院落，沿纵深方向排列。从住宅到宫殿、庙宇，大体都是这样的”①。

虽然都是空间的艺术，西方的建筑理念是空间化、立体化的，中国古代建筑设计是平面化、延展化的，西方建筑的空间序列在单体建筑物里展开，中国建筑的空间序列则是在建筑群里展开。“中国建筑以群体建筑见长。宫殿、陵墓、坛庙、衙署、邸宅、佛寺、道观等都是众多单体建筑组合起来的建筑群”②。因此中国建筑的纵深轴线远比欧洲建筑长，也就是说，中国建筑在更广大的空间里进行了序列的延伸。西方建筑是“一个”，如古罗马斗兽场（图 3.12），在如此古老的时代，欧洲人已经建造出体量巨大的单体建筑。中国建筑是“一串”，从这个意义上讲，中国古代建筑具有“线性”的特点。中国建筑的“一串”通过外在的隐藏的“线”进行空间的分割和串连，中国早期佛寺以佛塔为主，后来被以佛殿为主所代替，沿用了中国传统宅邸的庭院式布局，其实这也是佛教建筑的“中国化”，在以佛殿为主的佛教建筑中，各建筑之间具有明确的主宾关系，大殿是主体，配殿、角楼、院落相互配合，建筑群形成整体的轮廓，交错起伏。民居等建筑同样体现了线的有意识运用，梁思成先生曾说：“一般地说，一座欧洲建筑，如同欧洲的画一样，是可以一览无遗的；中国的任何一处建筑，都像一幅中国的手卷画，手卷画必须一端端地逐渐展开看过去，不可能同时全部看到。走进一所中国房屋，也只能从一个庭院走进另一个庭院，必须全部走完，才能全部看完。”③ 梁思成的这段话表明了“庭院深深深几许”的中国式建筑特点，中国的建筑序列是线性渐进的，不会一览无余，或者以幽长曲折的走廊串接起来，或者以蜿蜒的粉墙加以分隔。中国建筑的时空关系，即按照线的运动，将空间的变化融合到时间的推移中去，又在时间的推移中显现出空间的节奏，因此中国建筑特别重视组群规划，重视序列设计，重视游赏路线，如黟县宏村的徽派民居（如图 3.13）。

---

① 陈志华：《建筑艺术散论》，《文艺研究》1982 年第 1 期，第 101 页。

② 潘谷西：《中国建筑史》，中国建筑工业出版社 2009 年版，第 9 页。

③ 梁思成：《建筑文萃》，生活 · 读书 · 新知三联书店 2006 年版，第 420 页。

屋顶呈现出舒展如翼的轻盈之状，给人以飞动轻快的美感。斗拱是中国传统建筑中非常奇特和引人注目的部分，又称枓栱、斗科，从柱顶上层探出成弓形的承重结构叫拱，拱与拱之间方形木垫叫斗，两者合称斗拱。它在结构上起到支撑屋顶并将层檐向外悬挑出一定距离的作用，它的美体现在自身的轻盈精巧与屋顶的坚实厚重形成鲜明的对照。梁思成先生曾说："斗拱在中国建筑上的地位，犹柱饰之于希腊罗马建筑；斗拱之变化，谓为中国建筑之变化，亦未尝不可，犹柱饰之影响欧洲建筑，至为重大。"① 汉代斗拱已经初具雏形，汉代的墓阙、画像石、画像砖之中都可见早期斗拱的踪影，造型简洁，拱或平或曲，有的把拱刻成动物或人，富有原创性的艺术风格，如现存于四川雅安市雨城区姚桥镇的汉高颐阙是目前国内保存最完整的石阙，阙顶仿汉代木结构建筑，有角柱、枋斗，从这里可窥见当时的木制建筑的斗拱的影子。一般而言，唐代的建筑屋身并不高，但是斗拱体量巨大，在艺术风格上，唐代斗拱少有华丽的色，色调简洁明快，规矩严整，风格雄浑疏朗，厚重拙朴，博大深远。

中国古代建筑中线的艺术特征还表现在各种融合在建筑体之中的装饰性作品上，包括具有民族特色的瓦当纹饰、雕塑纹饰、台基线刻以及精美绝伦的壁画等。以瓦当为例，瓦当俗称瓦头，是中国建筑中特有的带有装饰性特点的建筑部件，它是接近屋檐的最下一个筒瓦的瓦头，形状有圆形或半圆形，一般表面多装饰有花纹或文字，具有很强的装饰性，其作用主要是疏导屋脊的流水，保护木制飞檐和美化屋面轮廓。瓦当的正式使用要追溯到春秋晚期，其作用当时是保护屋檐椽头免受风吹日晒，主要是实用功能，后来在上面刻以精美的图案或文字，增强了其审美效果。瓦当采取雕刻手法，以浮雕手法为主，其作品可以拓印，以线条造型为主要特征，具有强烈的艺术效果，类似于版画的特征。春秋战国时期各国的建筑物中瓦当已经被普遍使用，如燕国的饕餮纹，秦国的动物纹，鲁国的云纹。秦统一六国后其瓦当多为写实风格，有水涡纹、动植物纹饰。汉代瓦当又以云纹或者几何纹为主，线条显得抽象。魏晋南北朝时期，随着佛教传入，瓦当的纹饰也有新的发展，兽面纹、莲花纹开始流行。无论是写实性纹饰，还是几何形纹饰，瓦当的装饰造型都以线条为主要造型手段，显示了线在建筑装饰艺术中的重要价值。

---

① 梁思成著，林洙编：《为什么研究中国建筑》，外语教学与研究出版社 2013 年版，第 85 页。

三、中国古代雕塑中线的艺术表现

艺术史家赫伯特·里德曾经说：“中国艺术没有明暗对比并非因为中国艺术家无能或落后，而是因为他们在认识自然的过程中没有发现这种特殊的空间特征，没有觉察到光影效果，但却发现了线条节奏。在他们看来，线条节奏与变幻无常的阳光投射在外物上时所产生的偶然效果相比，更具有本质意义。中国艺术家偏爱线条的真正目的是为了取得某种自然而稳定的艺术效果。”① 可以说，不仅中国的绘画是这样，中国的雕塑同样如此，作为空间立体艺术的雕塑同样十分注重线的使用。中国古代雕塑不大注重体积、空间和块面，而是注重轮廓线、衣纹的节奏和韵律，这些线条都是经过艺术家精心加工和推敲，其局部仍有很强的平面感，具有绘画的平面效果，雕塑表面光滑，没有太多的起伏变化，从汉代的陶俑、敦煌的彩塑都可以看出这一点。中国古代雕塑的线的艺术特征表现在以下几个方面：

（一）圆雕与线刻结合

上文已述，中国古代雕塑的表现手法灵活多样，圆雕、浮雕、线刻多种手法会混合用在一件作品上面，一个突出的特点是中国古代雕塑十分注重线条。线刻与圆雕相结合的手法源远流长，其作品具有行云流水的线条美，形态柔和灵动。不同于西方雕塑讲究团块手法，曲线与圆雕的结合是中国古代雕塑的典型特征，如商周青铜器上面的纹饰雕刻，用饕餮纹、回纹、鸟纹等都以曲线构成，整个器物显得典雅沉雄，还雕刻着完整的飞动跳跃、婉转流丽的虫鱼走兽。

从石窟、石雕佛教造像也可以看到这种圆雕与线的结合的手法，人像的头手等部位为圆雕，衣饰等细部又是由线刻形式表现，衣纹的雕饰更是表现出非凡的艺术功力，不仅雕像衣服质地的轻薄、厚重之感能真切地刻画出来，而且衣纹的走向、折变表现出人体的动态以及身段，衣纹的特征还可以烘托人物的精神气质和内在性格。梁思成先生对此有过评价：“我国佛教雕塑中最古者，其特征即为极简单有力之衣褶纹。其外廓如紧张弓弦，其角尖如翅羽，在此左右二翼式衣裙之间，乃更有二层或三层之衣褶，较平柔而作直垂式。”② 佛教造像与中国传统雕塑中用线的手法很好结合起来，可以说，在整个佛教雕塑发展史中，十分突出线条概括性强的造型作用，其雕塑上常有粗硬、细柔线条，在人

---

① ［英］赫伯特·里德：《艺术的真谛》，王柯平译，辽宁人民出版社 1987 年版，第 134 页。

② 梁思成：《中国雕塑史》，生活·读书·新知三联书店 2011 年版，第 59 页。

物衣纹雕刻上，更能体现线条的作用。在艺术风格上，佛教雕塑丰富多彩，魏晋南北朝的佛教雕塑多“秀骨清相”，“秀骨清相”的造型风格常以文人士大夫的审美理想为基础，以面貌清瘦、褒衣博带、眉目疏朗的社会审美风气影响到雕塑艺术创作。隋唐时期佛像则丰满，气象博大，面部健康丰满，精神焕发，衣褶流畅，体态神情各不相同。龙门石窟的卢舍那佛神像群是唐代石窟艺术的代表（如图 3.15），其造像身材肥硕，头大而有力，笔法豪壮，同时又寓柔秀于强大之中，衣褶流畅自然，收发自如，均能表现造像的神韵。

陵墓石刻同样以线为主要表现手法。在中国陵墓建筑的动物雕刻中有更突出的表现，造型表达手法比较概括、洗练，并不追求写实具象，一些突出的部位采取以线条为主的图案化处理，甚至在表现结构的地方也加以夸张变形。如霍去病墓前《马踏匈奴》的石雕（如图 3.16），作为主体的马采取“因势象形，因才施艺”的艺术手法，尽量保留原石的面貌，不作细节化过多的雕琢，只在马身上做出线刻，表示五官肢体和毛发等局部雄浑拙朴的美感。另外，主雕四周还散布着十余种动物雕刻，如跃马、卧马等形象，用粗略的手法雕出动物轮廓，用阴刻的纹线来勾划细部，使动物形象显出灵性和生气。

图 3.15　龙门石窟　奉先寺卢舍那佛

艺术史学家王子云对《马踏匈奴》曾作充分肯定：“这种善于利用原石块，扼要地雕刻出关键性的细部，化顽石为活的生命的卓越才能，以及灵活地运用圆雕、浮雕和线刻相结合的手法，使作品在面与线、粗与细、简与繁的对比关系上，都能配合得很得体，这一切都显示了汉代匠师们在构思和创作过程中的睿智和才华，也正是他们给后代遗留下来了有益的范例。”① 再如南朝的陵墓石兽雕刻，与汉代相比，其造型更夸张，体积增大，修饰性也更强。王子云曾谈到其艺术感染力：“到了南朝时代，可能是由于进一步追求表现凶猛威风，因而狮的形象占有统治地位，就连变形更多的麒麟，也是以狮作基本形象的。这说明南朝陵墓石兽，虽是继承了汉代墓兽的传统造型，但仍是有所发展变化的。更大的发展变化是在体积上加以扩大。我们都能意识到，不论绘画、雕塑，特别是体积感强的雕刻作品，其体积的大小，给人的感受是不同的，尤其是表现凶猛雄强一类的对象，如将体积加大，就更能增加强大的感染力。”② 在这些众多护陵的麒麟、辟邪、翼兽、石狮等石兽庞大的身躯上，都刻有阴线作为装饰，是阳刚之气与柔美之态的完美结合（如图 3.17），如麒麟的头部装饰极为细腻、精致，一组组平行弯曲的线条对称分布。陶俑作品在线刻方面同样十分出彩，“汉代的拱手女俑、拂袖女俑，人体在整体上通过腰、臀、腿等处自然起伏的曲线现出袅袅婷婷、窈窕柔美的身姿；领口、阔大的袖口及长袖转折处均刻有浅浅的数道线条，暗示出领口的隆起、袖口因拱起而形成的皱纹以及拂起后的转折纹路，衣质的厚重、领口的隆起、衣袖的长阔等真实感均能从那些浅浅的线条中感觉出来”③（如图 3.18）。

图 3.16　（西汉）石刻《马踏匈奴》

图 3.17　南朝萧景墓　石刻《辟邪》

① 王子云：《中国雕塑艺术史》（上册），人民美术出版社 1988 年版，第 37 页。
② 王子云：《中国雕塑艺术史》（上册），人民美术出版社 1988 年版，第 85 页。
③ 王可平：《凝重与飞动——中国雕塑与中国文明》，国际文化出版公司 1988 年版，第 41 页。

图 3.18 （西汉）拂袖舞女俑

（二）线与绘、塑的结合

美学家宗白华先生在《中国古代绘画的美学思想》一文中指出："中国雕刻也像画，不重视立体性，而注意在流动的线条。"[①] 如果说西方的绘画受雕塑的影响更深，那么中国古典雕塑却相反而极具画风，尤其晋唐以后更加如此，塑、绘结合的方法成了中国古代雕塑的一个重要特点。绘画对雕塑造型风格的影响，在东晋雕塑家戴逵的作品中已有体现，戴逵既通绘画，也精通雕塑之法，唐代张彦远《历代名画记》记载戴逵："逵既巧思，又善铸佛像及雕刻，曾造无量寿木像，高丈六，并菩萨。逵以古制朴拙，至于开敬，不足动心，乃潜坐帷中，密听众论。所听褒贬，辄加详研，积思三年，刻像乃成。"[②] 从这段话可见，戴逵不满意当时佛像雕塑粗朴的风格，主张对雕刻之法加以改造，"他的改造可以简单用'藻绘雕刻'四个字来概括。他不满意传入的佛像的简陋朴拙，遂应用中国绘画的手段和色彩进行彩绘和装饰，以此创立了中国特色的佛教造像样式"[③]。戴逵对中国古代雕塑的改造对于后代具有深远的影响，"他的这一样式被后齐曹仲达、南梁张僧繇、唐代吴道子和周昉几位大师继承发扬，形成中国

① 宗白华：《美学散步》，上海人民出版社 1981 年版，第 48 页。
② （唐）张彦远：《历代名画记》，俞剑华注释，上海人民美术出版社 1964 年版，第 123 页。
③ 顾森：《中国雕塑》，中国国际广播出版社 2011 年版，第 12 页。

曹、张、吴、周四大佛画体系，泽被后世”①。雕塑与绘画的构思与审美追求具有内在统一性，绘画与雕塑的结合形成彩绘。

雕塑与绘画的结合，尤其是绘画之中的线条手法移植于雕塑之中，在佛教雕塑之中表现突出。佛教雕塑以线为神韵，典雅流畅、圆润静穆，佛教艺术极大发展了中国雕塑艺术中线艺术语言，一个重要原因在于画家参与佛像范本的创制。两晋南北朝时期，各地佛寺石窟画师荟萃，西域佛画仪范与汉民族审美尚好融会，卫协、顾恺之、张僧繇等画家均参与佛教绘事。东晋顾恺之说陆探微开启“秀骨清像”的艺术风格，其人物“使人懔懔，若对神明”，而张僧繇的人物画“面短而艳”。曹仲达笔下的人物“衣服紧匝”，有曹衣出水之称，其风格的佛像出自印度笈多式佛像，在后世佛像雕铸中被奉为图本。张僧繇的疏体风格样式影响到唐朝吴道子。

敦煌彩塑是雕塑与绘画结合的一个典范，是塑与绘的完美结合，甚至可以说，其绘画性大于其雕塑性，而中国绘画的主要造型优势在于线的运用，其中人物衣纹或者以颜色表现，或者以雕刻手法表现，佛陀、菩萨的衣纹流畅柔和，随着身体轮廓曲线的变化自然而下，有深浅、有虚实，具有装饰美（如图 3.19）。通过线的不同形态表现不同的衣服的质感和人物性格，如粗壮遒劲的线表现具有阳刚之气的天王士，纤细弱流畅的线则表现具有女性阴柔特质的菩萨，苦涩而老辣的线则表现苦行僧，而且线的穿插表现了衣纹的褶转、翻转，线的长短、疏密、曲直也表现了人物的动态。

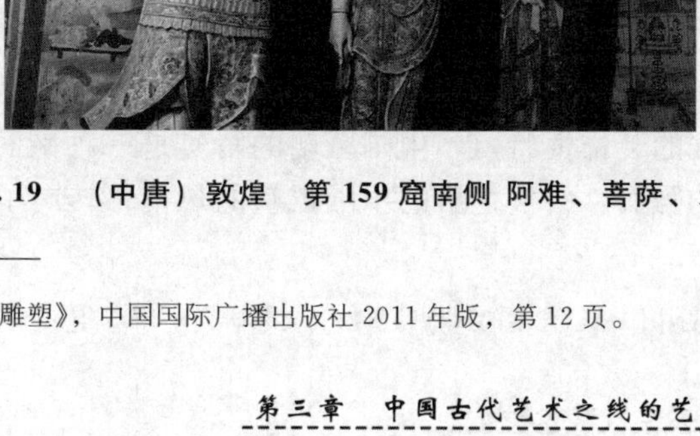

图 3.19　（中唐）敦煌　第 159 窟南侧 阿难、菩萨、天王

① 顾森:《中国雕塑》，中国国际广播出版社 2011 年版，第 12 页。

（三）线的写实性与写意性的交融

在一段时期内，有观点认为与西方的写实性再现的表现手法相区别，中国雕塑的特征就是写意，但实际上，中国雕塑并不排斥写实的手法，而且在某些作品上表现得十分鲜明，最典型的如秦始皇兵马俑，其手法严谨，写实性强，秦俑及陶马的体形，与真人、真马相等，形貌服饰皆严格地模拟现实，兵俑不同的发髻、连缀甲片的皮筋、绑扎腿部的裹腿、系在脚背的靴带、马身披挂的鞍鞯等，无不作出一丝不苟的刻画，很多地方都以线条的方式加以表现，体现出用线的严谨性(如图3.20、图3.21)。雕塑家吴为山对秦俑造型有过这样的

图 3.20　秦兵马俑 铠甲跪射俑

图 3.21　秦兵马俑 将军俑（局部）

评价：“它塑造的方式是通过对客观形体结构的整理、推敲和概括，向有机几何体过渡，继而以线、面、体的构成完成整体之塑造。众多人物的塑造在装饰风手法的统一之下，整体气势更觉恢弘。秦俑在一些局部处理和人物背后的刻画方面极为用心，它展示的是多维空间。即使是跪射武士的鞋底，其千针万线也表现得细致入微。秦俑的纪念性强，几何体的构造及整体概括性增加了其空间感，只不过强大的‘军阵’是埋于地下。秦俑的装饰性写实风为我们提供了在客观对象形体结构中寻找形式的可能。它是区别于西方写实主义的中国式写实，这‘写实’体现了东方人善于将形体平面化的倾向。”[①] 这段话表明了中国式的写实充分发挥了线的装饰性特点，中国雕塑的写实是一种平面化的写实，而有别于西方立体式的写实。秦代之后的中国雕塑的风格，转向了局部写实与整体

① 吴为山：《我看中国雕塑艺术的风格特质》，《文艺研究》2005 年第 6 期，第 123 页。

写意的结合。汉代的画像石、画像砖是石刻艺术的精华，其主要用线来造型，但是不同于秦代的写实风格，而是用阴刻、阳刻、浮雕等多种雕刻手法，以简练的线条，表现丰富的形象。在两汉时期的画像石和画像砖上，线的刻画水平达到了极致，画像石上的阴刻线，线条遒劲，干脆利落；画像砖上的阳刻线，线条简洁爽朗，张扬洒脱，极富动感和气势，表明中国早期石雕表现出了简洁而写意的倾向（如图 3.22）。

图 3.22　（汉）《二桃杀三士》画像石

正是因为绘画风对于雕塑的影响，所以中国雕塑在用线上也遵循着绘画用线原理，秉承着“以形写神”的艺术观念，绝不局限于对细节的真实再现，中国雕塑的“轮廓主线从大形着手，尽量抹去小的骨骼凹凸和肌肉起伏，使之从每个角度观看外轮廓线都是畅通顺达，虽然不像西方写实性雕塑那样注意准确的生理结构和雕塑表面的微妙变化，也不那么注重光投射到体面上时所产生的光影效果，却显得简洁洗练，富有概括力。坚实平滑的外轮廓线不仅确定了雕像的基本形态，而且具有相对独立的可视性。”①

对于衣纹的表现是中国雕塑的一个特色，西方雕塑侧重于对于人体本身的特性和美感的表现，人体外在的物品包括衣纹只是作为人体表现的补充，但是中国雕塑对人体与表现人体的外在物品的表现融为一体，甚至某些时候衣纹的表现更能体现人体本身的审美特征。

“从南北朝到唐代各期的雕塑像，衣纹的处理有着从线划式、阶段式、波浪式、翻波式的递进发展，‘这似乎存在着脱离绘画的二维性向雕塑的三维性发展的趋势，然而，无论是线划式还是翻波式，基本上还是保持着整体上的平面感，而现实中衣纹的翻迭转折、高低起伏的情况要复杂得多”②。以古希腊雕塑《米

① 任荣：《论中国古代绘画与雕塑造型风格之关系》，《新美术》1988 年第 3 期，第 49 页。
② 任荣：《论中国古代绘画与雕塑造型风格之关系》，《新美术》1988 年第 3 期，第 50 页。

洛斯的阿佛洛狄忒》（如图 3.23）和中国宋代的《彩绘木雕观音》（如图 3.24）为例，从这两件作品可以很明显地发现中西方雕塑对于衣纹表现的差异，前者是一个半裸的女性形象，而衣纹的线刻十分精确，深浅有别，棱角分明，衣纹的走向明显依着身体部位的线条起伏以及肌肉的特征而加以表现；后者观音像为坐姿的人物形象，衣纹的刻画基本趋势是写实，但是衣纹的线刻没有像前者那般写实性的刻画，而是透射出写实性中融合写意性，有的部位刻画稍加细致，有的部位则比较写意，如腿部的衣纹线刻明显是以写意性的手法加以表现。

图 3.23　［古希腊］《米洛斯的阿佛洛狄忒》

图 3.24　（宋）《彩绘木雕观音》

第四章　中国古代艺术之线的审美标准范畴

中国古代艺术的线形成了具有自身特点的审美标准，主要表现在：第一，线的虚实关系；第二，线条之中的形神关系；第三，线条之中的气韵；第四，线条之中的趣味。线的虚实关系是形神、气韵、趣味范畴演变的基础，而后三者既是相互独立的审美标准，也存在着依次递进、不断深化的联系，由形神深化为气韵，再由气韵深化为趣味。形神兼备，气韵生动，趣味盎然，是线的艺术的最高审美标准。

第一节　线条与虚实

虚实这一命题是中国古代艺术中一个核心问题，意境、意象、形神、气韵等许多范畴的探讨都绕不开这一命题，作为中国古代书画艺术造型元素的线条，同样也绕不开虚实关系。以虚带实，虚中有实，实中有虚，虚实结合，这是中国艺术思想中的核心问题，也是历来美学界所讨论的热门话题，而虚实在中国书画中线的表现包括了笔法墨法的呼应、笔墨的轻重缓急、浓淡枯涩的变化，计白当黑的运用以及山水画中各种造型手法的运用，更重要的是，虚实概念对于其他审美范畴产生了非比寻常的影响，包括形神、疏密、繁简、气韵、藏露。笔墨和线条便是在形神之间、疏密之间、藏露之间千变万化，起伏之中含气韵，动静之间显意境。

一、虚实的内涵及美学意义

虚实范畴具有鲜明的思辨色彩，与中国古代朴素的辩证法哲学思想关系密切，它首先是作为一种宇宙观和世界观出现，先秦时期，虚实观念对各家学说都有较大影响。

作为群经之首的《周易》是中国古代朴素辩证思想的代表，《易经》六十四卦以阴爻和阳爻的对立统一与变化组合，谈天论地，从宇宙自然到社会人生，阐明了对立统一辩证发展的道理。《易·系辞上传》说："一阴一阳之谓道，继之者善也，成之者性也。"① 可见阴阳的变化是万事万物发生、发展的基本规律和本源所在。在阴阳思想的催生下，动静、刚柔、有无、吉凶等观念皆从中演变而来。在先秦时期，道家和儒家对虚实观念都进行了比较充分的论述，尤其以老庄为代表的道家思想对有无概念的思考推动了虚实观内涵的充实。儒、道两家对虚实观念的总体价值判断是一致的，即都强调虚实统一，但是其侧重点不同：道家的侧重点在虚，儒家的侧重点在实。老子《道德经》有言："道可道，非常道；名可名，非常名。无，名天地之始；有，名万物之母。故常无，欲以观其妙；常有，欲以观其徼。"② 老子开宗明义地表明了作为宇宙的本原的道是兼具有和无的特点的，道无形无影，难以捉摸，同时又蕴含着具体的形体物象的差别。有无相生，繁衍出各不相同、各具形体的万事万物。老子说："天地之间，其犹橐龠乎？虚而不屈，动而愈出。"③ 虚实也是统一于道。庄子继承并发挥老子的有无思想和虚实观念，《庄子·天地》载一寓言："黄帝游乎赤水之北，登乎昆仑之丘而南望，还归，遗其玄珠。使知索之而不得，使离朱索之而不得，使吃诟索之而不得也。乃使象罔，象罔得之。"④ 庄子在此说明了天道是有象罔而得之，象罔则是有无相济的结果。老庄虚实结合以及重虚的思想对于中国古代艺术的发展以及诸多重要的美学范畴产生了深远的影响。与老庄思想不同，以孔孟为代表的儒家学说在虚实统一的前提下重实。《论语·雍也》说："质胜文则野，文胜质则史，文质彬彬，然后君子。"⑤ 这里提出了内容与外形并重的说法，但明显有倾向于实的痕迹。孟子提出"充实之谓美"，在美学意义上肯定了实的价值，但孟子并不轻视虚的意义，他说："充实而有光辉之谓

---

① 黄寿祺、张善文：《周易译注》，上海古籍出版社 2007 年版，第 381 页。

② 陈鼓应：《老子注译及评介》，中华书局 2009 年版，第 53 页。

③ 陈鼓应：《老子注译及评介》，中华书局 2009 年版，第 74 页。

④ 陈鼓应：《庄子今注今译（中）》，中华书局 1983 年版，第 302 页。

⑤ 杨伯峻：《论语译注》，中华书局 2006 年版，第 61 页。

大，大而化之之谓圣，圣而不可知之之谓神。”[①] 这里就强调了靠客观实在所无法领悟的“圣而不可知”即为虚，不能模仿、无法言说的是神。

魏晋时期，随着玄学的兴起以及佛教的传入，有无之辩的探讨进一步神化，而且令人振奋的是虚实关系和有无观念开始从哲学领域推进到艺术领域。陆机把“有”“无”引入艺术创作的论述，他在《文赋》中说：“课虚无以责有，叩寂寞而求音。”[②] 意指文学创作应把虚无、寂寞之意，通过构思转化为具体可感的艺术形象。南齐谢赫在《古画品录》中说：“若拘以体物，则未见精粹；若取之象外，方厌膏腴，可谓微妙也。”[③] 书法创作开始有意识地注重疏密布局以及虚实关系，绘画开始明确提出形神问题，以形写神，传神写照、气韵生动等观念。到了唐代，“境”美学观的提出具有了划时代的意义，也是虚实关系在艺术领域的一次飞跃。王昌龄、皎然、刘禹锡、司空图等人在各自的诗论中都提出了关于意境的观点，王昌龄在《诗格》中说：“处身于境，视境于心。莹然掌中，然后用思。了然境象，故得形似。”[④] 刘禹锡提出“境生于象外”的说法。意境说是虚实观在美学观念上的一次集中的全面性的展示，关于意境，美学家宗白华先生做过精彩的阐释：“艺术家创造的形象是‘实’，引起我们的想象是‘虚’，由形象产生的意象境界就是虚实的结合，一个艺术品，没有欣赏者的想象力的活跃，是死的，没有生命，一张画可使你神游，神游就是‘虚’。”[⑤] 他强调：“以虚带实，以实带虚，虚中有实，实中有虚，虚实结合，这是中国美学思想中的一个重要问题。”[⑥] 从以上论述可知，虚实是中国古代艺术的一个基本范畴，诚如宗白华先生所说：“虚实结合的思想，是中国艺术的一个特点。中国画很重视空白，如马远就因常常只画一个角落而得名‘马一角’，剩下的空白并不填实，是海，是天空，却并不感到空。空白处更有意味。”[⑦]

二、线的虚实表现

绘画的虚实关系或者说虚实结合在形式上并不为中国绘画所独有，不过西

---

① 杨伯峻：《孟子译注》，中华书局 2010 年版，第 310 页。
② 曹顺庆、李凯：《中国古代文论史》，重庆大学出版社 2015 年版，第 62 页。
③ （南齐）谢赫：《古画品录》，王伯敏标点注译，人民美术出版社 1959 年版，第 8 页。
④ 吴世常主编：《美学资料集》，河南人民出版社 1983 年版，第 297 页。
⑤ 宗白华：《美学散步》，上海人民出版社 1981 年版，第 39 页。
⑥ 宗白华：《美学散步》，上海人民出版社 1981 年版，第 39 页。
⑦ 宗白华：《美学散步》，上海人民出版社 1981 年版，第 39 页。

方绘画的虚实处理只是形式上的，实际上其虚的部分也要进行处理而被实化。传统欧洲绘画在画面表现上对用笔与用色的讲究是每处俱到的，背景不留空白，构图上剩下的空白是由笔、色来填实，因此西方绘画的虚并不是真正意义的虚，其空白并没有真正的空。而中国画的空白之处不作任何处理，是真正的空白，其虚实结合做得更为彻底。清代盛大士在《溪山卧游录》中说作画必有虚实相生，“画有三到：理也，气也，趣也。非是三者，不能入精妙神逸之品，故必于平中求奇，纯绵裹铁，虚实相生”①。

（一）线的虚实与笔墨

中国的绘画、书法与笔墨分不开，线的虚实首先体现在笔墨的运用上。从技法上来说，笔墨的虚实造成线条的形态和美感的变化。墨线虽是黑色但并不是一成不变的，墨线有浓淡枯湿、轻重提按、方圆曲直、动静收放之别，虚中有实，实中有虚，虚实相生，如果细分，重、浓、湿、直、动、按为实的表现，轻、淡、干、圆、静、提为虚的变化。实为阳刚，展现的是力量；虚为阴柔，展现的是婉转。对此，古代画家有诸多论述，清代画家恽寿平论笔法时说：“用笔时，须笔笔实，却笔笔虚。虚则意灵，灵则无滞，迹不滞则神气浑然，神气浑然则天工在矣。夫笔尽而意无穷，虚之谓也。”② 清代方熏《山静居画论》也谈到用笔：“古人用笔，妙有虚实。所谓画法，即在虚实之间。虚实使笔，生动有机；机趣所之，生发不穷。”③ 范玑在《过云庐画论》中说：“画有虚实处，虚处明，实处无不明矣。人知无笔墨处为虚，不知实处亦不离虚，即如笔著于纸有虚有实，笔始灵活，而况于境乎？更不知无笔墨处是实。盖笔虽未到，其意已到也。”④ 此语说明了笔墨虚实运用的玄妙，对于意的传达十分重要，即使笔未到，但是意可以到。墨法同样有虚实相应之妙，清代布颜图说：“所谓无墨者，非全无墨也，干淡之余也。干淡者，实墨也；无墨者，虚墨也；求染者，以实求虚也。虚虚实实，则墨之能事毕矣。”⑤ 山水画中的皴法运用也离不开虚实，方薰在其《山静居画论》中说：“皴法，一图之中亦须在虚实涉笔。有稠密

① 潘运告主编：《清代画论》，云告译注，湖南美术出版社 2003 年版，第 233 页。

② 周积寅：《中国画论辑要》，江苏美术出版社 2005 年版，第 447 页。

③ （清）方薰：《山静居画论》，郑拙庐标点注译，人民美术出版社 1959 年版，第 33 页。

④ 俞剑华：《中国古代画论精读》，人民美术出版社 2011 年版，第 398 页。

⑤ 俞剑华：《中国古代画论精读》，人民美术出版社 2011 年版，第 83 页。

实落处，有取势虚引处，有意到笔不到处，乃妙。”①

中国书法的创作同样是虚实相间，书法笔法中的顺与藏、提与按、收与放、曲与直、方与圆、疏与密、湿与枯等，与中国绘画十分相似，虚实之间所产生的确定与模糊的艺术美耐人寻味，王羲之《题卫夫人〈笔阵图〉》说明了书法布局必须有虚实变化而不能千篇一律：“若平直相似，状如算子，上下方整，前后齐平，便不是书，但得其点画耳。”②

（二）计白当黑

计白当黑是中国古代书画艺术中极具特色的一个说法，也最能体现中国艺术的精神。清代书法大家邓石如曾明确说过：“字画疏可以走马，密处不使透风，常计白以当黑，奇趣乃出。”③ 计白当黑的说法重点在于强调空白的意义和价值，也就是虚的价值。宗白华先生十分赞同邓石如的说法：“字的结构，又称布白，因字由点画连贯穿插而成，点画的空白处也是字的组成部分。空白处应当计算在一个字的造型之内，空白要分布适当，和笔画具同等的艺术价值。虚实相生，才完成一个艺术品。”④ 所以大书家邓石如曾说书法要计白当黑，无笔墨处也是妙境呀！这也像一座建筑的设计，首先要考虑空间的分布，虚处和实处同样重要。宗白华将这种虚称为“剩下的空白并不填实”。书法作为纯粹的线条艺术，完全是黑白世界的符号体系，不仅字体内部的间架结构、笔势走向有虚实的呼应关系，有布白的要求，文字行距与整篇章法都有空白的呼应和节奏的表现形式，如美学家王朝闻所说：“虚的描写，不见得一定比实的描写所形成的境界浅和窄。以虚见实或虚中见实的形象，给观众或读者准备了发挥想象的‘空间’，因而向人们提供的境界在感受上才更加广阔。”⑤

计白当黑的关键意义在于实的价值往往依赖于虚的呈现，宋代范晞文在《对床夜语》中说：“不以虚为虚，而以实为虚，化景物为情思，从首至尾，自

---

① （清）方薰：《山静居画论》，郑拙庐标点注译，人民美术出版社 1959 年版，第 54 页。

② 上海书画出版社、华东师范大学古籍整理研究室编：《历代书法论文选》，上海书画出版社 1979 年版，第 27 页。

③ 上海书画出版社、华东师范大学古籍整理研究室编：《历代书法论文选》，上海书画出版社 1979 年版，第 641 页。

④ 宗白华：《美学散步》，上海人民出版社 1981 年版，第 171 页。

⑤ 王朝闻：《审美谈》，人民出版社 1984 年版。

然如行云流水，此其难也。”[①] 景物向情思的转化就是“化景物为情思”，这是对艺术中虚实结合的正确定义。清代董棨在《素养居画学钩深》中认为：“画固所以象形，然不可求之于形象之中，而当求之于形象之外。如庖丁解牛，以神遇而不以目视，官知止而神欲行，殆斯意也。”[②] 也就是说，艺术形象的韵味在形象之外，而非仅仅在形象本身。清蒋和在《画学杂论》中说：“尝论《玉版十三行》章法之妙，其行间空白处，俱觉有味，可以意会不可言传。与画参合亦如此。大抵实处之妙皆因虚处而生。”[③] 书画的笔墨之间，不着笔墨的地方是笔墨韵味产生的契机，笔法的背后实际是笔意的流露。

对于中国绘画来说，意境的营造与虚实的融合，尤其化虚为实更为重要。对此，清代画家笪重光在《画荃》中有一段很著名的论述：“空本难图，实景清而空景现。神无可绘，真境逼而神境生。位置相戾，有画处多属赘疣；虚实相生，无画处皆成妙境。”[④] 清代华琳在《南宗抉秘》中论到画面空白时也说：“夫此白本笔墨所不及，能令为画中之白，并非纸素之白，乃为有情，否则，画无生趣矣。”[⑤] 可见画中空白是能够创造一种笔墨所达不到的意境的。明代唐志契在《绘事微言》中谈到空白在画面上的作用：“更能藏处多于露处，而趣味愈无尽矣。”[⑥] 所藏之处不易把握，说明古代画家们十分明了空境的意义以及难度。正因为其不易更显其价值，现代的画家们同样遵从这一传统。现代画家李苦禅说：“于无心处画荷，于无画处求美，则美妙至矣！”[⑦] 潘天寿谈到画中空白重要性，说：“实，有画处也，须实而不闷，乃见空灵，即世人‘实者虚之’之谓也。虚，空白也，须虚中有物也，才不空洞，即世人所谓‘虚者实之’之谓也。画事能以实求虚，以虚求实，即得虚实变化之道矣。”[⑧] 黄宾虹也说：“看画，不但要看画之实处，还要看画之空白处。”[⑨] 当代画家陆少俨说：“画贵

---

① （宋）范晞文：《对床夜语》，中华书局 1985 年版，第 14 页。
② 俞剑华：《中国古代画论精读》，人民美术出版社 2011 年版，第 106 页。
③ 俞剑华：《中国古代画论精读》，人民美术出版社 2011 年版，第 117 页。
④ （清）笪重光：《画荃》，关和璋译解，薛永年校订，人民美术出版社 2016 年版，第 7 页。
⑤ 俞剑华：《中国古代画论精读》，人民美术出版社 2011 年版，第 124 页。
⑥ （明）唐志契：《绘事微言》，人民美术出版社 1985 年版，第 15 页。
⑦ 李燕：《风雨砚边录：李苦禅及其艺术》，上海书画出版社 1987 年版，第 73 页。
⑧ 潘天寿：《潘天寿美术文集》，人民美术出版社 1983 年版，第 33 页。
⑨ 王伯敏：《黄宾虹画语录》，上海人民美术出版社 1961 年版，第 62 页。

灵虚，不宜刻实。”[①] 由此可见，无论是古代还是现代，“化虚为实”和“计白当黑”的观念成为艺术家头脑中灌注灵魂的法则，用笔的轻重缓急，用墨的浓淡枯湿，虚实相间不可少，而举重若轻、以淡破浓则更显艺术家的素养和造诣。

（三）从山水画看线的虚实

中国古代山水画虚实变化和笔墨线条具有突出的代表性。中国古代画谱对山水画技法中虚实的方法运用形成了经验的传承，如画山不画云，画岸不画河，画鱼不画水，以空白处暗示海、江湖和溪水。又如凡表现山石之阳面，石坡之平面以及天空、云雾等皆留空白，古代画家对此也多有论述，蒋和在《学画杂论》中说：“山水篇幅，以山为主，山是实，水是虚。”[②] 清代画家布颜图讲得更具体：“盖笔墨能画有形，不能画无形，能绘有形，不能绘无形，能绘其实，不能绘其虚。山水间烟光云影，变幻无常，或隐或现，或虚或实……故古人殚思竭虑，开无墨之墨，无笔之笔以取之。无笔之笔，气也；无墨之墨，神也。”[③] 其意思是笔墨能描绘有形的实体事物，不能描绘无形的虚空乃至变幻不定的气韵精神，山水画中的笔墨的浓淡以及由笔墨而成的山水的阴阳相背、朝云暮雨的变化，更能显出中国古代绘画艺术的审美观和艺术精神。

以山水画中的烟云表现为例，烟云的表现不仅仅是技法的问题，更重要的是它体现了中国山水画的意趣和艺术思维方式。清代笪重光在《画筌》中也讲道，“山实，虚之以烟霭；山虚，实之以亭台”[④]。也就是说，烟霭是以不着笔墨的形式来表现，并由此衬显山的形象特征，来显示山势的高耸。清人张式在《画谭》中说：“烟云渲染，为画中流行之气。故曰：空白，非空纸，空白即画也。”[⑤] 唐岱在《绘事发微》中谈道：“至于烟岚云霭，或有或无，总在隐没之间写照。一草一木，各具结构，方成丘壑。知此中微奥者，必要虚中求实，实里用虚，然后四时之景，由我心造，山川胜概，宛然目前。”[⑥] 蒋和在《学画杂论》中说：“大抵实处之妙，皆因虚处而生，故十分之三，天地位置得宜；十分

---

① 陆俨少：《山水画刍议》，上海人民美术出版社 1980 年版，第 15 页。

② 俞剑华：《中国古代画论精读》，人民美术出版社 2011 年版，第 119 页。

③ 俞剑华：《中国古代画论精读》，人民美术出版社 2011 年版，第 83 页。

④ （清）笪重光：《画筌》，关和璋译解，薛永年校订，人民美术出版社 1987 年版，第 2 页。

⑤ 潘运告：《中国历代画论选（下）》，湖南美术出版社 2007 年版，第 312 页。

⑥ （明）唐岱：《绘事发微》，乾隆重印本，韩秀凤校点，张振华复核，上海人民美术出版社 1987 年版，第 21 页。

之七，在云烟锁断。"[1] 范玑在《过云庐画论》中谈道："虚处实则通体皆灵。至云烟遮处，谓之空白，极要体会其浮空流行之气，散漫以腾，远视成一白片。虽借虚以见实，此浮空流行之气，用以助山林深浅参错之致耳。若布置意窘处以之掩饰，或竟强空之，其失甚大，正可见其实处理路未明也。必虚处明，实处始明。"[2] 古代画家所论述的这些对于烟云的处理方式，都表现了山水画中对于虚的处理以及以虚化实的绝妙之处，正是有了山、水、石、岸、亭、云、人、景的阴阳虚实的对应处理，才有了山水画体味不尽的意趣、意境。

第二节　线条与形神

一、中国艺术的形神观

（一）形神的概念探源

形神以及二者之间的联系，是中国传统哲学、美学及艺术之中出现频率很高的一对范畴。早在先秦时期，就已经出现了对于形神关系的讨论，《管子·内业篇》说："凡人之生也，天出其精，地出其形，合此以为人。"[3] 从形而上的层面来理解，所谓"形"指形体，所谓"神"指精神，二者的关系扩展到本体论的层面就是物质与精神的关系。先秦以后，历代思想家对形神关系都有过论述，《庄子·知北游》有云："精神生于道，形本生于精，而万物以形相生。"[4] 荀子认为："形具而神生，好恶喜怒哀乐藏焉。"[5] 西汉刘安所撰《淮南子》有云："夫精神者，所受于天也，而形体者，所禀于地也。"[6] 东汉的王充和桓谭在唯物主义的立场上进一步明确了形神的关系，王充的哲学观念是元气说，他在《论衡·论死》中说："形须气而成，气须形而知，天下无独燃之火，世间安得有无体独知之精？"[7] 桓谭在《新论·祛蔽》中认为："精神居形体，犹火之

---

① 俞剑华：《中国古代画论精读》，人民美术出版社 2011 年版，第 117 页。
② 黄复盛：《清代画论四篇语译》，江苏美术出版社 1987 年版，第 19 页。
③ （春秋）管子：《管子》，（唐）房玄龄注，上海古籍出版社 2015 年版，第 333 页。
④ 陈鼓应：《庄子今注今译（中册）》，中华书局 1983 年版，第 569 页。
⑤ 王先谦：《荀子集解》，中华书局 1981 年版，第 206 页。
⑥ （西汉）刘安：《淮南子》，（东汉）许慎注，上海古籍出版社 2016 年版，第 153 页。
⑦ （汉）王充：《论衡》，上海人民出版社 1974 年版，第 317 页。

燃烛矣。”[1] 由此可知，桓谭、王充等人以唯物一元论的立场阐述形神关系，形是神的依托，神生于形，形乃是万物衍化的本源。

自魏晋始，关于形神关系的争论日趋激烈。重神的观念在这一时期得到空前的发展，佛教的传入以及玄学的盛行在其中发挥了作用。当时争论的焦点是神灭或者神不灭。东晋时期的高僧慧远是神不灭论的代表人物，他在前代理论的基础之上，借用佛教理论，推进了神不灭论思想的发展。他在《法性论》中说：“至极以不变为性，得性以体极为宗。”[2] 世界的最高实体和最终精神是没有区别的，二者实际合二为一。在此观念的基础上，他在《沙门不敬王者论·形尽神不灭》中说：“夫神者何耶？精极而为灵者也。精极则非卦象之所图，故圣人以妙物而为言。虽有上智，犹不能定其体状，穷其幽致。”[3] 他认为，神是一种极为精妙之物，超越于实有的形之上，没有形象，也不能用形象来表现。与慧远针锋相对的是范缜，他提出了截然相反的观点，他认为“形存则神存，形谢则神灭”，并且将形与神的关系归结为质与用的关系，“神之于质，犹利之于刃。形之于用，犹刃之于利。利之名，非刃也。刃之名，非利也。然而舍利无刃，舍刃无利。未闻刃没而利存，岂容形亡而神在”[4]。魏晋以后关于形神关系的争论基本沿袭前人，创新不多。从先秦到魏晋南北朝关于形神关系的争论中，可以发现，形神之争在魏晋之后，神灭或神不灭的理论观点的对峙并没有消除。但是，在文化思想上，重神的思想倾向渐趋明显，当然，在不少思想家的著作中，为了避免重此轻彼的学术漏洞，他们在提出重神的倾向后，往往会将形神关系再次统一起来，形神统一为最高境界。形神关系从哲学思想扩展到艺术领域，重神之说产生了广泛的影响。

（二）中国艺术中的形神概念

艺术和美学上关于形神关系的论述，最早来自绘画。关于形神关系，最初是重形为先。重形的观念在韩非子那里已经出现，《韩非子·外储说》记载：“客有为齐王画者。齐王问曰：‘画孰者最难？’曰：‘犬马最难。’孰易者？曰：‘鬼魅最易。’”[5] 韩非子鲜明地指出，实在之物难画，虚妄之物易画，因为实在

---

① （汉）桓谭：《新论》，上海人民出版社 1977 年版，第 31 页。

② 转引自任继愈：《天人之际》，上海文艺出版社 1998 年版，第 255 页。

③ 祁志祥：《中国佛教美学史》，北京大学出版社 2010 年版，第 207 页。

④ 翦伯赞：《中国史纲要》，人民出版社 1983 年版，第 382 页。

⑤ 俞剑华：《中国古代画论精读》，人民美术出版社 2011 年版，第 2 页。

之物需要仔细观察，才可准确地加以表现，虚想之物只存在于人们的想象中，具有随意性，所以容易画。《尔雅》中有“画，形也”的说法，指出了绘画乃是描绘形象的艺术。至南北朝，形的重要性仍未被忽视，宗炳在《画山水序》中说：“况乎身所盘桓，目所绸缪，以形写形，以色貌色也。”① 这里指出表现事物的外在形状特征仍是绘画的目的之一。

魏晋时期，顾恺之提出以形写神，在理论上提出了神的重要性。实际上，在汉代对更高层次的形已有论述，《淮南子》提出了君形说：“画西施之面，美而不可说，规孟贲之目，大而不可畏，君形者亡焉。”② 这里指出表现人物的精神风貌的重要性，实际上提出了神似的概念。顾恺之则明确提出了“以形写神”的说法，进而提出传神写照论，将表现人物的神作为绘画艺术表现的目的之一。顾恺之的贡献在于两点：一是明确地将神作为艺术的表现价值而提出；二是将形神关系作为一对相互联系的范畴并列，开启了中国绘画乃至中国美学史上对于二者关系的讨论。顾恺之所说的神主要属于表现人物的神，南朝宗炳则将传神论扩展到山水画中，提出畅神之说：“峰岫峣嶷，云林森渺，圣贤映于绝代，万趣融其神思。余复何为哉？畅神而已，神之所畅，孰有先焉？”③ 他认为创作或者欣赏绘画的目的只在于达到一种精神舒展的高度自由的状态。在书法方面，书法真正的审美自觉至东汉末方才发端，主要表现在两个方面：一是赵壹、蔡邕等人的书论的出现；二是草书的出现和发展。蔡邕在《笔论》和《九势》中对书法的笔法和各种书体的特点以及点画特征进行了艺术概括，提出：“书者，散也。欲书先散怀抱，任情恣性，然后书之。若迫于事，虽中山兔豪，不能佳也。”④ 这里指出了书法作为艺术是人的性情的释放。草书的出现在中国书法史上是一个意义重大的事件，东汉赵壹对草书进行了责难，专门写了一篇《非草书》，这篇文章既对东汉时期草书在社会的流行进行了客观的介绍，同时又对草书进行了指责，认为草书破坏了朝廷统一的文字体例，乃小道之技，具有很大危害，但实际在客观上反映了草书在当时受欢迎的程度。

① （南朝·宋）宗炳、王微：《画山水序　叙画》，陈传席译解，人民美术出版社1985年版，第5页。

② 周积寅：《中国画论辑要》，江苏美术出版社2005年版，第195页。

③ 俞剑华：《中国画论选读》，江苏美术出版社2007年版，第76—77页。

④ 上海书画出版社、华东师范大学古籍整理研究室编：《历代书法论文选》，上海书画出版社1979年版，第5页。

至唐代，形神关系在理论上有了比较系统的总结和概括。张彦远在《历代名画记》中提出绘画品评的标准就包括形神关系，他在《论画体通用拓写》中说："自然者，为上品之上。神者，为上品之中。妙者，为上品之下。精者，为中品之上。谨而细者，为中品之中。"① 他将形神的完美结合作为理想的艺术作品。张怀瓘提出神、骨、肉的审美标准，他在《画断》中说："象人之美，张得其肉，陆得其骨，顾得其神，神妙无方，以顾为最。"② 很明显，张怀瓘将神的表现作为绘画作品的最高价值，神与骨、肉相对，骨、肉相当于形的概括。至宋代，关于形神关系的探讨继续深入，欧阳修在《题盘东图诗》中云："古画画意不画形，梅诗咏物无隐情。忘形得意知者寡，不若见诗如见画。"③ 此诗中所说"画意不画形"，明确提出意是绘画的表现目的，意也就是绘画家的神思所在、画作的精髓所在。自欧阳修之后，尚神、尚意蔚然成风。明代董其昌在《画禅室随笔》中将尚神做了比较全面的概括和总结："读万卷书，行万里路，胸中脱去尘浊，自然丘壑内营，成立鄞鄂，随手写出，皆为山水传神。"④ 董其昌将如何表现神的完整过程做了一个概括，画家需要良好的学养和丰富的实践经历，当自然万物完整地呈现在画家的心胸之时，即使随手而作，也能创作出传神之作。

中国的绘画、书法艺术，形的塑造是艺术创作的第一步，正如顾恺之所云：造型的过程可以看作以形写神，形的塑造是点、线、色彩的组合，而中国艺术造型元素的基础是线，那么，线在形神的表现之中处于一种怎样的地位？线的形与线的神又分别是怎样的？

二、线质：线的神

线的形是外在的形式特征和审美属性，前文对中国艺术中的线的形式特征已做了比较详尽的论述，包括线的形态的丰富性、装饰性、抽象性等，这里重点探讨的是线的神体现在何处。

自顾恺之提出形神关系后，重神的倾向日趋明显，尤其是文人画兴起以及书画合流之后，形似被看作艺术水准粗浅的表现，传神成为艺术创作的目标。

---

① （唐）张彦远：《历代名画记》，俞剑华注译，江苏美术出版社 2007 年版，第 49 页。

② 俞剑华：《中国古代画论精读》，人民美术出版社 2011 年版，第 175 页。

③ 转引自陈传席：《中国山水画史》，江苏美术出版社 1988 年版，第 200 页。

④ （明）董其昌：《画禅室随笔》，周远斌点校，山东画报出版社 2007 年版，第 5 页。

那么，中国艺术中线的神表现在哪些方面呢？其主要表现在两个方面：

第一，主体性。如果创作主体只追求对于外在世界的纯粹模仿，那么，这样的创作也只会是自然界的延伸和简单叠加，也就失去了艺术的意味。而中国艺术的线条恰恰突破了对于自然界中物的纯粹模仿，线条成为表现创作者主体意识和精神世界的载体。在艺术家看来，线不仅是完成艺术形象塑造的手段和媒介，而且是传达艺术家审美情趣、审美理想和情感世界的载体。而在观者看来，在欣赏线条艺术的同时，从视觉直观感受中能领悟到线条本身的意蕴。如果线只作为纯粹的造型手段和满足于构造物象真实感的方法时，那么，线条就很难传达创作者的情感、认识、感受或者观念，这就是线条所承载的主体性。文人画家往往不会满足于模仿外在的事物，而在艺术创作之中，往往加入他们的主观因素，通过夸张、变形，借物抒情，借物寓意，不要求形似，而要不似之似，让观者在丰富的联想与想象中获得审美享受。艺术形象不以似或不似为审美准则，神似表现的是事物的本质，创作主体的主观情思，揭示融合创作者主体情感的意象的本质内涵。

第二，写意性。写意的对立面是写实，写实是对物象的描摹和细节刻画，力求反映出完整的形象和细节特征。作为写实对立面的写意意味着不是对细节的描摹和复制，而是对所表现的物象的抽象和概括。意不等同于形，意是对形的超越，表现的是形之外的东西，也就是意识性和精神性的东西。意识性和精神性的东西可以从两点来理解：一是艺术作品创作者的意识、观点和情感，可以称之为意蕴；二是表现出所描绘的具体之物象的特定形态之外的、带有普遍性的万千世界的神韵和审美特征。换句话说，就是对具体物象背后的本质性的审美特征的表现，如我们所理解的“一叶落而知秋”的意义。就前者而言，线条的书写不是机械的摹写，而是蕴含着作者的喜怒好恶，传达出作者对外在世界的感受，对人生百态的认识，对生活趣味的追求，对美好事物的向往，如梁楷和石涛的绘画风格可谓个性突出，梁楷人物画的线条风格独特，以简略概括的手法，寥寥几笔，便勾画出传神的形象，是人物十八描中的减笔描的代表。写意，同时应该作为一种关系来看待，写意并非对写形的完全否定，实际上，写意表现的是一种关系，其确切含义是写实与写意的对立统一和完美融合，形在意的引导之下自然地表现出来。

第三节 线条与气韵

从视觉艺术的欣赏习惯来看，对形的感受体验是欣赏的第一步，在此基础之上，对神的领悟逐步展开，形神关系是对线条艺术鉴赏的一个重要范畴。随着艺术实践的不断推进，对神的理解必将进一步深化，在神这个总体范畴之中，衍生出具有各自特点的审美范畴，气韵就是其中的一个重要方面，是在神的范畴之上，升华到一种具有高度自觉性和活力的状态。

一、气韵的概念

气韵成为中国艺术的一个审美范畴或者评价艺术高下优劣的审美标准出现很早，气韵最早在艺术中作为一个范畴出现是在谢赫的《古画品录》中，他提出了绘画创作原则的“六法”，其中将“气韵生动”作为第一条法则提出，可见气韵在绘画艺术之中的重要地位。气韵是一个组合概念，由气与韵组合而成，气韵并举出现在南朝齐梁时期，而气与韵分别出现的时间则早得多。下面我们分别来看气与韵的概念。

气最早出现在先秦的哲学著作中，作为一种宇宙发生论的意义而存在。先秦诸子的学说中对气都有论述。老子云：“道生一，一生二，二生三，三生万物，万物负阴而抱阳，冲气以为和。”① 老子认为从道衍生出世界万物的过程在于阴阳二气的运动，气具有生命万物产生的本体意义。庄子云：“是故天地者，形之大者也；阴阳者，气之大者也。”② 老庄将气作为万物产生的基础，此为元气说。孟子从伦理学层面和人格修养方面来看待气：“其为气也，至大至刚，以直养而无害，则塞于天地之间，其为气也，配义与道，无是，馁也。”③ 孟子将作为宇宙发生论意义上的气具体化，将其推进到人格和精神意志层面，普遍意义上的生命之气具体化为人的意志和精神之气，丰富了气的内涵。到了汉代，在以上两个方向，气的概念被继续推进，王充进一步在元气说的基础上作了补充，他在《论衡·物势篇》中说：“人生于天地也，犹鱼之于渊，虮虱之于人

① 辛战军：《老子译注》，中华书局2008年版，第171页。
② 陈鼓应：《庄子今注今译（下册）》，中华书局1983年版，第693页。
③ 杨伯峻：《孟子译注》，中华书局2010年版，第57页。

也，因气而生，种类相产。”[①] 王充将气作为一种具有物质性的存在，气的变化产生不同的种类。汉代，孟子人格化精神之气的观念被扩大，同时被引入艺术领域。在文学史上，曹丕提出了著名的文气说，他在《典论·论文》中说：“文以气为主。气之清浊有体，不可力强而致。”[②] 气作为评品艺术家的标准，具有了才气、气质的意义。在艺术方面，汉代艺术充满着博大的生命气象；在文学方面，以司马相如的《子虚赋》《上林赋》为代表的汉赋，气势磅礴、洋洋洒洒、蔚为壮观；在造型艺术方面，汉代的画像石等线刻艺术，线条粗犷、雄浑，震人心魄。李泽厚说：“在汉代艺术中，运动、力量、气势就是它的本质。”[③] 汉末魏晋，在人物品藻和玄学之风的影响下，气被赋予了新的内涵，指的是人的内在的风采和精神气质，既包括人的形体的清刚之美，也包括形体表现的精神气质。

韵最早的意义出现在音乐领域，指的是声音的节奏和韵律的和谐。曹植在《白鹤赋》中说：“聆雅琴之清韵。”[④] 嵇康在《琴赋》中说：“改韵易调，奇弄乃发。”[⑤] 刘勰在《文心雕龙》中说：“异音相从谓之和，同声相应谓之韵。”[⑥] 在魏晋人物品藻之风大兴的时代，韵被移植到人伦鉴赏方面，指的是人具有的高雅风姿、雅致旷达的气质，具有个性化特征，可以感受却难以言说。人物品藻在开始阶段以儒学为理论依据，以伦理教化为目的，通过人的外在形体评判其内在的品德与气质。在玄学兴起之后，具有政治功利性的评判标准被逐渐抛弃，以品鉴人的内在精神风貌、具有非功利性的标准被重视起来，非功利性的人物品鉴同时也影响到艺术领域，实用的品鉴被艺术和审美的气韵所取代，《世说新语》中有很多对于人物品藻鉴赏的记载，如《世说新语·言语》载：“会稽贺生，体识清远，言行以礼。不徒东南之美，实为海内之秀。”[⑦] 这段记载说明了对于当时人物品鉴中的潇洒旷达的审美标准。人物品鉴需要从人的外在形貌开始，人是这个过程的主体。而人物画的成熟为这种转化提供了最佳的契机，后来这一概念从人物画扩展到山水、花鸟等其他画种，从绘画扩展到书法、文学等其他艺术类型。

---

① （汉）王充：《论衡》，上海人民出版社 1974 年版，第 47 页。

② 郭绍虞、王文生：《中国历代文论选》，上海古籍出版社 1979 年版，第 60 页。

③ 李泽厚：《美的历程》，天津社会科学院出版社 2002 年版，第 148 页。

④ 转引自彭修银：《中国绘画艺术论》，山西教育出版社 2001 年版，第 169 页。

⑤ （南朝·梁）萧统：《昭明文选》，华夏出版社 2000 年版，第 580 页。

⑥ 周振甫：《文心雕龙今译》，中华书局 1986 年版，第 503 页。

⑦ 徐震堮：《世说新语校笺》，中华书局 1984 年版，第 52 页。

二、线条与气韵的表现

（一）从笔墨来看气韵生动

在中国绘画发展史上，线描笔法的一次划时代革新发生在唐代。首先是线的形态，人物画之中，唐代之前一幅人物画内一般只会用一种形态的线条，而在唐代这种情况发生了改变，两种及以上的不同形态的线条在一幅画之中可以同时出现。其次，山水画充分发展起来，特别是水墨山水画逐渐兴起，传统的线描技法发生了革新，勾勒之法向皴法转变。皴法在线条勾勒的基础上，大幅度地加入侧笔的使用，从而使山石的阴阳相背、空间肌理特征表现得更为丰富，尤其在水墨山水画中更是被运用得得心应手。反过来说，也正是在皴法中，笔墨进一步融合，作品的气韵进而体现于笔墨本身。

谢赫谈到了气韵与笔法的关系，在他所提的“六法”之中，第一法是气韵生动，第二法即为骨法用笔，说明他将用笔作为表现气韵的重要手段，而笔法运用与线具有直接的密切关系，两者在山水画中发展起来并成为主流。笔墨与气韵的表现联系密切，“笔墨和气韵摄合了。于是乎，以笔取气，以墨取韵，便成为以后笔墨和气韵不可分割的内容”①。美学家徐复观认为：“在以山水为主的作品中，便常在笔上论气韵。”② 这些论述，都说明笔墨作为绘画、书法的造型媒介的同时，本身具有审美意蕴，能传达出气韵，这从线条与笔墨之间的关系也可以得到证明：线条的产生来自笔墨的运用，笔墨的艺术化带来了线条的艺术化。五代时期的荆浩在《笔法记》中评价王维和张璪，认为王维“笔墨宛丽，气韵高清”③。他还认为“故张璪员外，树石气韵俱盛，笔墨积微，真思卓然，不贵五彩”④。荆浩对王维、张璪等人的笔墨技法给予了高度的肯定，并且将笔墨技法运用的高超与传达神韵紧密联系、有机结合起来，同时将笔墨表现自然和画家对于万物的感受结合起来。

（二）线的韵律与气韵

笔墨是线条产生的内在依据，那么，作为线条本身是怎样表现出气韵的呢？这就是线的动态美和韵律感。

从上文对气韵概念的追溯可以发现，气韵的表现在于气与韵的和谐统一。

---

① 陈传席：《六朝画论研究》，中国青年出版社 2015 年版，第 181 页。

② 徐复观：《中国艺术精神》，广西师范大学出版社 2007 年版，第 139 页。

③ 俞剑华：《中国古代画论精读》，人民美术出版社 2011 年版，第 263 页。

④ 俞剑华：《中国古代画论精读》，人民美术出版社 2011 年版，第 263 页。

气决定了整体的气势和内涵，表现出生命的活力以及艺术创造力，表现在线条之上即线条的动态美以及更深层次的生命活力；韵是对气的规范和梳理，使气以优美的形式与合适的方式表现出来，具有韵味和规律，韵表现在线条之中就是线的韵律感。综合这两个方面，可以这样理解：线条对于气韵的表现，在于它具有一种直觉、直观上的运动感和内在的生命活力，同时，线条的运动又并非无序混乱，而是以优美的形式进行了规范，具有节奏和韵律感。

线的韵律包括两个方面，首先是一条线的节奏与韵律，其次是线条组合的整体节奏与韵律。韵律是有节奏的起伏运动的轨迹，中国书画用笔在均匀有力的基础上，有控制地提按、顿挫、转折，线条的长短、粗细、繁简等变化也呈现规律性，线条因此具有了节奏感和韵律感。

具体来说，首先，线的韵律感表现在书画用笔的一波三折的法则之中，所谓一波三折就是有生动的承接性起伏变化，笔法变化的同时伴随着墨的变化，用笔的缓急、顿挫、转折使墨色产生浓淡、干湿等变化，故古人有“墨分五彩”之论。“线描的节奏、气韵、韵律感主要体现在线条的纵横交错、迂回曲折、顺逆顿挫、轻重快慢上。就单一的一条线来讲，平直的线则显得安静，曲线或斜线则有运动的感觉，如果能做到时起时伏、时静时动、时柔时刚，就自然形成了节奏和韵味。”[①] 其次，在线条组织上，疏密有致的线条组织关系也形成了韵律美。以宋代武宗元的工笔白描画《朝元仙仗图》（图 4.1）为例，此画的人物形象众多，人物衣纹线条的组织形成了有规律的排列，而且线与线之间排列紧密，形成了一种平行的关系，线条的有规律的反复秩序化的排列，连绵不断，形成荡人心魄的气势。

图 4.1　（北宋）武宗元《朝元仙仗图》局部

---

① 罗世平：《线描：中国画文脉传承的基石》，《美术研究》2008 年第 4 期，第 121 页。

（三）创作主体与线条的气韵

谢赫提出“气韵生动”主要是针对人物画而言，表明气韵是从对人物外在形象的感受中体现出的其内在的精神气质和风貌。在人物画这个范围内，绘画作品的气韵从何而来呢？这就不得不提到作品所描绘人物的气质风貌。人物画的造型主要由线条完成，如果只是准确地勾画出外形，线条只需按照形象的特征尽可能地描摹即可，但创作者并不满足于此，而是要用线条传达出描绘对象的内在气韵，即使线描形态比较单一，但是一旦形成一个完整的形象，整个画面的气韵便跃然纸上。在人物画中，线条表现的是人物形象本身的精神风貌和气韵，顾恺之所创立的经典技法表现人物的内在神韵，如点睛之说、面颊胡须之说等。这是气韵表现的第一个层次，不过这个层次还处于比较粗浅的阶段，气韵是就绘画作品中的人物而言的，还没有上升到创作主体自觉地将自身的情感和思想投射到作品中去的境界。

如果要问山水、花鸟这些与人物形象无关的画面形象如何表现气韵，书法以更加抽象的文字为对象，气韵又从何而来，这就需要理解气韵本身的意义。气韵之气表示的是一种生命的活力，自然万物由气而成，同样能够展现出气韵，更重要的是，书法、山水、花鸟这些在直观上与人物没有直接联系的形态具有气韵，是因为创作主体将自身之气灌注于这些形象之中，使得与人物无关的自然景物和文字书法充满了生机。换句话说，气韵生动的第二个层次表现的是创作主体本身的气韵，山水之韵、书法之韵，乃创作主体之气韵的转化和升华。谢赫时期所提的气韵，自唐宋以后，其内涵被进一步扩大，山水画的发展和书画合流给艺术带来了崭新的面貌，意义重大的转变是，气韵表现的重点不再仅仅局限于作品中的对象，而是表现创作主体本身。当山水成为独立的欣赏对象和审美对象时，也就意味着创作主体或鉴欣赏主体可以将自身的主体意识投射到对象之中，在此时所借助的载体，线就是其中的重要方面，线成为承载主体情感、表现气韵的方式。董其昌说绘画的气韵来自画家的人格修养，不同的创作主体其笔下的线条形态、特征、视觉感受，创作主体的精神意识和气质涵养会体现在线条之中，从而使线条本身体现出不同的主体意识，并形成气韵。

第四节　线条与趣味

趣作为一个审美范畴，着实很难用言语清晰地解释，清人吴梅在《顾曲尘谈》中说："趣之一事，最难形容。"[①] 在中国美学史中，趣常与其他美学概念如意、兴、韵、味等连用，形成如意趣、兴趣、趣味、理趣等审美范畴，西方美学对趣的论述出现在17世纪，大致是趣味的意义。趣味是艺术作品独特魅力的标志，也是体现创作主体艺术个性的特征。趣味在艺术中的表现形式，可以是形象，可以是情节，可以是结构，对于中国书画艺术来说，作为其基本造型元素的线条同样表现出鲜明的趣的意味。

一、趣味的含义

在西方，趣味在17世纪以前被解释为味觉和滋味的意思，被用作社交场所具有举止得体和品位高雅的意义倾向，其本义指"谁能从不好的食品中把那些美味的食品选择出来"[②]。到17世纪，趣味进入英国经验主义哲学家和美学家的视野，夏夫兹博里、哈奇生和休谟对此都有过论述。夏夫兹博里说："眼睛一看到形状，耳朵一听到声音，就立刻认识到美，秀雅与和谐。"[③] 这是他所谓的内感官说的一个具体解释，认为审美是通过内感官所获得的直觉快感。夏夫兹博里为趣味在美学领域确立了地位，趣味的提出也表明了西方美学史上关于美的观念的一次重要转变，主体的经验和感受被强调。在以洛克为代表的英国经验主义哲学的影响下，个体的感觉和个体的感性经验被重视起来，于是，趣味的价值被重视起来，从这个时候开始，趣味被看作个体或者艺术家的个性气质和审美倾向的集中体现。

在中国美学史上，趣一词出现的时间很早。在古汉语中，趣最早与趋意义相同，《诗经·大雅·棫朴》云："济济辟王，左右趣之。"[④] 其意为疾走、快走之义，在此基础上，其意义引申为精神意向、意志趋向。先秦时期庄子在《秋水》一篇曾谈到趣："以趣观之，因其所然而然之，则万物莫不然；因其所非而非之，则万物莫不非。知尧、桀之自然而相非，则趣操睹矣。"[⑤] 庄子所论的趣已经隐含了审美意味，有情趣之意义。《列子·汤问》也有"曲每奏，钟子期辄

---

① 吴梅：《吴梅词曲论著四种》，商务印书馆2010年版，第100页。

② 克罗齐：《作为表现的科学和一般语言的美学的历史》，王天清译，中国社会科学出版社1984年，第36页。

③ 朱光潜：《西方美学史（上卷）》，人民文学出版社1963年版，第212页。

④ 周振甫：《诗经译注》，中华书局2002年版，第406页。

⑤ 陈鼓应：《庄子今注今译》，中华书局1983年版，第421页。

穷其趣”[①] 的说法，谈的是音乐欣赏中的趣，这表明趣进入艺术领域，表示的是审美倾向和审美旨趣等。艺术领域的上趣是艺术家的审美修养和审美理想的体现，表现为艺术家的一种对人生和世界的理解和态度，当它体现在作品里时，便成为艺术作品中的审美趣味。趣概念被明确作为美学范畴使用是在魏晋，这与魏晋以来人物品藻之风具有重要联系，《世说新语》对人物的品评中已有风趣、情趣之说，这些含义随之被转移到艺术之中。顾恺之在《魏晋胜流画赞》中以趣论画，如“《孙武》大荀首也。骨趣甚奇，二婕以怜美之体，有惊剧之则”[②] 以及“《嵇轻车诗》：作啸人，似人啸，然容悴不似中散。处置意事既佳，又林木雍容调畅，亦有天趣”[③]。六朝时期，众多的画家、书法家和文学家对此也有论述，宗炳在《画山水序》中云：“圣贤映于绝代，万趣融其神思。”[④] 谢赫在《古画品录》中品评戴逵：“情韵连绵，风趣巧拔。”[⑤]

从以上的论述中不难发现，无论是西方还是中国，关于趣的内涵的论述基本相似，都是某种旨趣、审美倾向，都是创作主体或作品所表现出的审美意向，是创作主体具有高度自由精神的体现。那么，作为中国传统书法、绘画艺术的构成元素的线是如何体现出趣味的呢？下文将展开论述。

二、线条的趣味性

上文已经对气韵作了分析，现在有必要对气韵和趣味做一个简单的区分。较之气韵，趣味具有强烈的个体性和风格化特征。一幅画或书法作品，可能会气韵不足，但却可能是一部具有趣味的作品：或者是机趣，或者是野趣，或者是情趣等，这样的作品在整体的气韵方面也许没有过人之处，但是却表现出极为鲜明的趣味特征。所以，有的作品以气韵胜，有的作品以趣味胜，而更为理想的状态是气韵充足，趣味盎然。如果说气韵是一种整体性的、含蓄的、深沉的平正艺术境界，那么，趣味就是一种个性化的、风格化的、鲜明的审美倾向；如果以奇正观来比较，气韵是以平见长，趣味则是以奇取胜，这是艺术标准在不同层面的表现，无所谓孰高孰低。中国书法、绘画中的线具有鲜明的趣味性，

---

① 转引自蔡仲德：《中国音乐美学史资料注译（下册）》，人民音乐出版社 1990 年版，第 438 页。

② 王伯敏、任道斌：《画学集成·（六朝一元）》，河北美术出版社 2002 年版，第 1 页。

③ 于民：《中国美学史资料选编》，复旦大学出版社 2008 年版，第 143 页。

④ 俞剑华：《中国古代画论精读》，人民美术出版社 2011 年版，第 252 页。

⑤ （南朝）谢赫：《古画品录》，人民美术出版社 1959 年版，第 15 页。

主要体现在以下几个方面：

第一，生动性。清代戏剧理论家李渔曾说：“机趣二字，填词家必不可少。机者，传奇之精神；趣者，传奇之风致。少此二物，则如泥人土马，有生形而无生气。”[①] 这表明艺术作品之趣须有生气活力，生动之趣也是艺术作品长久常新的源泉之一，所谓“趣其所以生也，趣死则死”[②]。清人史震林在《华阳散稿》中说：“趣者，生气与灵机也。”[③] 也就是说，艺术描写的方式和手段要能够生动，有声有色，形、声、色、味兼备，在感官上能给人以触动，可以触发接受者的情感体验与共鸣。严羽在《沧浪诗话·诗辩》中曾提出：“夫诗有别材，非关书也；诗有别趣，非关理也。”[④] 严羽之意即艺术有自身的趣味，有生动的表现方式，能引起人情感的共鸣，而不能像灌输事理一般来教条化地表现。线条所构造的艺术形象具有鲜明的特征，是对生命之乐的一种感知，具有灵动之趣，能够充分调动人的感觉器官，既能给人以视觉直观上的感官刺激，又能使人产生内在的审美联想、想象和感悟。清人吴衡照说：“咏物如画家写意，要得生动有趣，方为逸品。”[⑤] 吴衡照之语表明艺术表现要有生动之趣，方为上品，书画艺术的线则是表现生动之趣的重要方式，如笪重光在《书筏》中指出：“趣之呈露在勾点。”[⑥] 意即书法的笔法是表现生动之趣的关键所在。朱光潜曾说：“趣味是对于生命的彻悟和留恋。”[⑦] 清代华琳在《南宗抉秘》中说：“夫此白本笔墨所不及，能令为画中之白，并非纸素之白，乃为有情，否则画无生趣矣。”[⑧] 留白之法能够生情，此为笔墨之法对于生趣的意义。

第二，独特性。清人吴乔在《围炉诗话》中说：“以奇趣为宗，反常合道为趣。”[⑨] 趣味往往会给人意料之外又在情理之中的感受，奇趣超出常理，出乎意料，给人一种新奇感，趣不在于平，而在于奇，当然这种奇不是不着边际、天

---

① 于民：《中国美学史资料选编》，复旦大学出版社 2008 年版，第 433 页。

② （明）钟惺：《隐秀轩文》，岳麓书社 1988 年版，第 77 页。

③ 转引自凌继尧：《中国艺术批评史》，上海人民出版社 2011 年版，第 253 页。

④ （宋）严羽：《沧浪诗话校释》，郭绍虞校释，人民文学出版社 1961 年版，第 26 页。

⑤ 唐圭璋：《词话丛编》，中华书局 1986 年版，第 246 页。

⑥ 上海书画出版社、华东师范大学古籍整理研究室编：《历代书法论文选》，上海书画出版社 1979 年版，第 560 页。

⑦ 朱光潜：《艺文杂谈》，安徽人民出版社 1981 年版，第 60 页。

⑧ 俞剑华：《中国古代画论精读》，人民美术出版社 2011 年版，第 124 页。

⑨ （清）吴乔：《围炉诗话·卷一》，中华书局 1985 年版，第 5 页。

马行空的荒诞和怪异，中国艺术是平中见奇。唐代张怀瓘《书断》论钟繇云：“真书绝世，刚柔备焉，点画之间，多有异趣。”① 这里指出繇之真书备刚柔，点画间多寓异趣。包世臣在《艺舟双楫》中说：“字画疏处可以走马，密处不使透风，常计白以当黑，奇趣乃出。”② 包世臣的这番话深刻说明了中国书画艺术的特点，通过笔墨的黑白变化，通过疏密不同的风格的表现，既有迹可循，又有独特性。五代石恪的人物画用笔简练，元人汤垕说：“石恪画戏笔人物，惟面部手足用画法，衣纹乃粗笔成之。”③ 宋代梁楷的减笔人物画可谓趣味盎然，他的两幅作品《泼墨仙人图》（图 4.2）和《李白行吟图》（图 4.3），可视为其减笔线描的杰作。《泼墨仙人图》画面之中的仙人除面目等用细笔勾出神态外，其他部分都用阔笔一扫而出，笔势酣畅，墨色淋漓，豪放不羁，仙人烂醉如泥，醉眼朦胧的特征十分鲜明，极富趣味。《李白行吟图》也是用类似的手法，面部特征用细笔勾画，身形衣纹则用简略笔法而成，线条粗放，将李白豁达、豪放的性情充分展现出来。这种写意人物画在南宋时期显得十分另类，与院体画风格大相径庭。

图 4.2 （南宋）梁楷《泼墨仙人图》

图 4.3 （南宋）梁楷《李白行吟图》

① 上海书画出版社、华东师范大学古籍整理研究室编：《历代书法论文选》，上海书画出版社 1979 年版，第 279 页。

② 上海书画出版社、华东师范大学古籍整理研究室编：《历代书法论文选》，上海书画出版社 1979 年版，第 641 页。

③ 俞剑华：《中国古代画论精读》，人民美术出版社 2011 年版，第 209 页。

第三，情趣。趣味是创作主体将个体的情感和思想投射到创作对象之上而形成的，欣赏者从作品中体会到具有情感性的趣味特征。情感的投入是趣味形成的重要条件，情感性是趣味的重要特征，而线条的情感性趣味在作品中也得到十分鲜明的体现。姚最《续画品录》评述："沈粲，笔迹调媚，专工绮罗，屏障所图，颇有情趣。"[①] 意即沈粲之画用笔十分精妙，所画的人物形象具有情趣。

以山水画为例，五代时期是山水画发展的第一个高峰期，北有荆浩，南有董源，二人都是五代时期著名的山水画家。米芾评荆浩画作："善为云中山顶，四面峻厚。"[②] 意为荆浩山水画多为崇山峻岭，章法严密，笔墨所用皴法多为短笔皴法，线条质感坚硬，通过这种线条所营造的一种巍峨高耸的山林之境，恍然与世隔绝，表达一种超然世外的人生趣味，如《匡庐图》(图 4.4)。米芾评董源则说："董源平淡天真多，唐无此品，在毕宏上，近世神品。格高无与比也。峰峦出没，云雾显晦，不装巧趣，皆得天真。岚色郁苍，枝干劲挺，咸有生意，溪桥渔浦，洲渚掩映，一片江南也。"[③] 董源所作为南方山水，画面平整开阔、平淡天真，更多真情实感的流露，与荆浩山水画中山峰林立、高不可攀之感截然不同。沈括在《梦溪笔谈》中评董源"尤工秋兰远景，多写江南真山，不为奇峭之笔"[④]，可见其笔法以自然平淡为主，不重奇峭险峻。沈括又说："大体源及巨然画笔，皆宜远观，其用笔甚草草，近视之几不类物象，远观则景物粲然，幽情远思，如睹异境。"[⑤] 董源所用皴法被后世称为披麻皴，如其所作《潇湘图》

图 4.4　(五代) 荆浩《匡庐图》

① (南朝) 姚最:《续画品录》，中华书局 1985 年版，第 8 页。

② 俞剑华:《中国画论类编》，人民美术出版社 1986 年版，第 653 页。

③ 俞剑华:《中国画论类编》，人民美术出版社 1986 年版，第 653 页。

④ 俞剑华:《中国古代画论精读》，人民美术出版社 2011 年版，第 271 页。

⑤ 俞剑华:《中国古代画论精读》，人民美术出版社 2011 年版，第 271 页。

(图 4.5)，皴纹较少，线条轻柔虚化，笔法简略，有朦胧的质感，为后世南宗所谓“轻烟淡墨”的源头，表现出一种淡逸、孤寂的离愁别绪。荆浩与董源所用不同的皴法以及所形成的不同的线条特征，表现出两种不同的情感倾向和审美趣味。

图 4.5　(五代) 董源《潇湘图》

第四，趣味的个体性与共通性。如果除开趣味的具体特征，在一般意义上来理解趣味，可以说，趣味是一种高度自由、带有主体性特征的审美倾向，所谓“令一个人感到愉快的味道，或许不会令另一个人感到愉快”[①]。个人的审美倾向具有鲜明的个人行为特征，彼此不同，因此就有了“趣味无争辩”的说法，但是这一说法很快引起了“争辩”。休谟在《趣味的标准》一书中对趣味进行了分析，他一方面承认“趣味无争辩”现象的存在，另一方面认为存在着具有普遍性趣味的标准，他说：“探索趣味的标准是很自然的事情。趣味标准是种规则，它能协调人的各种情感；至少，趣味是一种选择，其作用是肯定一种情感，否定另一种情感。”[②] 康德认为：“趣味即鉴赏，而鉴赏就是普遍选择。所谓普遍选择，就是按一般的、普遍有效的、人人都可能赞同的标准，在审美领域内认定某种令人满意的东西，指明或领会哪些是美的，哪些是崇高的。社会性的评价与此同义，就是从整个社会的高度，按社会通行的审美观念或道德观念，对事物做出评价。普遍选择也好，社会性的评价也好，都是在想象中进行的，

---

① ［美］汤森德：《美学导论》，王柯平等译，高等教育出版社 2005 年版，第 12—13 页。

② ［英］休谟：《休谟散文选》，肖聿译，中国社会科学出版社 2006 年版，第 215 页。

都是主体心灵机能的活动，这也正是反思趣味的根本特点。”[①] 康德认为，趣味一方面是主体的判断，具有自主的选择性；另一方面趣味又是社会性的评价，具有一定普遍性。实际是说，趣味既有主体选择性，也具有社会普遍性，关于“趣味无争辩”的“争辩”并没有确定的结论，以康德的观点，应辩证来看待趣味，既存在着表现个体性的个人趣味，也存在着代表某一群体、社会以及时代的“趣味共同体”。

在中国古代艺术中，线的趣味性也是这两者的结合，最有说服力的就是文人画。文人画在唐代以后兴起，其主要群体是文人。文人都不是职业画家，而是在闲暇时将自己对于自然、社会、人生的观察和感悟表现在绘画之中，他们一般都具有良好的涵养和学识，强调个人品格修养在创作中的作用，因此，就文人画本身的发展来说，其具有超越时代的共同艺术精神。近代著名画家和美术史家陈师曾先生在《文人画的价值》一文中对此做过概括：“什么叫作文人画？就是画里面带有文人的性质，含有文人的趣味，不专在画里考究艺术上的功夫，必定是画以外有许多文人的思想，看了这一幅画，必定使人有无穷的感想，这作画的人必定是文人无疑了。”[②] 应该说，陈师曾的说法基本上说明了文人画的特点。同时，不同时期的文人画又各有其不同的趣味倾向，如将元代的文人画与清初的文人画进行比较，从宏观上来说，元代文人画的总体趣味可以用“逸”来概括，而“逸”又体现在笔墨精神和线条之上，讲求以书入画和贵有古意。清初“四僧”的绘画则又是另一种特色，“四僧”的绘画总体特点可用“奇”来概括，像朱耷的作品，无论是山水还是水鸟，其造型都极为简单，用笔简约，极为概括，以寥寥几笔的线条与大量空白的相互对应，营造出一种空寂的意境。同为文人画，但是不同时代的趣味大相径庭，而在同一个时代环境下不同的画家趣味又具有相对一致的倾向性。如果以个体趣味加以比较，道理亦然。元代文人画都重逸品，但是个人趣味却不尽相同，王蒙与倪瓒的山水画表现出显著的差异，王蒙常用皴法为解索皴、牛毛皴，用墨厚重，线条繁密；而倪瓒的山水画笔墨简淡，皴法为折带皴，荒疏萧条，平淡天真，与王蒙画作的繁密之风迥然不同（见图 4.6、图 4.7）。

---

① 曹俊峰：《康德美学引论》，天津教育出版社 1999 年版，第 94 页。

② 朱万章：《陈师曾》，河北教育出版社 2003 年版，第 108 页。

图 4.6　(元) 倪瓒《六君子图》

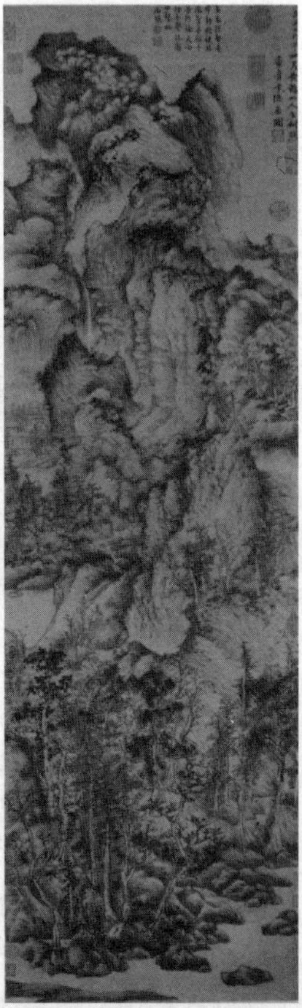

图 4.7　(元) 王蒙《青卞隐居图》

第五章　中国古代艺术之线的审美风格范畴

线的风格在中国古代艺术特别是书画艺术中表现出既相互对立，又辩证统一的特点，其风格主要可以分为几组相对的范畴：简练与丰富、生涩与娴熟、古朴与高华、疏薄与缜密。

第一节　简练与丰富

中国古代艺术特别是书画艺术中线的风格表现具有鲜明的差异性：有的作品线条极为简练，有的作品线条多样而丰富。线条简单到极致在画理上有“一笔画”“一笔书”的说法，而线条技法、笔法、风格的多样和丰富程度又层出不穷，除了人物画线描中的所谓十八描、山水画皴法中的不同形态外，每一位艺术家也表现出不同的风格。中国传统书画艺术中的线条风格，简练与丰富这两种完全不同而又协调统一的风格，始终是并存发展的。以绘画来说，工笔画与写意画一直都在并行发展，并没有在完全意义上一方取代另一方的现象发生。在书法领域，草书可以潦草到几乎无法辨认，但是这丝毫不影响其他书体的发展，规整的楷书和古朴的隶书在每一个时期都有着相应的影响力，这种看似奇怪的现象却正是中国传统艺术中线条风格的魅力所在。

一、对简练与丰富的理解

关于简练与丰富，我们可以把它们分别理解为简与繁，也就是简单与复杂的关系。简单与复杂既是客观事物的属性，也是我们认识世界的两种不同的方式，具有本体论和方法论的意义。古希腊哲学家已经开始认识到简单与复杂的关系，包括泰勒斯、毕达哥拉斯、德谟克利特、赫拉克里特等思想家在内，他们认为丰富多彩的世界都具有一个本源，它或者是一种具体物质，或者是一种形而上的精神，这实际上就是简单化的认识原则。毕达哥拉斯说："整个的天是一个和谐、一个数目。"① 他认为世界万物的本原就是数，可以说毕达哥拉斯是西方历史上第一个将简单化原则进行明确表述的哲学家，同时他将简单化的原则扩展到美学和艺术领域，他认为美就在于数的比例的和谐与对称，如圆形是最简单也是最完美的图形。亚里士多德对此也有论述："最精确的学术是那些特重基本原理的学术；而所包涵原理愈少的学术又比那些包涵更多辅加原理的学术更为精确。"② 他的《范畴篇》就是将人们的思维领域简化为最基本的若干个范畴和原理。经典物理学的开创者牛顿在《自然哲学的数学原理》中指出："自然界不做无用之事，只要少做一点就成了，做了却是无用，因为自然喜欢简单化，而不爱用什么多余的原因以夸耀自己。"③ 中国古代的思想家同样遵循一种简单化的认识原则，《周易·系辞》有云："是故易有太极，是生两仪，两仪生四象，四象生八卦。"④ 这就是世界从简单到复杂的一个演变过程。老子认为"道生一，一生二，二生三，三生万物。万物负阴而抱阳，冲气以为和"⑤，将"道"作为世界的本原，万物都是由"道"演变生发出来的。由此可见，简单化是人们认识、理解、感受世界的一个普遍趋势，而且经历了不同的历史时代，仍然保持着旺盛的生命力。对于简单化而言，复杂化是不可能被抹去的客观存在，世界复杂的面貌是我们感受世界的起点，二者的关系是辩证的。实践证明，简单与复杂的关系的确不是一成不变的，随着认识范围和实践领域的扩大，之前被简单化的认识被证明是不完整甚至不正确，那么，就需要修正。修正也就意味着对先前简单化的原则的放弃，简单的认识开始复杂化，复杂化能够让我们保持对世界认识的全面性和新鲜感。

---

① 北京大学哲学系外国哲学史教研室编译：《古希腊罗马哲学》，商务印书馆 1982 年版，第 37 页。

② [古希腊] 亚里士多德：《形而上学》，吴寿彭译，商务印书馆 1959 年版，第 4 页。

③ 申先甲等编：《物理学史简编》，山东教育出版社 1985 年版，第 340 页。

④ 黄寿祺、张善文注译：《周易译注（下册）》，上海古籍出版社 2007 年版，第 392 页。

⑤ 陈鼓应：《老子译注及评介》，中华书局 1984 年版，第 225 页。

在艺术领域，简与繁同样是这样的一种关系，在简练的风格中，也有丰富的变化以及个性化特征，而丰富的变化中却也有着高度的统一性。

二、线的简练与丰富

从造型手法来说，中国传统绘画和书法以笔墨为主要造型元素，而笔墨的运动形成线条，从这个角度来说，中国书画艺术的造型手法趋于简化，即以线造型为主，而其他造型手法都是向线靠拢和集中的。从线的技法来说，线的形成首先在于笔法，中国书画用笔的方式总结起来就只有几种，包括中锋、侧锋、顺锋、逆锋、出锋、藏锋、拖锋等，实际上对这几种笔法再进行一次归纳，又以中锋与侧锋、藏锋与露锋等为代表，从这个意义上来说，中国书画艺术线的笔法实在是十分简单。另外，线的简练还指的是线条形态本身的简练，其修饰性、变化特征不明显，简洁明了。汉代石刻线条可谓简练风格的代表，汉画像石的形象构成以线条为主，几乎没有色彩，人物和动物、植物的形象，其轮廓很多用最为简洁的线条构成，有些外轮廓简洁到无法再简洁的地步，在画像石拓片上呈现的整体形象一般为简洁的剪影方式，轮廓线本身概括简练，爽利流畅，跌宕起伏，宛如刻骨的描绘具有浑然天成的魅力和强烈的艺术感染力。如南阳画像石，外轮廓一般为简洁的剪影方式，轮廓自然流畅，用较长的线条描绘，一气呵成，不拖泥带水，具有很强的概括性。人物、动物等形象的外轮廓，除了人物裸露在外面的头及手、脚外，人的躯干轮廓一般是简洁而流畅的，特别是侍从、门吏的外轮廓，简洁到不能再简洁的地步；动物的外轮廓处理亦是如此，动物的头、足、尾部轮廓变化稍大一些，躯干轮廓大都非常平整。如河南唐河出土画像砖《迎宾乐舞图》（图 5.1）中的舞伎，腰部拉细变成一根线，长袖则变成很长很细的两条线，人物的细节则全部省略，给人以鲜明的视觉印象。汉代的雕刻同样如此，如霍去病墓前《卧虎》石雕（图 5.2），“循石造型，因材施艺”，保留原石的纹理与风貌，只稍加雕琢，手法简练，虎作伏卧姿势，头部肥大，尾巴卷搭在背上，虎身整体利用原石的自然变化，用线刻出柔和轻快的纹理，几条线纹便充分表现出伏虎皮毛的质感；卧虎头部前伸，虎头略施斧凿，在强调虎的五官和颈毛特征的基础上用简练刀法刻出几条斑纹阴线，通过“以简概全”和“以形写神”的手法，伺机而动、不怒而威的卧虎形象跃然而出。

图 5.1　（汉）画像砖《迎宾乐舞图》（局部）

图 5.2　（西汉）霍去病墓前石刻《卧虎》

但是，不同时期、不同艺术家的作品中的线却呈现出不同的特点和风格，可谓是丰富多彩、因人而异。顾恺之作品的线细劲绵长，吴道子作品的线洒脱飘逸。线的丰富性同样来自笔墨的变化，这就是中国艺术中线的特殊性，极简与极繁并存。笔墨很简单，但是笔墨形成的线条却千姿百态，线条的粗细变化，运行过程中的形态变化，运墨的变化，笔法的变化等，都会带来线条形态的巨大差异，而且线还形成了具有类别特征的体系形态。仍然以人物画的“十八描”为例，明代邹德中所撰《绘事指蒙》记载了描法古今一十八等，比较完整地将中国传统人物画中衣纹描法进行了归纳，一般将其分为三类：第一类以高古游丝描为代表，以顾恺之的描法最为典型，其线条的独立性强，柔中带刚，连绵不绝，强调自然流露，富于韵律。此类描法多以中锋为主，行笔缓慢，运笔均匀，线型始终如一，前后一致，变化很少，曹衣描、铁线描等都属于此类。第二类以柳叶描为代表，以吴道子的描法最为典型，其特点是将线条的变化特征进一步明确，线型粗细发生明显的变化，线条在运笔中有快慢、轻重的变化，线条自由婉转，表现力丰富多样，行云流水描、橄榄描等属此类。第三类以减笔描为代表，以梁楷最为典型，其特点是用笔多用侧锋，力度多集中在线的一端，笔势粗犷，墨色显出浓淡、干湿的变化，线条概括简练，而且形成了由线到面的效果，枯柴描、竹叶描等属于此类。

再来看线的组合关系。线的组合关系也就是线的位置关系及其布局，线与线的组合关系总是存在的，如果将线的组合关系概括起来，实际上也是十分简单的，如平行关系、交叉关系、曲直关系等，无论怎样变化，类别都大同小异。这种组合关系虽然简单，但其传达的审美意蕴却十分丰富。线的平行关系突出时，那么，线的方向性的特征就会显得十分明显，如吴道子的《八十七神仙图卷》(图 5.3)，画中人物众多，人物的衣纹繁密，衣纹线条方向基本一致，其中所用的线描包括高古游丝描、铁线描、行云流水描等多种描法，画面中无数的平行线条组合在一起，形成一股磅礴的气势，正如潘天寿所说："线以骨气为质，由一笔至千万笔，必须一气呵成，隔行不断，密密疏疏，相就相让，相辅相成，如行云之飘渺于太空，流水之流行于大地，一任自然，既成气也。"[①] 又如线的水平关系，则会增强形象的稳定感、舒适感，有助于营造开阔的意境，元代很多画家倾向于这种方式。黄公望的《富春山居图》(图5.4)，线的运用以水平方向为主，意境开阔深远，给人一种萧远舒展之美；而五代荆浩所作《匡庐图》，画面之中为大山巨壑，以竖线排列而成，体现的是纵向的效果，气势宏伟浑厚。再看线的交叉关系，横线与竖线是最为典型的交叉关系，这种垂直组合关系在书法之中表现尤为明显。以篆书为例，现存的秦代篆刻《泰山刻石》作为秦代的官方书体，横平竖直，结构严谨，这种线的垂直关系表现出一种严谨的秩序感。唐代楷书名家颜真卿的书体，结构端正，水平线与垂直线交错，法度严谨，表现出一股浩然正气。

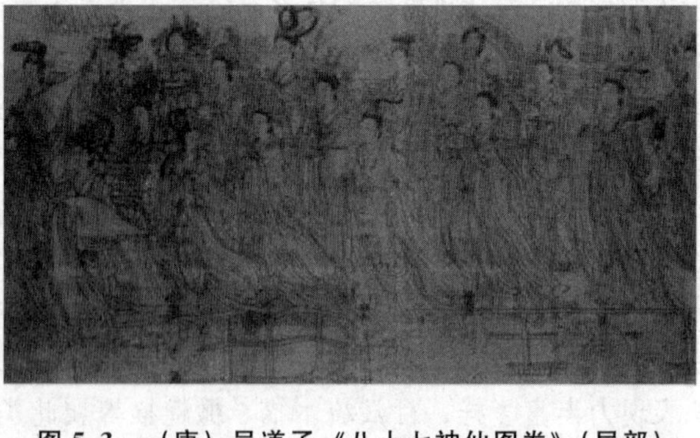

图 5.3　(唐) 吴道子《八十七神仙图卷》(局部)

---

① 卢炘编：《潘天寿论艺》，上海书画出版社 2010 年版，第 177 页。

图 5.4 （元）黄公望《富春山居图》（局部）

三、以意运笔与线条的简练和丰富

清代画家程正揆说：“画有繁简，乃论笔墨，非论境界也。北宋人千丘万壑，无一笔不减；元人枯枝瘦石，无一笔不繁。”① 此番评论可谓对中国山水画中的笔法以及线条组合运用的一个恰如其分的评价。他从辩证统一的角度来看待简与繁的关系。北宋山水画倾向于创造出千丘万壑的山石物象，线条布局繁密，线条使用手法多样，但是其熟练的笔墨技巧中显出疏落之气；元代很多山水画用笔简练，但是意趣生动丰富，简约的笔触生发出无尽的遐想。由此可见，简练与丰富是辩证统一的，没有单纯的或绝对的简练与丰富，在中国古代艺术中尤其如此，最终需要繁简相宜得当。

那么，决定线条组合繁简的是什么因素呢？那就是意，即所谓以意运笔。王羲之题卫夫人《笔阵图》中对书法用笔有这样的评说：“夫欲书者，先干研墨，凝神静思，预想字形大小、偃仰、平直、振动，令筋脉相连，意在笔前，然后作字。”② 唐代张彦远在《历代名画记》中记载：“顾恺之之迹，紧劲联绵，循环超忽，调格逸易，风趋电疾，意存笔先，画尽意在，所以全神气也。”③ 这里赞赏顾恺之的画作线条绵密紧劲，乃在于其以意运笔的结果。所谓的意其实是艺术作品中融合了作者之意与客观之象的意象，线条的繁简是否合宜，不仅

① 潘耀昌：《中国美术名作鉴赏辞典》，浙江文艺出版社 1999 年版，第 636 页。

② 上海书画出版社、华东师范大学古籍整理研究室编：《历代书法论文选》，上海书画出版社 1979 年版，第 26 页。

③ （唐）张彦远：《历代名画记》，俞剑华注译，江苏美术出版社 2007 年版，第 44 页。

仅由外在的客观形象所决定，更重要的是由超出实在的“意象”所决定的。明代画家恽向说：“画家以简洁为上，简者简于象，而非简于意，简之至者，缛之至也。洁则抹尽云雾，独存孤贵，翠黛烟鬟。敛容而退矣，而或以笔之寡少为简，非也。”① 此语可谓一语中的。笔法与线条的简洁并不是在于“象”本身的简洁，而在于意的简洁，其实，无论繁简，应该做到象简而不陋，意繁而不杂，象虽极为简洁，但并不粗陋，它是丰富的意的表现。如北宋代绘画重视写实、求真，人物画线条稠密严谨，花鸟画线条极具法度，画法工整，线条精细，但是这种求真写实并不是对于外在事物的直接模仿，而是以形写神，通过对物象细节的生动传神的刻画，折射出雅致的情趣，韵味十足。

相比之下，元代绘画整体上简化了很多，在笔法线条上以简逸为主，逸笔草草，营造出一种清淡萧疏、冷落荒寒之境。无论山水画，还是花鸟画，其用笔都极为简落，线条组合疏朗，但是线条本身的意味充蕴。由于书法用笔的紧密结合，线条笔墨的形式更显韵味，如黄公望、吴镇等人的山水画普遍用笔不多，着墨清淡，线条萧疏，皴纹很少，与北宋千丘万壑的繁密风格截然不同。正如黄宾虹先生所说：“繁、简在意不徒在貌；貌之简者；其意贵繁。”笔法线条以及在此基础上形成物象的繁简并不在于外在形态，而在于内在之意，线条的繁简乃是以意运笔的结果。

第二节　生涩与娴熟

一、生与熟的概念

生的意义，据《说文解字》解释：“生，进也。”即生长之义，被引申为事物最初的状态。熟则是生的变化，经过各种因素的促进而形成一种成熟的状态。生、熟的意义在日常生活中，最为直接的体现就是饮食中的生与熟，后其意义被引入中国艺术理论之中。文学理论中较早提出了生与熟的意义，唐代韩愈提出文学语言的审美标准“唯陈言务去”，指的是文学语言要推陈出新，宋代以黄庭坚为代表的江西诗派主张“无一字无来处”，实际上也是对历代诗文语言的熟悉程度所提的要求。在书法方面，“熟”作为书法术语也较早被提出，宋代以前

① 俞剑华：《中国古代画论精读》，人民美术出版社 2011 年版，第 332 页。

的书论认为精熟是代表着书法家造诣的重要标志，唐代张怀瓘《书断》有云："精熟神妙，冠绝古今。"① 孙过庭在《书谱》中说："心不厌精，手不忘熟。若运用尽于精熟，规矩谙于胸襟，自然容与徘徊，意先笔后，潇洒流落，翰逸神飞。"② 宋代欧阳修说："作字要熟，熟则神气完实而有余。"③ 可见，在很长一个时期内，书家们大多认为熟是书法艺术造诣的重要体现，如王羲之就持这种观点："如其生涩，不可便休。"④ 也就是说，书法家应该勤奋学习前代书家的作品，勤加临摹，反复练习，力求脱去生涩而达到精熟的境界。后从熟的对立面引出生的概念，宋人魏庆之在《诗人玉屑》中说："一戒乎生硬，二戒乎烂熟。"⑤ 这就成为中国艺术理论中具有广泛影响的生熟之说。明代董其昌将书法、绘画中的生熟关系做了更为明确的表述，他在《画禅室随笔》中说："画与字各有门庭，字可生，画不可不熟，字须熟后生，画须熟外熟。"⑥ 这里指出书法、绘画的生与熟的关系，并明确提出书法学熟而后生，绘画需熟外熟，精熟并非是理想的艺术境界，经过熟之后的生才是艺术至境。

从以上的论述可知，中国古代艺术理论对书画艺术中生、熟关系的理解是一个不断发展完善的过程，这一对审美范畴形成之后，对后代的书画创作产生了重要影响，同时也对我们理解中国传统艺术提供了一个很好的参考标准。那么，作为中国书画艺术构成要素的线，是如何体现生涩与娴熟呢？下文将展开论述。

二、线条的生与熟的表现形式

生与熟是艺术技巧以及由此形成的审美趣味和审美风格，中国艺术中的线同样也具有生与熟的不同风格。

线的生，可以从不同的角度来理解，首先，可以指处于艺术发展初期一种

---

① 王镇远：《中国书法理论史》，黄山书社 1990 年版，第 137 页。

② 上海书画出版社、华东师范大学古籍整理研究室编：《历代书法论文选》，上海书画出版社 1979 年版，第 129 页。

③ 上海书画出版社、华东师范大学古籍整理研究室编：《历代书法论文选》，上海书画出版社 1979 年版，第 309 页。

④ 上海书画出版社、华东师范大学古籍整理研究室编：《历代书法论文选》，上海书画出版社 1979 年版，第 30 页。

⑤ 赵永纪：《古代诗话精要》，天津古籍出版社 1989 年版，第 1019 页。

⑥ （明）董其昌：《画禅室随笔》，周远斌点校，山东画报出版社 2007 年版，第 30 页。

原始的生涩的状态，这是一种确确实实的生。原始艺术中，只有一种朦胧的创作意识，既没有十分明确的创作思维，也谈不上相应的创作技巧，原始岩画、壁画上的形象都十分简单，手法也相当粗糙，用于造型的线十分粗略，只能用于表现事物轮廓，这样的线条就是一种生涩的风格。其次，线的生可以指笔墨技巧的运用不着痕迹，有些作品在人们看来，没有明显的艺术技巧的使用痕迹，线条在视觉直观上没有顿、挫、转、折、提、按等让人眼花缭乱的形式技巧，显得很平实、朴素。

线的熟，也可以从不同的角度来理解。首先，线的熟是一个必然演进的动态过程。人们对于世界的感觉和认识总会不断深化，这种不断深化的过程表现在艺术上，就会更加自觉追求多样化的手段来表现所感受到的事物，因此，艺术手段、艺术观念的积累也是一个必然的过程。原始艺术中的线都是十分生涩的，但它不会停留在原来的水平上，随着对艺术本身认识的加深，表现的手段更加多样，如新石器时代的线就比早前艺术中的线更加有秩序，更加有修饰性，更增加了形式的变化，这就是一个熟的过程。其次，线的熟是一个继承前代而不断积累的过程。艺术表现方式的变化不是完全抛弃以前的经验，而是要继承前代的优秀的表现方式。中国人物画中的高古游丝描就是一个不断积累的过程，从原始陶器上的纹饰到商周时期青铜纹饰，顾恺之继承这种历史悠久的线描技法，融合时代的审美特征，终于形成如春蚕吐丝的成熟的描法。如果说没有积累和继承，没有这种熟的过程，也不可能形成这种线条的优美形式。在书法当中也形成了一整套的笔法、墨法，东汉蔡邕在《九势》一文中就已经提出了用笔的九种方法，包括转笔、藏锋、藏头、护尾、疾势、掠笔等不同的笔法。唐代张怀瓘提出用笔十法，包括偃仰向背、阴阳相应、峰峦起伏、迟涩飞动等，对于墨的枯润、浓淡及笔墨关系，历代书论也有诸多论述。可见，线的熟意味着艺术技巧和艺术经验乃至审美观念的积累和发展，熟表明的是创作者对前代艺术经验的吸取、接受，这个过程在客观上为人们进行艺术创作提供了成熟和规范的参照体系，因此具有重要意义。再次，线的继承形成了程式。程式的价值比较复杂，可谓有利有弊。上文已述，在中国人物画的线描中有所谓的十八描，这是后人总结历代人物线描而形成的一种程式化的结果，也就是将各种线描方法加以归纳和整理形成稳定的程式。当一种线条形成了十分成熟的形态之后，也就到了其发展的顶端而难以有新的突破。程式是后人学习的规范和楷模，能够为后人提供良好的范本，这是程式有利的一面。程式也有其不利的一面，就是会陷入僵化，皴法的出现就说明了这一点。皴法出现在山水画之中具有必然性，传统的勾勒之法在山水画特别是水墨画之中无法表现更为丰富的形态，难以传达更为深切的审美意蕴，因此，这种线描方法就需要其他的方式来代替它，于是，皴法应运而生。皴法的笔法明显不同于勾勒线描之法，但又是线描之法的一种发展。学者徐书城曾说："'程式'总起来看有两个基本的特征：其一，这样一种所谓'程式'，既然是经过了世世代代无数画家（共同）创造，逐步积累而成的一种描绘方法，并成为许多人共同沿用的一种格式，它确乎使人感觉到有一种模式化的外貌，似乎是一种'陈陈相因'的艺术形式；其二，这种所谓'程式'，最初虽来自对客观物象的'摹拟'，但发展到后来都变成一种远离了自然物象原貌的抽象符号，遂容易使人觉得这样的艺术形式离现实生活的真貌过于遥远。"① 这一说法指出了程式化的相互矛盾性。程式是艺术经验积累的结果，是一份艺术遗产，同时它在某些时候如果运用不当，会成为艺术发展的包袱，线的程式同样是这样的特点。

三、线条生与熟的辩证关系

在艺术表现上，线是生涩好还是娴熟好呢？应该说，没有绝对的生涩或者娴熟，中国书画艺术发展史证明，由熟到生，恰当的生涩是一种臻于完美的艺术风格，艺术家应该努力追求这样的风格，所以，应该辩证看待线条的生与熟的关系。

（一）适度的陌生化

20 世纪初，俄国形式主义文艺理论家什克洛夫斯基在诗歌领域最早提出了"陌生化"的术语，后来扩展到其他艺术领域。什克洛夫斯基认为："艺术的目的是要人感觉到事物，而不是仅仅知道事物。艺术的技巧就是使对象陌生，使形式变得困难，增加感觉的难度和时间的长度。因为感觉过程本身就是审美目的，必须设法延长。艺术是体验对象的艺术构成的一种方式，而对象本身并不重要。"② 这段论述在一定程度上，精辟地阐述了艺术的本质特征之一就是陌生化。艺术不同于生活的关键在于与生活保持距离，它不是对生活的客观反映，它具有自律性，因此，艺术家所创造的艺术形象应该是一种不同于日常事物的形象，使欣赏者有一种陌生感，能够激发欣赏者感觉的敏锐性，艺术创作就是

---

① 徐书城：《论程式化》，《美术研究》1993 年第 1 期，第 53 页。

② 朱立元编：《当代西方文艺理论》，华东师范大学出版社 2005 年版，第 45 页。

将熟悉的日常事物进行艺术加工。这一观点在视觉艺术中同样适用，熟悉的、程式化的艺术形象难以引起欣赏者的注意，陌生化的疏离感则会给人耳目一新之感，陌生化实际上是日常经验与习惯经验的对立。“陌生化”理论认为艺术技巧就是使艺术形式变得困难，增加艺术作品欣赏的难度，这一点需要辩证看待，如果没有根据地任意对艺术形式进行漫无边际的夸张、歪曲、变形，结果可能是艺术形象不伦不类，从而丧失应有的美感。陌生化实际应该是一种新奇感，是保持艺术活力的手段，而不是否定艺术形式本身。同样，线条的生应该是一种适度的陌生化，当一种线描技法和创作观念已经十分成熟和程式化之后，就会如同在阅读教科书，不加以改变，这种形式就会僵化甚至消失。董其昌提出书法的“熟而后生”，绘画的“熟外熟”，意指当一种艺术形式完全成熟之后，就需要反其道而行之，从熟的一面再次回归到陌生的一面，但是这种生不是之前的粗鄙简陋，而是更高层次的回归，只有这样才能保持艺术的创造性。郑板桥有诗云：“四十年来画竹枝，日间挥写夜间思。冗繁削尽留清瘦，画到生时是熟时。”[①] 以生为熟，对于意境的形成具有重要意义。清代李渔在《闲情偶寄·变调》中提倡：“变则新，不变则腐。变则活，不变则板。”[②] 李渔之论说明了生的价值与创造力。

（二）寓生于熟

纯粹的生与纯粹的熟都不是最佳的艺术境界，对于艺术之中的线而言，理想的线条形态应该是既让人陌生，又使人觉得十分熟悉，如同在文学形象之中对典型人物的说法——熟悉的陌生人。这样的形态特点鲜明，风格独特，具有唯一性，既不会被代替，也无法被复制。商周时期的青铜纹饰，被赞为“狞厉的美”，这样的线条只会在那个特定的时代出现，但是绝不可能被复制，虽然之后历代都有仿制带有纹饰的青铜器，但其审美内涵已经不同。清代沈德潜说：“唯生熟相济，于生中求熟，熟处带生，方不落寻常蹊径。”[③] 这段话实际上道出了生与熟的辩证关系应该是生熟相宜，寓生于熟，由熟而生。艺术创作中有避熟的说法，即是说不照搬前人的创作方式和题材，但是真正见功力的并不是

---

① 周积寅、王凤珠：《郑板桥年谱》，山东美术出版社 1991 年版，第 401 页。

② （清）李渔：《闲情偶寄》，单锦珩校点，浙江古籍出版社 1985 年版，第 63 页。

③ （清）叶燮、沈德潜：《原诗　说诗晬语》，孙之梅、周芳批，凤凰出版社 2010 年版，第 131 页。

抛弃前人的方法与题材，没有目标、没有根据地胡乱变化的结果就是乱，而是在熟的基础之上见新、见生，这也就是所谓的犯。明代以评点《三国演义》著称的毛宗岗曾说："作文者以善避为能，又以善犯为能。不犯之而求避之，无所见其避也。唯犯之而后避之，乃见其能避也"。① 不仅在文学上，在其他艺术领域同样是这样。犯与避的关系实际就是说艺术上需要寓生于熟，即使使用已经十分完善、成熟的艺术表现方式，也就是所谓犯，但也能不同凡响，达到不同于前人的避的效果。以中国绘画中的画竹来说，历代画竹者极为普遍，如何用线条表现出创作者所理解的竹而又富有新意并不容易，五代时徐熙作《雪竹图》(现藏于上海博物馆)，以粗笔浓墨表现竹子的枝节点等特点；宋代文同画墨竹(图 5.5)，将前人的线条特征进一步细化，明确以墨的浓淡来区分枝叶的阴阳面，而且竹子的线条形态为弯曲形态，转折较多，组合多样，方向分散，别有生趣；元代赵孟頫有"写竹还应八法通"的说法，在画竹之时的笔法应吸收书法的笔法，画竹实为写竹，如赵孟頫《窠木竹石图》(现藏于台北故宫博物院)，线条形态又有新的变化，他画竹将书法与画法结合，巨石用飞白画出石的轮廓，皴擦之法也以飞白成之，中锋画窠木，骨力劲到，以流畅的笔调伸出竹干，然后在两旁画出小枝条，用浓墨，间以略淡之墨画竹叶，重意不重形，线条笔墨浑厚雄健，率意天真，盎然有生气。可见，同为画竹，但是关键在于如何用线、用笔墨，如何做到熟而后生。

图 5.5　(北宋) 文同《墨竹图》

---

① 于民：《中国美学史资料选编》，复旦大学出版社 2008 年版，第 422—423 页。

第三节　古朴与高华

一、古朴与高华的概念

古朴在艺术上指的是作品呈现出的一种审美风格，意指质朴，具有古风，文学、绘画、书法中都以古朴表示一种具有特殊意味的风格。古朴一方面可以指在远古时期的艺术形象和类型的特点，因其形式简朴，时代久远，给人一种远古质朴之风；另一方面也可以指后代的艺术表现手法和艺术形象，形式简约，技巧使用痕迹不明显，具有古代的风气。古朴的风格不仅仅指在技法上、在艺术形象上对古代的模仿、复制，更是指一种深层次的审美感受，即一种历史感。古朴的风格在造型艺术上表现得更为直接和鲜明，在中国传统绘画中，画树木、山石，画树皮如果用笔坚硬老道，用墨焦干，则树的形象皴裂不平，显得苍老，富有古意。在中国艺术史上，古与朴有不解之缘，古是通向朴的有效途径。

高华，意指华美、典雅的风格，诗歌之中，词语华丽，辞藻华美；绘画之中，造型精致、典雅，用色鲜艳，线条技巧多变，装饰性强；书法之中，笔法的顿挫、回转效果明显，精工细致，这样的风格都可以称为高华。艺术形象生动、丰满，具有强烈的审美意味，往往会通过运用各种技巧、手段使艺术形象丰满。华丽的风格是一种形式意味浓厚的表现方式，也是艺术自身不断发展完善的表现，如中国文学史上的骈文，就是一种辞藻华丽的文体，虽然发展到齐梁之际走向了反面，后人指责其空洞无物、风格艳丽靡弱，但是客观地看，并非所有骈文都是言之无物的辞藻堆砌，如王勃的《滕王阁序》就是一篇传诵古今的骈文佳作，此文不但辞藻华美，而且情感真挚、意气风发。华美的风格具有高度的艺术价值，唐代绘画用色大胆鲜艳，笔法精致，线条刻画极为生动工整，尤其人物形象雍容华贵，为中国绘画史中的精品。中国书画艺术中的线作为一种表现手段和元素，同样具有高华和古朴的不同风格。

二、线的高华

（一）写实性与线的华美

艺术形式的精湛、艺术形象的丰富多彩，是艺术发展成熟的重要标志。中国艺术中的线，作为一种表现方式，准确、生动地塑造形象是其发展的必然过程，而准确、生动地塑造也就意味着向写实性倾向发展，即线要能够准确地表现所要表现的对象，工笔画与楷书体现了这种写实的精神。古代以粗略形式造型的线条同样具有美感，但是如果艺术技巧就此止步不前的话，艺术的活力也就丧失了，因此，为了更加准确地表现事物所具有的丰富多样的美的形式，线的技法和形态也必须向前发展。工笔画就是线条技法和形态高度发展成熟的产物，工笔画以描绘细腻，风格精美、华丽著称，特别是以对事物生动的写实性见长。如五代时期黄荃的花鸟画十分精美，对后世影响很大，其所画珍禽以极细的线条勾勒，同时以柔丽的色彩配合，线色融合，形象惟妙惟肖，风格精丽、细腻。如《写生珍禽图》(图 5.6)，图绘飞禽、龟以及天牛、蝉、蜂、蟋蟀、蚂蚱等草虫，造型准确严谨，笔法工细，色调柔丽协调，特征鲜明，极为精微细腻地表现了动物的情态，鸟雀静立、展翅、滑翔，姿态各异，极为活泼；昆虫小如豆，仍刻画得十分精细，须爪毕现，双翅呈透明状，精妙入微。作者笔法精湛，采用双勾填彩法，线条工整挺秀、生动流畅、柔中带刚，表现出院体画明确的原则，即求真求似。禽鸟羽毛之线细而柔，而足爪之线瘦劲有力，皮下似能见骨，蝉翼的线绵而轻，具有透明感。龟壳之线笔法老硬，富有强度。精丽的线条与富丽的色彩相得益彰。沈括在《梦溪笔谈》中评黄荃："诸黄画花，妙在赋色，用笔极新细，殆不见墨迹，但以轻色染成，谓之写生。"[①] 用清淡之墨准确勾勒出所要描绘对象的轮廓后，再因类赋彩，即墨线勾勒填彩的方法，其色不掩墨，墨亦不掩色，在视觉上给人以色彩鲜明、富丽堂皇的气象。北宋郭若虚在《图画见闻志》中提出："谚云'黄家富贵，徐熙野逸'，不唯各言其志，盖亦耳目所习，得之于心而应之于手也。"[②]

图 5.6　(五代) 黄荃《写生珍禽图》

① 俞剑华：《中国古代画论精读》，人民美术出版社 2011 年版，第 440 页。
② (宋) 郭若虚：《图画见闻志》，俞剑华注译，江苏美术出版社 2007 年版，第 33 页。

（二）线的高华之表现形态

中国传统书画艺术中的线具有高华的特征，主要表现在以下几个方面：

一是线条形式的多样化。在中国传统书法、绘画中，线以及线的组合，从没有变化、粗细均匀发展到有粗细、肥瘦变化及线条的组合，从几乎没有组合或者简单的组合发展到丰富的组合关系，从没有布局意识到有明确的布局意识。线条形态多样化是线作为一种艺术元素成熟的表现，线的形态从粗糙走向精致，从拙朴走向典雅，从单一走向丰富，从表现力的不足走向表现力的充分。人物画的十八种衣纹描法，从没有区分类型的单一描法，经过不同时期的发展，形成了高古游丝描、琴弦描、曹衣描、铁线描以及兰叶描、减笔描等不同类型的描法，形成了丰富多彩的线描体系，而且各种描法都十分成熟而精细，高古游丝描质朴流畅，琴弦描典雅华丽，兰叶描飘逸奔放，减笔描率性不羁。在山水画中，各类皴法也是相映成趣，皴融合了线条、力度、肌理等要素，是线形态的丰富化，皴将线与点、面有机地结合起来。在皴法之中，线可以转化成面，也可以转化成点，如披麻皴、荷叶皴、解索皴、卷云皴、牛毛皴等（见图5.7、图5.8、图5.9、图5.10），呈现出放射、修长、波动、活泼、流畅和升腾等不同的韵律情致。董源运用的披麻皴，柔美恬淡；马远运用的斧披皴，刚劲简洁；米芾所用的雨点皴，朦胧幽远。

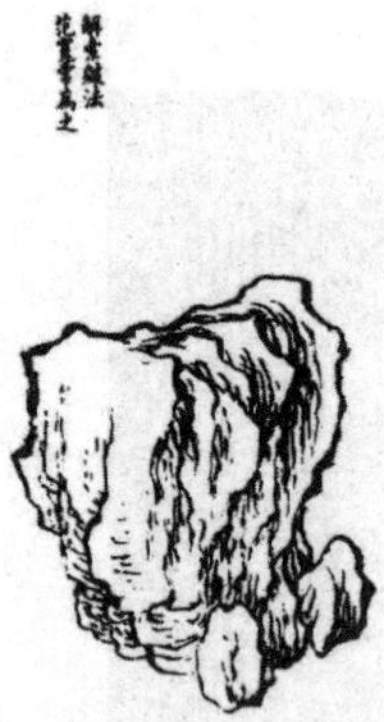

图5.7　解索皴（《芥子园画谱》）

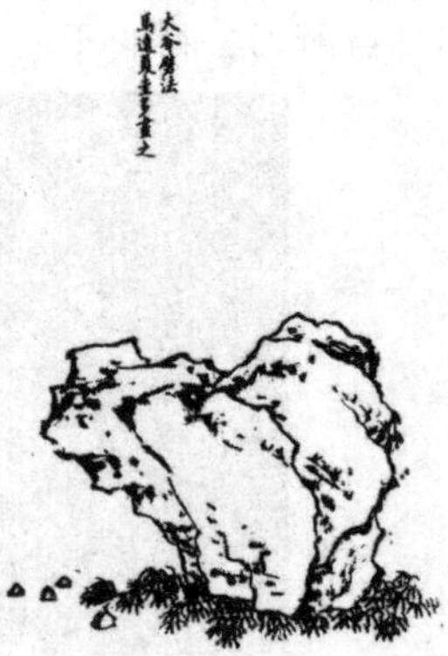

图5.8　大斧劈皴（《芥子园画谱》）

图 5.9 折带皴（《芥子园画谱》）

图 5.10 荷叶皴（《芥子园画谱》）

二是线条的精致化。中国传统书画线条的多彩多姿，在于笔墨的丰富、笔法的变化，形成一系列的笔墨范畴：笔法的轻重、快慢、疾涩；墨法的干湿、浓淡、苍润。通过笔墨之法的运用，线条形成了精致典雅之感，如中国传统工笔画，线条之美比较直接，来不得半点虚假，线条技艺水准的高下一看便知。北宋韩拙在《山水纯全集》中说："用笔有简易而意全者，有巧密而精细者。"[①] 像宋代的工笔花鸟画，画家们普遍重视写实，注重鸟禽花卉的细节。宋人罗大经曾评价画家曾云巢说："某自少时取草虫笼而观之，穷昼夜不厌。又恐其神之不完也，复就草地之间观之，于是始得其天。方其落笔之际，不知我之为草虫耶？草虫之为我耶？"[②] 宋代工笔花鸟在造型手法上用线极为精细，禽鸟的翎毛、足爪，花卉的花瓣、叶脉纹理乃至自然万物十分细微的变化，都能刻画得栩栩如生，通过线条的精致化运用，传达出自然的神韵。

绘画中的线条不仅要描绘对象的轮廓，而且要表现对象结构的起伏、转折，体现出其质感和空间感。宋代工笔画最常用的就是白描艺术法，通过线条将物象的轮廓勾勒出来，线条浓淡、粗细的变化会使事物体现出不同的质感，比如花与叶采取不同的线条形态，勾勒花卉用墨偏淡，线条均匀而细腻，而勾勒叶子则用笔墨色稍重，线条力度更大，更多转折与停顿，叶柄到叶末有粗细的变化，如此

---

① 于安澜：《画论丛刊（上册）》，人民美术出版社 1989 年版，第 43 页。

② （宋）罗大经：《鹤林玉露》，中华书局 1983 年版，第 343 页。

的变化，线条既体现了物象的肌理，又体现了物象的量感，并且展现了线条之间的张力，使得花的娇柔与叶的挺拔相映成趣。清代方薰对工笔做过评论："世以画蔬果、花草，随手点簇者谓之写意。细笔勾染者，谓之写生。以为意乃随意为之，生乃像生肖物。不知古人写生即写物之生意，初非两称之也。"①

以宋代画家吴炳的工笔花鸟《出水芙蓉图》（图 5.11）（现藏于北京故宫博物院）为例，线条细密连绵，遒劲多变，造型严谨精微，生动传神，可谓形神兼备。图中以墨线的浓淡来表现对象，花瓣用淡墨线条顺着花瓣生长的方向由内向外勾勒，而用重墨勾勒荷叶、荷梗及叶柄，显出其厚重的质感。另外，荷叶

图 5.11　（南宋）吴炳《出水芙蓉图》

主叶筋采用了双勾手法，符合荷叶中央凹陷、四周翘起的自然特征以及叶的变化规律。北宋画家崔白也是一位出色的画院高手，擅长画花鸟，尤长于写生，所画鹅、蝉、雀堪称三绝，《双喜图》（图 5.12）（现存台北故宫博物院）是其代表作之一，此图构思巧妙，独具匠心，用笔工细，在描绘喜鹊和老兔时用了工笔双钩填彩法，描写极其工细，皮毛用细腻的线条处理，隐去了轮廓边线，质感和量感都逼真地呈现出来，似有可触摸的感觉，野兔丰富的形体动作以及对双禽的神态的捕捉表现了他用笔上的疏放和灵活。另外，此画线条组织变化多端，根据不同的对象采取不同的描法。蓝鹊的翎羽、灰兔的皮毛，被梳理得工细异常，晕染柔和，形象把握准确、生动。草、竹、树、石的用线也均不相同，古木、衰草和山坡也采用了双钩填彩法，野草和树叶中的叶脉还掺杂了没骨法。树干用皴染，以粗放的笔意描绘，笔锋的折转变化极为明显。土坡则侧笔放胆

① （清）方薰：《山静居论画》，郑拙庐标点注译，人民美术出版社 1959 年版，第 85 页。

挥毫，粗细笔调粗细相间。还有树枝的长短、疏密的外形与走势，从这里可以看出其笔法的老练成熟，得心应手。崔白的这幅作品充分表现了中国古代工笔画线条的华丽、细腻与丰富多彩。

图 5.12 （北宋）崔白《双喜图》

三、线的古朴

（一）形态的表现

所谓古朴，也就是要回到自然，没有太多的艺术技巧的痕迹，不需要各种元素的反复渲染，在质朴的形态下，技巧只是达到艺术本真状态的途径。中国传统艺术中线表现出来的古朴性，主要体现在以下几个方面。

一是作为时代特征的远古时期的古朴风格。这里针对的是特定历史时期的远古时期的艺术作品，主要是原始时期的艺术形式，如仰韶文化、半坡文化中的陶器纹饰，商周时期的青铜纹饰，先秦时期的篆书线条，这些特定历史时期的艺术形式，本身艺术技巧就相当简单，造型简洁，线条的形态变化不大，线条组合方式规律性强，总体来讲，修饰性较少，风格十分古朴。

二是具有与古代风格类似的质朴风格。在这个层面上，古朴性体现为一种历史感，具有类似古代艺术特征，技巧修饰性不强的质朴。艺术技巧的积累是艺术进步的重要途径，但是一味地展示甚至炫耀艺术技巧则不可取。在纯熟的艺术技巧的基础之上回到质朴的一面，表现出类似古代艺术一样的质朴感，则是一种更深层次的美感。苏轼曾作诗批评纯以形似为目的的作画："论画以形似，见于儿童邻。"[①] 他指出作画的"像"只是低层次的表现形式，运用艺术技巧，只能给儿童观看，但登不了大雅之堂。正如老子所说"大巧若拙"，艺术技巧或艺术形式最为精熟的状态就是古朴与平淡。赵孟頫就大力提倡古意，他认为："作画贵有古意，若无古意，虽工无益。"[②] 他又说："吾所作画，似乎简率，然识者知其近古，故以为佳。"[③] 赵孟頫的这两段话表明了，即使作画简率，用线简约，如果具有古意，仍为佳作。

（二）笔墨的表现

笔墨对于线条的古朴性的风格表现十分重要，在绘画领域，笔墨并用并非天然形成的，唐代之前，传统的绘画技法仍然以线条勾勒之后再设色为主，实际上可以称之为线与色的配合，线的特性主要在于笔法的运用。唐代中期，自从水墨画兴起后，墨的使用范围和技法开始发展，水墨取代色彩成为主要的色彩体系。在线条的运用中，笔法与墨法进一步融合，最终形成笔墨之道。所以，线的风格决定于笔墨的使用。笔墨的特性体现出线的古朴性，表现在以下方面：

第一，线的曲直变化。这是就笔法的运用而言的。谢赫所提六法的"骨法用笔"就包含了线条具有古拙、质朴特征的含义，即用笔要体现出自然美，笔力虬劲，沉着浑厚，寓拙于巧，力戒轻、浮，顾恺之在《摹写要法》中说："若轻物宜利其笔，重以陈其迹，各以全其想。"[④] 即依据世界万物的特性而用线条加以表现，笔法应轻重相宜。一般来说，表现事物的沉着厚重之感，也就是体现出古朴之感，便需用笔力遒劲、坚硬挺拔的线条笔法。坚硬、挺直的线条形态往往体现出古朴之美，形态均匀连贯者有古朴之美。明代顾凝远在《画引》中说："工不如拙，然既工矣，不可复拙，惟不欲求工而自出新意，则虽拙亦

① 俞剑华：《中国古代画论精读》，人民美术出版社 2011 年版，第 22 页。

② 杨大年：《中国历代画论采英》，江苏教育出版社 2005 年版，第 38 页。

③ 杨大年：《中国历代画论采英》，江苏教育出版社 2005 年版，第 39 页。

④ 俞剑华：《中国画论选读》，江苏美术出版社 2007 年版，第 34 页。

工，虽工亦拙也。”[①] 陈洪绶的线描艺术体现出了典型的古朴性，以人物画尤为突出，“陈洪绶的线描得益于他的书法，他以篆籀之法作画，细长潇洒而又铮铮骨气，古拙雄奇，卓尔不群”[②]。其线条简洁质朴，散发着金石之气，或者表现为方折刚劲，或者表现为清圆细劲，沉稳凝练，极具古穆之气。明人朱谋垔在《画史会要》中说他的画“有秦汉风味，世所罕及”[③]，清代徐沁在《明画录》说：“长于人物，刻意追古，运毫圆转，一笔而成。”[④] 清代秦祖永评：“深得古法，渊雅静穆，浑然有太古之风。”[⑤] 尤其是其晚年的作品，用线渐趋圆转流畅，投射出这种高古之姿，笔下的人物形象，或躯干伟岸，姿神奇秀，或丰肌秀骨、瑰姿娴雅，无论何种都显出雅而脱俗之感，具有一种历史气息，用线简洁质朴，金石味十足，人物衣纹清圆细劲而又“森森然如折铁纹”，而作大画时勾线常盘旋数丈一笔勾成，皆细匀清圆、秀逸沉稳。陈洪绶早年画学唐宋六朝，线条略显粗壮，方折有力，而晚年画线条清圆细劲，凝练沉着，宽袍大袖的线条虽长，皆一根到底，不加折挫、停顿，秀逸沉稳、静如太古，显出高古浑拙的美感。另外，他尤其喜欢用古器物作为画面的构成部分，带有纹样化的图案在他的画中被大量运用，如传统器皿、衣纹、云雾等，以此突出画面的古朴与厚重，同时也加强画面的高古氛围，如《归去来图》（图 5.13）画卷中的人物面貌清雅古朴，衣纹以铁线和兰叶描混合使用，用笔细劲流畅，劲挺洒脱，线条大都呈圆弧形，显得飘逸流利，恰到好处地使人物外在的风貌与内在的精神达到了高度统一。

第二，线的干湿、浓淡。这是就墨法的运用而言的。中国古代书画论中有墨分五色的说法，即焦、浓、重、淡、清。用墨较重、较干者则线条显得苍老古朴，用焦墨、枯墨与宿墨就会显出古朴之感。在绘画中，焦墨法指的是纯用浓墨而不用水渗化，是一种古老的运墨法，早在新石器时代，彩陶上面的纹饰用的即焦墨之法。宿墨，其墨色明亮度不及其他，但是沉郁浓厚，显出古朴浑厚的气息。清代龚贤在《柴丈话说》中说：“笔法要古，墨气要厚。”[⑥] 焦墨的厚重与笔

---

① 俞剑华：《中国古代画论精读》，人民美术出版社 2011 年版，第 49 页。
② 杨振国：《中国绘画》（修订版），上海人民美术出版社 2005 年版，第 178 页。
③ 潘运告：《明代画论》，湖南美术出版社 2002 年版，第 419 页。
④ （明）徐沁：《明画录》，中华书局 1985 年版，第 11 页。
⑤ 黄涌泉编：《陈洪绶年谱》，人民美术出版社 1960 年版，第 156 页。
⑥ 俞剑华：《中国古代画论精读》，人民美术出版社 2011 年版，第 341 页。

图 5.13 （明）陈洪绶《归去来图》（局部）

法的古拙相得益彰，焦墨以墨色的纯净淳厚与笔法配合，富于一种厚重感。现代画家黄宾虹曾说："画不妨拙，拙则古厚之气长存。"① 同样，枯墨之法也能体现出笔画线条的古朴之美，用枯墨者，着墨极干，运笔缓滞，由此形成的线则有古拙老辣的笔意。黄宾虹认为宋代山水画中的焦墨之法具有虚实相生的艺术魅力："余观北宋人画迹，如行夜山，昏黑中层层深厚，运实于虚，无虚非实。"②

清代画家程邃所用枯墨法堪称典范，他吸收元代画家的干笔枯墨之法，而且笔墨之法相互融合，线条富于金石气，古朴苍润。"他用的干笔和元人的枯笔完全不一样，元人枯笔更准确一些说是枯墨，其墨不是湿润淋漓的，但出来的线条还是清晰的，程邃的干笔枯墨，线条如作篆刻一样，缓而涩，纠结、蟠屈，似写似擦而出。不是爽利的，而是毛蓬蓬的，墨的'浓淡'不是靠水分调和，而是靠运笔速度，浓重处，用笔则慢，干淡处，用笔则速，最淡处用笔漫不经心，似裂非到。因为速度慢，墨水留在纸上则多，故浓重，因为速度快，墨水留下则少，故干淡，忽快忽慢，则纠结多趣，总的来说，皆是干笔，笔痕无明显界线，显得十分的别致。程邃的画虽干裂而不枯索，却显得润泽苍郁。"③

四、古朴与高华的辩证关系

古朴与高华是一对相对的范畴，二者相互依存，对于线的生与熟的认识，

---

① 云雪梅编：《黄宾虹画论》，河南人民出版社 1999 年版，第 105 页。

② 南羽编：《黄宾虹谈艺录》，河南美术出版社 1998 年版，第 129 页。

③ 陈传席：《中国山水画史》，江苏美术出版社 1988 年版，第 847—848 页。

也是从偏向一方到逐渐全面的过程。从原始艺术开始，线条作为一种造型手段刚刚起步，技法单一，审美意识缺乏，线条形态粗糙简单，但也具有质朴之美。随着技法的丰富，审美意识的独立，对形象塑造准确性的要求提高，线条的形态走向了精致化、准确化的方向，形态越来越丰富，技法越来越多样，而且，线的组合关系以及线的布局都成为有意识的活动，创作主体能够更好地来表现所要表现的对象，而且追求表达创作主体自身的情感世界。如宋代是工笔画的高峰期，线的精致化、典雅性得到了高度的发展，而也是这个时候，文人画运动开始兴起，创作主体、创作观念、审美情趣都发生了较大的转向，文人的价值取向和审美取向深刻影响了艺术的风格，华丽典雅的风格逐步被文人所崇尚的淡雅、飘逸的风格取代，线又回归到质朴古拙的审美取向，华丽、浓艳的风格为文人所摒弃，萧疏、恬淡之风为人们所称道。元代绘画的风格可用逸来概括，这一过程充分反映了线条风格的转变，古、朴、拙被看作线条优美风格的体现。倪瓒的“逸笔草草”是代表文人画笔墨观的一个最好的注解。线的历史转了一圈又回到了它的原点，但却是更高的原点。

同时，古朴与高华是一对相互影响而又相互依存的范畴。古朴并非一味地模仿回到古代的那种原生态的古拙，古代的质朴风格是历史的特殊产物，无法复制，需要的是领会那种古拙的韵味，而不是形式本身。高华也并不是完全抛弃典雅的品格，而是不要让这种华丽典雅的风格不加节制地宣泄，要通过古朴的样式自然地流露出来。所以，理想的艺术佳作应该是既有古朴的一面，又有高华的特质。我们说文人画的佳作，其线条看上去质朴，平淡无奇，但绝不是没有艺术水准、缺乏艺术技巧的拙劣之作，而是蕴含着文人优雅审美品位的质朴，又摒弃了绚烂的技巧和华丽的形态的卖弄。

第四节　疏薄与缜密

疏与密是艺术中特别是视觉艺术中的一对范畴形式，是一种处理画面的手法，可以表现在微观的细节方面，也可以表现在宏观的整体方面，从原始时期至今，从绘画、书法、雕塑到文学、戏剧，从视觉艺术到非视觉艺术之中，都有疏与密的风格表现。

一、疏与密的概念

疏与密是人的认识深化的表现，远古时期人们对于形式是没有区分的，无所谓疏与密。当人们的意识发展后，发现形式要素的组合可以有所区分和变化，可以不一致，于是便有了疏与密之分，视觉艺术中疏与密的风格表现得更为直接和强烈。

密，就是形式构成的集中、密集、收缩；疏则给人一种发散感。收缩与发散形成一种差异，疏与密就形成了一种差异的关系，疏或者密在视觉上都会产生一种具有倾向性的张力。疏与密最直接的表现形式是某种形态在数量上的排列组合关系，在造型艺术中，点、线、面、体、色彩等要素都可以形成集中的态势。点的密集表示的是中心与其他周围因素的关系，各种元素的排列组合与一个中心点愈接近，就显得愈密集。线的密集表现为在图形中围绕某一条线而形成的密集，离这条线越近就越密集；离这条线越远则越疏远。从宏观上说，疏与密的关系在整体上也会造成疏离与密集的感觉。当众多形式因素占满视觉空间时就是一种过度的集中，会产生拥挤的感觉；疏离则是形式因素在视觉空间中数量排列较少，留下了大片空白，给人疏朗之感。

中国古代艺术对于疏与密有诸多论述和记载，并有疏体和密体的划分。在中国绘画史上，唐代张彦远最早将疏体和密体归纳作为一种风格。他在《历代名画记》中评论顾恺之、陆探微和张僧繇、吴道子的画风，将顾恺之、陆探微的画风称为密体，将张僧繇和吴道子的画风称为疏体，称："若知画有疏密二体，方可议乎画。"① 宋代姜夔在《续书谱》中谈书法的疏与密："书以疏欲风神，密欲老气。如'隹'之四横，'川'之三直，'魚'之四点，'畫'之九画，必须下笔劲净，疏密停匀为佳。当疏不疏，反成寒乞，当密不密，必至凋疏。"② 清代包世臣在《艺舟双楫》中谈书法风格时说："字画疏处可走马，密处不使透风，常计白以当黑，奇趣乃出。"③ 可见，在中国书画艺术中，线条的疏密风格是一对重要的风格形式。

二、线的疏密之历史表现形式

中国传统艺术中线的疏密风格在原始艺术中就已经有所体现，并在几千年的发展中不断地演变、丰富，形成了各具特色的疏薄与缜密的风格。线的疏密

① （唐）张彦远：《历代名画记》，俞剑华注译，江苏美术出版社 2007 年版，第 47 页。

② 于民：《中国美学史资料选编》，复旦大学出版社 2008 年版，第 312 页。

③ 上海书画出版社、华东师范大学古籍整理研究室编：《历代书法论文选》，上海书画出版社 1979 年版，第 641 页。

风格前后相继，交相辉映。

原始时期疏密观念形成，这主要体现在仰韶文化等时期。仰韶文化时期，陶器上已经刻有线纹，不过当时的刻纹出于实用目的，即防止捏握时从手中滑落，其线纹粗细均匀，平行交错，但是线纹带有箭头，表示出明显的方向性和集中的感觉，可以看作一种密体风格的初步萌芽，但是还没有出现疏密对比的观念。马家窑文化中陶器的线纹比之前有了明确的疏密对比，表明当时已经形成了比较明确的疏密观念，在形式认识上前进了一大步，如多人舞蹈彩纹陶盆人物造型的线条处理比较粗略，而水纹的处理则比较细密，疏密对比鲜明，具有强烈的视觉冲击力。

商周青铜纹饰显示出强烈的疏密对比。商代崇敬鬼神，这种观念体现在具体的艺术形式上，青铜纹饰具有神秘感和狞厉感，宗教意味浓厚，青铜器成为礼制和等级尊卑划分的象征形式，因而青铜器皿制式凝重华丽，纹饰繁密雄奇。周代后期的青铜纹饰风格与商代相比明显不同，一方面，纹饰本身从繁密走向舒朗；另一方面，纹饰的位置发生了变化，商代青铜纹饰的布局主要集中在器物的主体部分，而且非常集中，而周代后期的青铜纹饰的布局则转移到器物的边缘，如毛公鼎就是这样的风格，这一转变是繁密风格向疏朗风格变化的一个明显标志。

魏晋时期绘画出现了线的疏密对比，魏晋时期线条的风格特征具有了明确的分化。密体依靠线条与线条的组合形态的循环往复以及方向的一致性体现出来。被张彦远称为密体风格代表的顾恺之，其线条具有这种鲜明的特点，他将古代沿袭而来的描法加以精致化，使得线条均匀，细密绵长，如春蚕吐丝，这种游丝描的线条笔法具有与篆书笔法类似的特点，以顾恺之、陆探微为代表。除顾恺之、陆探微的密体之风外，一种新的画风开始形成，那就是由张僧繇开始的疏体画风。对于这一点画史上已有明确的定论。张彦远评论张僧繇："点曳斫拂，依卫夫人《笔阵图》。一点一画，别是一巧，钩戟利剑森森然，又知书画用笔同矣。"[①] 这里认为张僧繇的线条特征在于他吸收了书法之中草书的笔法，而形成了一种错落变化的风格，这种特征不同于顾恺之、陆探微的缜密之风，张彦远说"笔才一二，象已应焉"，只需寥寥几笔就可完成形象的塑造，明显是一种疏体的画风。这种线条具有了不同于密体线条的连续性，呈现出跳跃性，

① （唐）张彦远：《历代名画记》，俞剑华注译，江苏美术出版社 2007 年版，第 45 页。

这就给观者留下了大量的想象空间。密体画以线条的组合来表现物象的情致，线条本身的变化不大；而疏体画则以线条自身的变化来表现物象，则另有一番韵味。

往往一个艺术家对于线的疏密变化的把握就有一个过程。张彦远认为吴道子的线描笔法是一个变化完善的过程。吴道子早期画作为密体画，后来向张旭学习草书笔法，线条风格为之一变，形成了“笔不周而意周”的疏体笔法。疏体在某个时期或某个群体中特别受青睐。由于疏体的线条留下了大量想象空间，具有深邃悠远的意境，因此，特别受到文人的青睐，疏体成为文人画以及书法之中一个受到推崇的风格或者境界。后代文人画推崇疏淡之风，尤其在元代发展到一个高峰，元代山水画的突出特征，就是笔法简略，画面中大量留白，物象之间的距离很远，境界开阔。

三、线的疏密风格的辩证关系

（一）线的统一与疏密

一幅中国传统绘画或书法作品，其中的疏密关系，是疏薄好还是缜密好呢？明代董其昌在《画旨》中有这样的说法：“疏则不深邃，密则不风韵。”① 实际上，这里指出疏密并没有绝对之分，疏过则显得粗略而欠缺深邃，太密则画面过于集中就缺失风韵，所以应当疏密相间，相宜而用，须密时则密，须疏时就疏。清代方薰在《山静居论画》中说：“画树之法，无论四时荣落。画一树须高下疏密，点笔密于上，必疏于下；疏其左，必密其右。一树得参差之势。两树交插，自然有致，至数树满林，亦成好位置。”② 意指山水画中线条笔法的疏密应根据表现的需要而定，做到疏密自然。现代画家黄宾虹谈道：“笔墨之妙，尤在疏密。密不容针，疏可行舟。然要密中有疏，疏中有密；密不相犯，疏而不离。”③

在书法中，疏密相间的说法早已有之。王羲之在《笔势论十二章》中说：“作字之体，须遵正法。字之形势不得上宽下窄，不宜伤密，密则似疴瘵缠身；

① 潘运告：《明代画论》，湖南美术出版社 2002 年版，第 201 页。
② 俞剑华：《中国画论类编》，人民美术出版社 1986 年版，第 912 页。
③ 张同标编：《黄宾虹谈艺录》，河南美术出版社 2007 年版，第 3 页。

不舒展也，复不宜伤疏，疏则似溺水之禽。”[①] 唐代书法家徐浩说：“字不欲疏，亦不欲密，亦不欲大，亦不欲小。小促令大，大蹙令小，疏肥令密，密瘦令疏，斯其大经矣。”[②] 疏密相间，疏密得宜，这是对于疏密风格的普遍看法，疏密配合得当实际上就是形成完整统一的艺术形象。

（二）线的虚实与疏密

线的疏密在空间中体现为数量及位置关系，简单地说，可以归结为两个问题：第一，线的多或者少；第二，线的运用或者不运用。就第二个问题来说，线的运用或者不运用，实际上就衍生出另一个问题——线的虚与实的关系。运用了线即为实，没有用线即为虚。线的疏密关系此时实际演变为线的虚实关系。

如何看待线的虚实呢？上文已经有过论述，关于虚实的问题可以追溯到中国古代哲学对于世界本原的思考。中国古代哲学对世界本原的思考主要围绕道、无、气等无形的观念，老子说：“天下万物生于有，有生于无。”“道之为物，惟恍惟惚。”作为本原的道也是难以捉摸和触及的，这些都是无的表现。在艺术上的虚就是模糊、空灵、含蓄，实就是清晰、明确、肯定，那么在书画艺术中的线，实就是有笔墨处，虚是无笔墨处，虚实相生而显。石涛的一画论可谓道破玄机，他提出：“法于何立，立于一画。”[③] 在绘画中一画而出，开启了艺术创作的过程，完全空白的画面无所谓虚实关系，当一个线条出现在画面中时，画面便有了虚实对应关系，同时也才有了线条的疏密对应关系。实代表了作者明确表现出来的部分，虚则代表了作者隐去表现的部分。宗白华认为虚实观念是中西绘画不同的特征之一：“中国画则因工具写光困难，乃另辟蹊径，不在刻画凸凹的写实上求生活，而舍具体、趋抽象，于笔墨点线皴擦的表现力上见本领。”[④] 绘画、书法中都有计白当黑的说法，清代包世臣认为：“计白以当黑，奇趣乃出。”[⑤] 绘画中也是如此，清代戴熙在《习苦斋题画》中说：“画在有笔

---

① 上海书画出版社、华东师范大学古籍整理研究室编：《历代书法论文选》，上海书画出版社1979年版，第35页。

② 黄念然：《中国古代文艺美学论稿》，广西师范大学出版社2010年版，第253页。

③ （清）石涛：《石涛画语录》，俞剑华注译，江苏美术出版社2007年版，第1页。

④ 宗白华：《美学散步》，上海人民出版社1981年版，第130页。

⑤ 刘恒：《中国书法史·清代卷》，江苏教育出版社1999年版，第193页。

墨处，画之妙在无笔墨处。”[1] 有笔墨勾出的线条与线条之外共同形成一种妙境。清代笪重光在《画荃》中说：“空本难图，实景清而空景现。神无可绘，真境逼而神境生。位置相戾，有画处多属赘疣。虚实相生，无画处皆成妙境。”[2] 空白的部分、线条之外的部分都具有审美价值，空虚的部分并不显得空洞，而具有一种空灵感，因为虚的部分与实的部分并不是完全隔断，而是分而不散，若即若离，气势连贯。中国古代美学将这种效果称为“景外之景”“境外之境”，包括线条在内的形式元素和画面布局的方法。在山水画中，虚实关系表现得尤其明显，所谓“远近实写，中景虚拟”，近处的景物用较重而清晰的线条画出，远处的山影用轻淡的线条画出，而中间则留白，不用线条，甚至把空白看得比实处更为重要。南宋马远、夏圭的山水画风格被后世分别称为“马一角”“夏半边”，意指在绘画构图上留下了大量空白，实处只占画面较少的部分，是一种疏朗的风格，别有一番韵味。以马远为例，他将李唐新创的技法融入自己的创作中，进行大胆的改革，将李唐的局部构图变得更为简洁，所刻画的形象往往经过高度提炼，画面景物多经过裁剪和巧妙经营，留出更多空白，形成空旷虚渺的意境。其代表作《寒江独钓图》（图 5.14）只画了漂浮于水面的一叶扁舟和一个在船只上独坐垂钓的渔翁，四周除了寥寥几笔的微波之外，几乎全为空白，虽然落笔很少，但画面并不空泛，却有江水浩渺、寒气逼人之感，充分体现了中国古代艺术“计白当黑”的美学趣味：黑白相间，虚实相生，水天一色，物我交融。小船和垂钓的渔翁线条流利，整个画面布局错落有致，空白主体鲜明，凸显出万物的空旷以及意境的深远，尤其是留白部分给人以无尽遐想，微妙传达了“寒江”的意蕴，寒江与孤舟的意象组合，意味深长。夏圭的代表作《溪山清远图》（图 5.15）全图焦点集中于画面半边，突出近景，远景空旷幽深，繁简得当，过渡自然，以长卷形式表现江山的辽阔、深远之势。画法上没有繁复的渲染，用笔草草，山石全用斧劈，笔简神全，笔法灵活多变，用笔坚挺峭立。近景巨岩、杂树及松林，楼阁院落隐现，远景树头、山影，云气迷蒙，中景则大量留白，显出阔远空灵。王蒙山水画多密不透风之感，如《太白山图卷》(图 5.16)，画中所作树木繁密，层层往复。

---

① 董欣宾、郑奇：《中国绘画对偶范畴论》，天津人民美术出版社 2005 年版，第 89 页。

② 于安澜：《画论丛刊》，人民美术出版社 1989 年版，第 171 页。

图 5.14　（宋）马远《寒江独钓图》

图 5.15　（宋）夏圭《溪山清远图》

图 5.16　（元）王蒙《太白山图卷》（局部）

第六章 中国古代艺术之线的精神内核

在前文对中国古代艺术中线的媒介范畴、历史范畴、形态范畴、审美标准范畴、风格范畴分析的基础上，阴阳观念、笔墨之道、形神关系、繁简关系、疏密关系等诸多观念都表现出内在的一致性，即趋于“和”的特点，这些观念实际表明中国古代艺术的精神内核，即“和合”，这也就是中国古代艺术之线的精神内核。

第一节 东方传统文化的和合精神

一、“和合”的概念

“和”与“合”二字的出现可以追溯到甲骨文和金文，“和”最初的意义指声音的应和，衍生出和谐、和睦、和善等意义；“合”最初的意义指人的嘴唇的合拢，衍生出结合、融合、符合等意义。《周易》使用了“和”字，有和谐之义；《尚书》中多次出现“和”或者“合”字，意为符合。“和合”最早出现在春秋时期《国语·郑语》中：“商契能和合五教，以保于百姓者也。”[①] 意指五教的和合，可以保护百姓，使其安居乐业。在先秦诸子中，管子是较早阐述“和合”概念的思想家，他说：“畜之以道，则民和；养之以德，则民合。和合故能谐，谐故能辑，谐辑以悉，莫之能伤也。”[②] 管子将和合与道德联系起来，认为和合是民众道德的体现，认识道德就能够做到合和，民众有了道德畜养，便可以达到和合，从而形成和谐的理想的社会状态。老子从宇宙论的角度阐述

① 《国语》，李维琦标点，岳麓书社 1988 年版，第 148 页。
② （春秋）管子：《管子》，（唐）房玄龄注，上海古籍出版社 2015 年版，第 112 页。

了“和”的意义：“道生一，一生二，二生三，三生万物。万物负阴而抱阳，冲气以为和。”[①] 他指出世界万物形成的过程，道是根本，阴阳两极的运动和互相作用，形成了和的状态，和是世界万物产生的一个基础。孔子从政治关系与社会人际关系准则的角度来谈“和”，他指出：“礼之用，和为贵。先王之道，斯为美，小大由之。有所不行，知和而和，不以礼节之，亦不可行也。”[②] 墨子也认为和合是保持社会稳定和人际关系协调的重要途径，认为：“内者父子兄弟作怨恶，离散不能相和合。天下之百姓，皆以水火毒药相亏害。”[③] 先秦诸子从不同的角度阐释了和合思想，他们从形而上的哲学层面或者从形而下的伦理道德、人格理想、社会政治、艺术活动等不同的方面阐述了和合思想的重要意义，认为和合思想是维护社会稳定、保持良好的人际关系、调整人们心灵情感的重要方式。之后历代的思想家都对和合思想进行了发挥。董仲舒从“天人感应”的角度提出“天人合一”的思想，指出“合”乃自然社会人伦中最为普遍的法则；王充认为“和”是万物产生的根源，自然阴阳之气的融合得以衍生出大千世界；魏晋时期阮籍、嵇康等人将和合从自然与外界的范围扩展到个人心灵世界，更突出主体精神境界的和；佛教的教义基本上以缘起论为基础，而缘起论的重要内容在于事物万般都有其因果联系，因缘会因为条件的不同而聚合，世界万物皆是以因缘的和合而生。由此可见，影响中国文化的儒、释、道三大思想体系都把和合作为一个重要的思想内核，应该说和合精神是中华文化的精髓之一。“和合”概念本身就是一个阴阳动态协调的概念，“和”是一种状态，表示的是和谐、协调的状态，是一种相对静止之态；“合”则是一个过程，表示的是融合、结合的动态过程，为运动之态。“合”是达到和的方式和途径，“和”则是合的目的和归宿，二者一阴一阳，协调存在。

和合思想表现出两个方面的特点：

第一是对立统一的整体性。“和合”概念本身就说明了这一个特点，和是因为原来不和而需要达到和，事物的不同方面相互区别和对立，通过融合、结合的过程，达到和的状态，这就是对立统一，也就是辩证的思想，这一点是和合最基本的特点。从哲学角度来理解，人的感性与理性总是存在矛盾的，休谟的

① 陈鼓应：《老子译注及评介》，中华书局 1984 年版，第 225 页。

② 杨伯峻：《论语译注》，中华书局 1980 年版，第 8 页。

③ 任继愈：《中国哲学史·先秦卷》，人民出版社 1963 年版，第 104 页。

“怀疑论”认为，经验的归纳无法达到对于世界的理性认识，也就是说靠个体的经验积累完成对于无限的世界的归纳实际上是不可能的，从这里可以推演出这样一个结论：个体无法与他人和世界达成圆满的融合。不过，休谟的看法是立于个体的视角来看世界，是认识论意义上的，如果跳出认识论的藩篱，那么，这个矛盾就有可能解决。中国传统思想中的和合观，不仅是认识论意义上的，而且还是价值论意义上的。从价值论意义上来理解，个人与他人、个人与世界的关系，情况就会不一样，因为从价值论意义上来说，其出发点是彼此的关系，如果从二者关系的角度来看，就不会出现孰先孰后、有限与无限能否统一的问题，这就避免了个体或者整体的本质化、绝对化和实体化。当实体被虚化之后，那么，休谟所认定的这种矛盾的必然性也就被消解了。从这个意义上来说，和合观念中所呈现的矛盾双方既是对立的，而其实本来就是同一个，二者本来就是一个整体，或者说，个体就又是整体中的一个部分。整体性是和合思想的一个重要属性，也是其他衍生概念的基础，如和谐、体用不二、阴阳互动、中和、中庸等。

第二是多元并存。这从“和”与“同”的区分就可以看出，先秦时期的思想家区分了“和”与“同”，并将它们作为一对对偶范畴来对待，可见二者不仅不是同义语，而且是相互区别、相互对立的两个方面。如果说“和”与“同”不是同一个概念，就说明了“和”的意义本身表示的是事物的属性特点不是完全相同的，它包含了不同的成分。荀子讲万物的产生来自和，而和的产生来自事物的分。《荀子·王制》有云：“故义以分则和，和则一，一则多力，多力则强，强则胜物。”[①] 首先有了事物的区分，花鸟树木、人群社会、道德规范、制度准则都是如此，没有分也就无所谓和。西周至春秋时期，已出现“和同”之辩，据《国语·郑语》记载：“夫和实生物，同则不继。以他平他谓之和，故能丰长而物归之；若以同裨同，尽乃弃矣。故先王以土与金、木、水、火杂，以成百物。”[②] 此记载为西周时期史伯论“和”与“同”的关系，他抨击周幽王在政治行为上摒弃忠臣而近奸佞之臣，乃是“去和取同”。这里实际上指出了“和”包含了不同之义。孔子所说的“君子和而不同，小人同而不和”则具有典型的代表性，即在人格道德上没有条件的取同乃是小人所为，非君子的行为，

① 冯友兰：《中国哲学史新编》（第一册），人民出版社 1962 年版，第 528 页。
② 侯外庐：《中国哲学简史》，中国青年出版社 1963 年版，第 31 页。

君子应该“和而不同”。这里已经将“和”的特点阐述得十分清楚，“和”是包含了辩证、对立关系的统一体，它包含性质不同的事物和要素，这些不同的事物和要素是有差异和对立的，通过互补而达成到平衡协调，最终形成平衡状态就产生了新的事物。这几点都与“同”的含义截然不同，“同”的状态是事物的叠加，是相同的事物，没有差异和对立，因而也就不会产生新的事物和要素。当时人们对于“和同”关系的辨析，体现在社会生活的各个领域，包括政事、人际交往、社会关系等，因此，也就有了政和、人和的观念。

二、艺术中的和合精神

和合精神是中华文化的核心之一，它是人与宇宙、人与自然、人与社会、人与人、人与自身的交互融合，艺术则是达到这种状态的典型方式。在艺术的世界中，通过不同的艺术符号和艺术语言，人与物、心与物的分隔变小了，精神与物质的界限模糊了。艺术创作的过程是和合的状态，艺术作品存在的方式同样是这样一种状态，艺术作品作为符号化的精神世界的感性形式，作品艺术语言的和合精神召唤着欣赏者或接受者以类似的方式来理解艺术作品，于是，艺术作品的接受和领悟方式也是和合性的。

礼乐文化是和合艺术精神的一个代表。“乐者，天地之和也；礼者，天地之序也。”[①] 礼乐是相互对应而又彼此区分的体系。乐是天地万物和合的途径，而礼则是区别秩序的方式。荀子认为音乐是调整人的心灵和复杂情感的重要方式，而和合则是蕴藏在音乐中跨越时空的主题和内容。荀子说：“且乐也者，和之不可变者也；礼也者，理之不可易者也。”[②]

《乐记》有云：“是故乐在宗庙之中，君臣上下同听之，则莫不和敬；在族长乡里之中，长幼同听之，则莫不和顺；在闺门之内，父子兄弟同听之，则莫不和亲。故乐者，审一以定和，比物以饰节，节奏合以成文，所以合和父子君臣，附亲万民也。”[③] 这段话高度肯定了乐的审美功用，宗庙、君臣、乡里、父子兄弟，不同的群体都能因为乐而和，它是融洽人际关系和沟通情感的重要方式。魏晋时期的阮籍、嵇康等人将和作为音乐的最高美学准则，嵇康将音乐之和与超出世俗的人格理想和至上境界联系起来。他在《声无哀乐论》中说：“夫

① 杨天宇：《礼记译注》（下），上海古籍出版社 1997 年版，637 页。
② 楼宇烈：《荀子新注》，中华书局 2018 年版，第 412 页。
③ 杨天宇：《礼记译注》（下），上海古籍出版社 1997 年版，第 672 页。

天地合德，万物贵生。寒暑代往，五行以成。故章为五色，发为五音。”① 嵇康认为“音声有自然之和，而无系于人情”，这里是说音乐是超出世俗，由天地阴阳五行变化运动自然而形成的。音乐的本质是返璞归真，回到自然，又超出自然的“至合”之音，无所谓哀乐、形质之分，所谓“焉得染太和于欢戚，缀虚名于哀乐哉？”②

书法艺术同样具有和合精神。唐代孙过庭在《书谱》中说：“违而不犯，和而不同。”③ 书法艺术可以违，但是最终要归于和。就笔法而言，书法的笔法正是和而不同的体现。历代书家都讲求中锋用笔，中锋正，则书正，但是如果纯粹以中锋运笔，书法则无艺术性可言，只能是纯书写工具，因此，在以中锋为主的同时，还要有其他笔法的运用，两者相得益彰，于是，便有了侧锋用笔。侧锋体现出了用笔的变化，线条呈现出多样化的形态，可长可短，可肥可瘦，可硬可弱，但是侧锋用笔不能无限地使用，侧锋画出的线条妍美有余而力度不足，侧锋过多则线条柔弱无力，必须配以中锋用笔的骨架适当运用。中锋与侧锋用笔的关系即和的关系，是和而不同的关系，是和合的结果。清代刘熙载在《艺概》中说：“学书者有二观：曰观物，曰观我。观物以类情，观我以通德。”④ 书法的创作乃是“物”与“我”的交融，是向自然的回归，主体与客体的融合，天与人的融合。绘画之中的和合精神也十分明显，笔墨与笔墨之外的部分形成了黑白阴阳的对照。有笔墨之处乃是有形，无笔墨之处乃是无形，但是有形与无形并非绝对的关系，无形之处不是没有价值，不是空，而是承载着另一层意义，所谓计白当黑，正如潘天寿谈创作经验：“我落墨处黑，我着眼处却在白。”⑤ 黑白阴阳的对照形成一种和谐的状态，作画并非把画面画满，并非把所有的物象全部以清晰的线条形态刻画出来，才是可见可感的物象，空白的部分有效地弥补了可见部分的不足与局限，给欣赏者无尽的想象空间，此乃和合精神的体现。

---

① 蔡仲德：《中国古代音乐美学史资料注译》（下册），人民音乐出版社 1990 年版，第 383 页。

② 蔡仲德：《中国古代音乐美学史资料注译》（下册），人民音乐出版社 1990 年版，第 411 页。

③ 上海书画出版社、华东师范大学古籍整理研究室编：《历代书法论文选》，上海书画出版社 1979 年版，第 130 页。

④ 上海书画出版社、华东师范大学古籍整理研究室编：《历代书法论文选》，上海书画出版社 1979 年版，第 716 页。

⑤ 金开诚：《文艺心理学概论》，人民文学出版社 1998 年版，第 330 页。

第二节　道家的“与道合一”与线的素朴美

一、道家的“与道合一”概念

道家思想的核心是“道”，道是世界的本体和归宿，天、地、人、社会、自然万物都是“道”的不同表现形式，宇宙、社会、人生的真谛在于“体道”，达到“与道合一”，因此，道家思想的精华可以概括为“与道合一”。与道合一的方式、途径、过程具有一定规律，在道家看来，在认识众多的社会关系中，人应该当崇无抑有，贵自然贬人为。人作为世间的存在物，不具有完全的独立性，人的行为要顺天、顺应自然，最终才能够体道，这是道家体道思想的基本线索。

老子认为，宇宙万物的存在源于道，道高深莫测，恍惚无形，但是具有终极价值。由道衍生出自然社会的三种存在形态，即天、地、人。天与人都是由道衍生出来的，老子概括为：“故道大、天大、地大、人亦大。域中有四大，而人居其一焉。人法地，地法天，天法道，道法自然。”[①] 天地则要顺应道的法则，而道的状态则是自然，如果谈天人关系，那么，天与人统一于道，并且统一于自然的层面上。换句话说，人要顺应自然，依自然之理而行动。可以说，道家思想中的与道合一包含了天人合一，但是天人合一最终归结于对道的体悟。庄子更为明确地提出了万物齐一的思想：“天地与我并生，而万物与我为一。”[②] 天地万物与人具有同样的平等性，人与天地万物能够成为同一体，从各种不同的多样性归为一。

那么，作为世间存在物的人而言，如何能够与道合一呢？老子认为天人可以合一，但是认为天人存在对立的一面，为什么对立呢？在于“人欲”和“有为”，正是因为人欲的干涉和行为导致了天人关系出现矛盾，除却人欲，做到无为，便可天人合一，所以，老子认为：“天之道，损有余而补不足；人之道，则不然，损不足以奉有余。”[③] 由于人道违反了天道的规律，便有了相反的结果，造成了天道与人道的对立，正确的做法应该是“自然无为”，超越现实的束缚，扫除与天合一、与道合一的障碍和因素，以最初本真的状态回归于道，所以自

---

① 陈鼓应：《老子注译及评介》，中华书局 1984 年版，第 159 页。

② 陈鼓应：《庄子今注今译》（上册），中华书局 1983 年版，第 71 页。

③ 朱谦之：《老子校释》，中华书局 1984 年版，第 299 页。

然就是人的本性，也就是宇宙的真谛。做到自然，就需要“绝圣弃智”和“见素抱朴”，抛却功利性的思维和机巧方法，以质朴真实的状态修身养性，从而实现天人合一。

与道合一的具体过程是什么呢？老子说：“道生一，一生二，二生三，三生万物。万物负阴而抱阳，冲气以为和。”① 万物的产生就是道的运动过程，而这个运动乃是阴阳二体的辩证运动达到和，即产生了新的事物，对立双方相互作用又相互转化，“故有无相生，难易相成，长短相形，高下相倾，音声相和，前后相随”②。无论怎样变化，最终将达到和的状态。

通过以上分析，可以将与道合一的过程进行概括：道是世界的本质，人与天地都是其中不分高下尊卑的存在物，人的归宿就是要体道、悟道，最终与道合一，而道的本质乃自然，因此，人与道合一的方式须是自然和无为，遵循道的规律而行，在与道合一的过程中，需要以辩证统一的观念把握万物的变化，万物变化的结果是和，人能够正确把握和的状态，也就进而能够做到与道合一。从这样一个概括中，我们便可以发现道家思想对中国古代文化艺术影响的几个关键性因素，即道、阴阳对立统一、和、自然无为等。

二、线的素朴美和与道合一的思想

道家思想对中国古代艺术的影响极深，对于作为艺术元素的线条来说，道家的美学思想对于艺术中线条的审美特征产生了重要影响，其中最为显著的就是形成了线的素朴之美，主要表现在以下几个方面。

（一）意存笔先与虚静的创作状态

道家美学思想对艺术创作提供了一个重要的思想资源，即虚静说。在老子的《道德经》中，“虚”和“静”被看作至高无上的道的特征，这也是由道的本质特征所决定的。老子认为：“道为之物，惟恍惟惚。惚兮恍兮，其中有象；恍兮惚兮，其中有物。窈兮冥兮，其中有精；其精甚真，其中有信。”③ 道本身就是恍惚变化、无色无形，但却又是有形、有象，是一个无法看见、听到，但的确存在的一种事物。老子又说：“致虚极，守静笃。万物并作，吾以观其复。夫

---

① 朱谦之：《老子校释》，中华书局1984年版，第174—175页。

② 陈鼓应：《老子注译及评介》，中华书局1984年版，第60页。

③ 辛战军：《老子译注》，中华书局2008年版，第86页。

物芸芸，各复归其根。归根曰静，是谓复命。复命曰常，知常曰明。”[①] 他把“虚”和“静”看作道的基本特征，既然如此，世间万物包括人在内，要与道合一，就必须以“虚”和“静”的方式进入道之中，也就是说，人必须排除其在世间的欲望、功利、烦恼、利害等种种羁绊，用一种彻底纯净的心灵状态，才能入道，才能体会万事万物的真理。庄子则在此基础上提出“心斋”和“坐忘”的概念。《庄子·人世间》有云：“若一志，无听之以耳而听之以心；无听之以心而听之以气。听止于耳，心止于符。气也者，虚而待物者也。唯道集虚。虚者，心斋也。”[②] 庄子提出了“虚”的状态的具体意义，即心斋，并且提出了达到心斋的具体方式，即要做到心志专一，思绪平静，全神贯注，集中意念，排除外界事物的干扰，达到一种沉静、空明的境界，感受内心与外在的世界。《庄子·大宗师》又提出了“坐忘”的概念：“颜回曰：‘回益矣。’仲尼曰：‘何谓也?’曰：‘回忘礼乐矣。’曰：‘可矣，犹未也。’他日，复见，曰：‘回益矣。’曰：‘何谓也?’曰：‘回忘仁义矣。’曰：‘可矣，犹未也。’他日，复见，曰：‘回益矣。’曰：‘何谓也?’曰：‘回坐忘矣。’仲尼蹴然曰：‘何谓坐忘?’颜回曰：‘坠肢体，黜聪明，离形去知，同于大通，此谓坐忘。’”[③] 这里借孔子与弟子的对话，阐明了“坐忘”之法，“坐忘”即要忘却自我与外物的界限，抛弃身体的欲望，排除社会实践领域的聪明才智，既不受形体也不受知识的束缚，物我两忘，与道合一。从庄子的虚静、心斋、坐忘等概念，可以发现其共同点，即人只有抛弃自我和外在的各种条件和关系的限制，清除自我与外物的界限，才能做到纯粹的虚静，进而与道合一。这些思想对于艺术创作中的审美心理，具有可贵的借鉴价值和指导意义。中国古代书论、画论中谈到艺术创作状态时，就体现出了这种虚静的精神，因为这种虚静的状态与艺术本身的特点契合，虚静实际上就是一种精神上的超越性状态，从世俗的功利性的思维中解脱出来，发现事物的本质，而艺术创作正是要与现实保持一定的距离，抛开世俗的功利性因素的制约，以一种高度自由的精神状态，以艺术的超越性的思维方式进行创作，从而创作出优秀的艺术作品。庄子的“解衣槃礴”论可谓其虚静说在绘画创作理论中的体现。《庄子·田子方》记载：“宋元君将画图，众史皆至，受

① 辛战军：《老子译注》，中华书局2008年版，第63页。
② （清）郭庆藩：《庄子集释》，中华书局1961年版，第147页。
③ 陈鼓应：《庄子今注今译》（上册），中华书局1983年版，第205页。

揖而立，舐笔和墨，在外者半。有一史后至，儃儃然不趋，受揖不立，因之舍，公使人视之，则解衣槃礴，臝。君曰：‘可矣，是真画者也。’”[①] 这里是说，在艺术创作中，只有处于无拘无束的自由状态，才能创作出艺术佳作。东汉蔡邕论书法的创作时说道：“书者，散也。欲书先散其怀抱，任情恣性，然后书之；若迫于事，虽中山兔毫，不能佳也。”[②] 书法创作需要在自由的状态下，随自身的情性而作。清代石涛说：“人为物蔽，则与尘交。人为物使，则心受劳。劳心于刻画而自毁，蔽尘于笔墨而自拘。此局隘人也。但损无益，终不快其心也。我则物随物蔽，尘随尘交，则心不劳，心不劳则有画矣。画乃人之所有，一画人所未有。夫画贵乎思，思其一，则心有所著而快，所以画则精微之，入不可测矣。”[③]

对于中国绘画、书法之中的线条而言，历来有一条重要的准则，即意存笔先。线的勾勒、笔墨的挥洒，并不是任意妄为，而是创作者胸中之意的流露，乃创作者在创作之中以一种高度自由的艺术思维状态，当艺术家以这样一种本真的状态来运用笔墨时，线条也就会以一种本真的状态表现出来。唐代张彦远在《历代名画记》中说：“意存笔先，画尽意在，所以全神气也。”[④] 绘画创作之前的准备和创作状态十分重要，创作前需要构思成熟，方可落笔。郑板桥题画竹有言：“其实胸中之竹，并不是眼中之竹也。因而磨墨展纸，落笔倏作变相，手中之竹又不是胸中之竹也。”[⑤] 作画需要意在笔先，方能胸有成竹。书画创作要以虚静之态，散怀抱，堕形体，以平和之心投入，在这种创作心态的指导下，笔墨所表现的线条会以一种和的形式展现出来，便有一种素朴之感。意存笔先，画尽意在，很好地说明了笔墨使用的精到之处，并非笔墨繁复的使用，将物象的形态完全勾画出来，而是将用笔使用到一定程度就适可而止，把无尽的可供欣赏者去解读和想象的意放在笔墨与线条之外，创作者只需用素朴、简单的方式刻画出物象的形貌即可，正如苏轼所言“见其所欲画，而不是画其所

---

① 陈鼓应：《庄子今注今译》（中册），中华书局 1983 年版，第 546 页。

② 上海书画出版社、华东师范大学古籍整理研究室编：《历代书法论文选》，上海书画出版社 1979 年版，第 5 页。

③ （清）石涛：《石涛画语录》，俞剑华注译，江苏美术出版社 2007 年版，第 11 页。

④ （唐）张彦远：《历代名画记》，俞剑华注译，江苏美术出版社 2007 年版，第 44 页。

⑤ 王朝闻：《吐纳英华》，中国青年出版社 1998 年版，第 244 页。

已见”①。

（二）审美风格的自然平淡与线的素朴美

自然是道家美学中“道”的基本特征，也是人们体道悟道的重要途径。《老子·五十一章》有云：“道生之，德畜之，物形之，势成之。是以万物莫不尊道而贵德。道之尊，德之贵，夫莫之命而常自然。”② 达到自然就需要做到无为清净，“无为而无不为。取天下常以无事，及其有事，不足以取天下”③。老子在自然的基础上，进一步将“朴”作为道的特征加以解释，提出：“道常无为而无不为，侯王若能守之，万物将自化。化而欲作，吾将镇之以无名之朴。镇之以无名之朴，夫亦将无欲。不欲以静，天下将自正。”④ 做到了朴，就能化解人内心的不合自然的观念和私欲，运用在政治中，万民得以臣服，天下就能安定。庄子进而将无为清净与素朴的特征作了美学上的阐发：“无为也而尊，朴素而天下莫能与之争美。”⑤ 他指出素朴乃天下的至美，是其他各种美所不能比拟的。素朴之美表现在美学和艺术上，也就是要坚守事物的本性之美，而排除人为的意图和取向，消除感官、形式、色彩、体貌等方面的过分追求和刺激。《庄子·刻意》有云：“淡然无极而众美从之。”⑥ 将素朴之美置于最高的位置，所谓“既雕既琢，复归于朴”⑦。庄子更进一步地将素朴之美具体化到音乐艺术之中，将“天籁”作为其表现形式之一。《庄子·齐物论》记载：“夫天籁者，吹万不同，而使其自已也，咸其自取。”⑧ 道家的自然素朴观对中国艺术产生了重要影响，中国绘画、书法都以平淡、素朴为主要的美学观念，讲求意境高远，在绘画中黑白体系的水墨画逐渐成为绘画的主流，而书法更是以纯粹的黑白线条成为一门独立的艺术。

作为中国艺术元素中的线，同样也受到道家素朴观念的影响，表现出素朴之美。

---

① 徐复观：《中国艺术精神》，广西师范大学出版社 2007 年版，第 274 页。
② 陈鼓应：《老子注译及评介》，中华书局 1984 年版，第 254 页。
③ 陈鼓应：《老子注译及评介》，中华书局 1984 年版，第 243 页。
④ 朱谦之：《老子校释》，中华书局 1984 年版，第 146—147 页。
⑤ 陈鼓应：《庄子今注今译》，中华书局 1983 年版，第 337 页。
⑥ 陈鼓应：《庄子今注今译》，中华书局 1983 年版，第 394 页。
⑦ （清）郭庆藩：《庄子集释》，中华书局 1983 年版，第 677 页。
⑧ （清）王先谦：《庄子集解》，上海书店 1986 年版，第 7 页。

首先，线的素朴之美表现在线与色的关系变化之中。中国古代绘画至少在先秦时期是重视色彩的，绘画造型的基本方法也是线条勾勒再配以着色赋形。据《周礼·考工记》载："画缋之事，杂五色。"① 可见，多种色彩的使用是古代绘画常用的手段，故中国绘画也称丹青。自宋代伊始，水墨开始取代丹青成为中国绘画色彩体系的主流，多样的色彩让位于黑白世界。老子云："五色令人目盲，五音令人耳聋，五味令人口爽，驰骋畋猎令人心发狂。"② 随着水墨的兴起，线与色的关系发生了变化，它可以更自由地表现其特点，更具有独立性，笔墨开始融合，线条就是笔墨运动的结果，这一点对于线来说，是最简朴不过的形式，线表现出来的就是很明确的黑白体系。排除色彩而以笔墨线条造型表意，这就是中国绘画中线最为朴素，也是最为独特之处。

其次，道家的辩证思想与线的平淡美。道家以有与无、刚与柔、虚与实作为对立的两极范畴，同时，以无、虚作为其归旨，体现出了尚无、尚淡的倾向。王弼所著《老子指略》云："四象不形，则大象无以畅；五音不声，则大音无以至。"③ 王弼认为，"无"不会自动地展现出来，其展现必须通过"有"，即事物的形态乃有无相生的结果，但是"有"必须体现出"无"的真谛，因此以淡为本，就成了道家美学所崇尚的标准。老子说："恬淡为上，胜而不美。"④ 淡是上乘之美，感官的刺激体验不算是美。《庄子·天道》有云："夫虚静恬淡寂漠无为者，万物之本也。"⑤《淮南子·原道训》有云："无味而五味形焉。"⑥ 在线的构成上表现为虚实、刚柔、浓淡、干湿等种种相辅相成的技法和观念。老子提出"柔弱胜刚强"的观念，提倡外柔而内刚，即所谓"天下莫柔弱于水，而攻坚强者莫之能胜"⑦。

绘画中的线，特别是在文人画之中，刚性外扬的线条并非佳作，文人画用线讲求柔美、雅致，柔中显出骨力，反对剑拔弩张的气势，线条的雄浑、刚劲不是通过形态的外露，而是通过内在气势意蕴的展现，如马远的皴法"大斧劈

---

① 林尹：《周礼今注今译》，书目文献出版社 1985 年版，第 450 页。
② 辛战军：《老子译注》，中华书局 2008 年版，第 46 页。
③ 康中乾：《魏晋玄学》，人民出版社 2008 版，第 378 页。
④ 陈鼓应：《老子注译及评介》，中华书局 1984 年版，第 185 页。
⑤ （清）王先谦：《庄子集解》，上海书店 1986 年版，第 81 页。
⑥ 杨树达：《淮南子证闻》，上海古籍出版社 1985 年版，第 12 页。
⑦ 陈鼓应：《老子今注今译》，中华书局 1984 年版，第 337 页。

皴”，因其线条挺直刚劲，气势外露，而被后代文人画家讽为院体画风；董源的披麻皴优美隽永，意境深远，从而被后代画家推崇。虚实相生也是线的平淡美的表现方式，中国书画理论中有“计白当黑”的说法，即要做到虚实相应，线可粗可细，可有可无，可浓可淡，在虚实、有无、浓淡之间，以虚表实是重要的方式。线条不是越多越好，不是越浓重越好，也不是处处周到就好。清代笪重光在《画筌》中说：“空本难图，实景清而空景现。神无可绘，真境逼而神境生。位置相戾，有画处多属赘疣。虚实相生，无画处皆成妙境。”[①] 这正是道家“虚实相生”观点的具体体现。在山水画中，线的虚实交融显得更为明显，远山和近山之间不用笔墨便能形成一种层次纵横之感，或者用淡墨之笔勾出几缕烟云，非但不影响画面的完整，而且更能深化山水的意境，此种笔法成为山水画创作中的经典模式之一。

第三节　儒家的“天人合一”与线审美特征的多重性

一、关于“天人合一”的概念

（一）先秦时期的“天人合一”观念

“天人合一”这个概念是中国古代哲学的一个基本命题，在儒家、道家、墨家、佛家、阴阳家等各类思想中都有所发展，“天人合一”的概念最终由宋代儒学大师张载明确提出来。张岱年认为天有三层含义：“一指最高主宰，二指广大自然，三指最高原理。由于不同的哲学家所谓天的意义不同，他们所讲的天人合一也就具有不同的含义。”[②] “天人合一”的观念可以追溯至商周时代，《诗经》有云：“天生烝民，有物有则。民之秉彝，好是懿德。”[③] 可见，当时的人们把天看作带有神性的无上主宰力量，具有浓厚的神秘性特征，天可以主宰人的祸福，天有意志，也能执掌对人间的赏罚惩戒，同时，天的意志乃德的体现，即所谓“天德合一”。《易·乾》说：“夫大人者，与天地合其德，与日月合其

① 于安澜：《画论丛刊》（上卷），人民美术出版社 1989 年版，第 171 页。

② 张岱年：《中国哲学中“天人合一”思想的剖析》，《北京大学学报》（哲学社会科学版）1985 年第 1 期，第 1 页。

③ 周振甫：《诗经译注》，中华书局 2002 年版，第 475 页。

“乾称父，坤称母，予兹藐焉，乃混然中处，故天地之塞，吾其体；天地之帅，吾其性。民，吾同胞；物，吾与也”①。“二程”和朱熹则将天人关系归结为理，天道即是天理，理就是万事万物的普遍法则：“天之所以为天者，理而已。天非有此道理，不能为天，故苍苍者即此道理之天。”② 人与天便统一于“理”，人的存在也是来自理的殊分，天人本来就是同构统一的，所以，“天人本无二，不必言合”③。朱熹进一步将理推为宇宙的最高法则，心也好，气也好，最终都要统一于理，天道与人道的礼、义、仁、智是统一的，认识天理的方法是“格物致知”，到了朱熹那里，天人合一实际演变为“与理合一”。陆、王心学则从另一个角度来谈“天人合一”。对于天，陆九渊不同意程、朱理学的观点，认为“人皆有是心，心皆具是理，心即理也”④。理就是心，天并不在人之外，而就在人之内，天与人合一便是人与心合。王阳明同样持此观点：“夫万事万物之理不外于吾心，而必曰穷天下之理。”⑤ 他把心作为本体性存在，并且与天道同一，陆、王心学实际上将天人合一拉回到人的内心之中。

二、儒家“天人合一”的美学观

儒家“天人合一”的思想在美学和艺术上主要表现在以下几个方面：

第一，合而融通。“合一”是天人关系的要点，天人合一谈的是天与人的关系，也就是主体与客体的关系。美学家陈望衡认为天人合一的方式分为三种：认识性的、功利性的、审美性的。前两者不能算作严格意义上的合，只有审美的方式才是真正融合的，也就是消融了主、客体之间的界限，如理学家程颐所说：“与其非外而是内，不若内外之两忘也，两忘则澄然无事矣。”⑥ 物我交融的忘的境界，对于艺术思维来说颇具启发意义，意象的出现可以或正是天人合一的思维的结果。《周易》有云：“仰则观象于天，俯则观法于地。观鸟兽之文

① 刘鄂培编著：《张岱年文集（第六卷）》，清华大学出版社 1995 年版，第 25 页。

② （宋）黎靖德：《朱子语类》卷二十五，王星贤点校，中华书局 1986 年版，第 621 页。

③ （宋）程颢、程颐：《二程遗书》，上海古籍出版社 1992 年版，第 68 页。

④ 北京大学哲学系中国哲学史教研室编：《中国哲学史》，北京大学出版社 2003 年版，第 298 页。

⑤ 北京大学哲学系中国哲学史教研室编：《中国哲学史》，北京大学出版社 2003 年版，第 324 页。

⑥ （宋）程颢、程颐：《二程遗书》，上海古籍出版社 1992 年版，第 68 页。

与地之宜，近取诸身，远取诸物。”[1] 仰观俯察就是人在天地之间的认识方式，这种方式投射到艺术思维中，创作主体并不把主体自身游离于所表现的对象之外，而是将主体作为世界的一部分加以认识和体验，把天地万物的律动与人的感受和精神活动结合起来，实际上突出了人对于自身主体性的体悟和审美感受。钟嵘在《诗品·序》中说：“气之动物，物之感人，故摇荡性情，行诸舞咏。”[2] 在物我交融的过程中，洋溢着万物的灵性和生命的感悟。

第二，作为生命感悟的天人合一。儒家学说中的“天人合一”，将人的情感和意志外化到自然万物之中，万物皆有灵性，这是一种生命感悟。人的活动是包含了丰富的形式的生命活动，生命活动包括功利性的和非功利性的，而达到自我生命感发和自我体认的活动便是一种审美化的活动。宋代理学家邵雍说：“生者性，天也。成者形，地也。生而成，成而生，《易》之道也。”[3] 生命的运动变化形成了多姿多彩的大千世界，因此，审美活动应该体现出生命的气息。顾恺之提出的“传神写照”、谢赫提出的“气韵生动”等范畴正是突出生命律动的表现，绘画并不是将对象的外形相貌不加选择地复制下来，而是要表现出对象的形神气韵，表现其内在的生命气息。宋代的工笔花鸟画写实性很强，但是画家在选择和表现景物时却是有选择的，他们往往抓住的是最能表现万物生机与活力的那一瞬间。

第三，情性与中和。儒家学说特别是宋、明理学和心学，都将心作为一个重要的范畴，虽然程、朱学派和陆、王学派对于理与心的关系有不同的认识，但是他们都把人的心性提到一个十分重要的高度。无论是心在于理，还是理在心中，人的心性都是一个绕不开的话题。程颐说：“在天为命，在义为理，在人为性，主于身为心，其实一也。”[4] 他将天与人、心与理结合起来，认为人的情性与天是相通的。朱熹将人先天的性分为两个方面：天命之性与气质之性。人受清气则为善，是为天命之性，可与天理相通；人受浊气则为恶，是为气质之性，不能通于天理，气质之性必须通过个人的后天修为方能达到与天理相通。陆九渊认为：“天之所以与我者，即此心也。人皆有是心，心皆具是理，心即理

① 周振甫：《周易译注》，中华书局1991年版，第256页。

② （南朝·梁）钟嵘：《诗品译注》，周振甫译注，中华书局1998年版，第15页。

③ （宋）邵雍：《皇极经世》，中州古籍出版社2007年版，第523页。

④ 北京大学哲学系中国哲学史教研室编：《中国哲学史》，北京大学出版社2003年版，第268页。

也。所贵乎学者，为其欲穷此理，尽此心也。”① 他将心作为理与性的归宿。人的心与情性在天地之间具有极为重要的意义，天人合一也就统一在心之上，天人合一可以说是心物合一，那么，不具备情感生命的自然外物也就因此被情感化，不具有情感特征的理也可以被生命化和形象化，这一思想对于艺术创作具有重要的影响。艺术创作可以将主体的情感投射到对象之中，于是就有了移情于物，情物统一，正如刘勰在《文心雕龙·物色篇》中所说：“情以物迁，辞以情发。”② 王夫之的情景说也是如此：“景中生情，情中含景，故曰景者情之景，情者景之情也。”③

由心性与情性的问题，则又可以延伸到美学风格的问题。儒家天人合一的思想讲求心性与外物的合一，那么，心物合一是一种怎样的状态呢？这就是中和。儒、道、佛各家都讲和，而儒家的和，乃是中和。儒家所强调的情性修为有一定的原则，即是中庸，心性情感的表现同样须遵循这一原则。中庸的思想表现在美学观念中，便是中和的艺术风格。《礼记·中庸》对中和的解释是：“喜怒哀乐之未发，谓之中；发而皆中节，谓之和。”④ 对于音乐的中和之美，《礼记·乐记》记载：“其爱心感者，其声和以柔。”⑤ 对于书法，中和之美历来受到重视，唐代书法家虞世南曾说：“欲书之时，当收视反听，绝虑凝神，心正气和，则契于妙。心神不正，字则欹斜；志气不和，书则颠仆。”⑥

三、“天人合一”与线的审美特征的多重性

相比道家思想的虚静、简朴、平淡等思想对于中国艺术中线的审美特征的影响，儒家思想对于艺术中线的影响则显得复杂多了，线的审美特征呈现出不同的面貌，甚至是对立性的特征，因此，线的审美特征呈现出多重性的特点，而无法用一种单一的特点来概括它，主要表现在以下几个方面。

（一）人格说与中国古代线艺术的“骨气”

儒家的天人合一观念强调道德与意志，强调人的主动性，进而提倡人格修

---

① 侯外庐：《中国思想史纲》，中国青年出版社 1963 年版，第 409 页。
② 周振甫：《文心雕龙今译》，中华书局 1986 年版，第 414 页。
③ 于民：《中国美学史资料选编》，复旦大学出版社 2008 年版，第 464 页。
④ 《周礼·仪礼·礼记》，陈戍国点校，岳麓书社 1989 年版，第 494 页。
⑤ 《周礼·仪礼·礼记》，陈戍国点校，岳麓书社 1989 年版，第 424 页。
⑥ 卢辅圣主编：《中国书画全书》（第二册），上海书画出版社 1993 年版，第 436 页。

养以及内在性情、道德的修为的重要性，而且人格修养与艺术具有密切的关系。荀子在《乐论》中说："君子以钟鼓道志，以琴瑟乐心。动以干戚，饰以羽旄，从以磬管。故其清明象天，其广大象地，其俯仰周旋有似于四时。"[①] 从这里可知，荀子认为艺术之美来自自然，音乐的旋律来自天地万物，人们能够感受到自然中的一切美好，因此，人格修为理应体现到艺术作品之中。作为中国古代书法与绘画构成要素的线，也受到这一观念的影响。《周易·乾卦》曰："天行健，君子以自强不息。"[②] 这里强调君子应具有自强不息的品格。董仲舒在《春秋繁露·循天之道》中也说："中者，天地之美达理也，圣人之所保守也。"[③] 他认为天地具有道德属性，中正为天地至美，因此，人也需向天地的中正之美看齐。《中庸》对诚十分推崇："唯天下之至诚，为能尽其性；能尽其性，则能尽人之性；能尽人之性，则能尽物之性；能尽物之性，则可以赞天地之化育；可以赞天地之化育，则可以与天地参矣。"[④] 至诚为君子的道德标准，坦荡至诚的胸怀可融于天地，为美善合一的大美境界。线作为中国书画艺术基本造型手段，用笔为关键，"骨法用笔"作为一条更久不变的法则对中国书画艺术的影响极大，谢赫所提出作画六法之一的"骨法用笔"。在骨法用笔的说法提出之前，关于用笔的骨法在书论之中已经出现。晋代卫夫人《笔阵图》中说："善笔力者多骨，不善笔力者多肉。"[⑤] 即指出笔法须具有骨力，而表现在用笔技法上即讲究中锋用笔，中锋用笔成为中国书画笔法的首要法则，中锋用笔必定要求有骨力且刚正。卫夫人又说："多力丰筋者圣，无力无筋者病。"这是对笔法有筋骨的肯定，也是对阳刚美的一种肯定，这一点与孟子所倡导的充实之美以及浩然正气不谋而合。谢赫所提的骨法用笔更加明确了这一原则，在《古画品录》中也以骨法评价画家及其作品，如评价画家江僧宝"用笔骨鲠，甚有师法"[⑥]，谈的也是具骨力而显刚健。应该说，骨法用笔与儒家美学所提倡的充实敦厚的美学观念是相呼应的。宗白华谈中国画的笔法时也说："骨就是笔墨落纸有力、突

---

① （清）王先谦：《荀子集解》，中华书局 2012 年版，第 370 页。

② 黄寿祺、张善文：《周易译注》（上），上海古籍出版社 2007 年版，第 5 页。

③ （汉）董仲舒：《春秋繁露（卷十六）》，凌曙注，中华书局 1991 年版，第 261 页。

④ （宋）朱熹：《四书集注》，岳麓书社 1985 年版，第 52 页。

⑤ 上海书画出版社、华东师范大学古籍整理研究室编：《历代书法论文选》，上海书画出版社 1979 年版，第 22 页。

⑥ 俞剑华：《中国古代画论精读》，人民美术出版社 2011 年版，第 154 页。

出，从内部发乎一种力量，虽不讲透视，却可以有立体感，对我们产生一种感动的力量。”[①] 唐代张怀瓘在《书断》中评价索靖的书法：“索靖乃越制特立，风神凛然，其雄勇劲健过之也。”[②] 以颜真卿的楷书为例，他的楷书在用笔上吸收篆隶笔法，特别是篆书、隶书中锋行笔和藏锋逆入的笔法，一改之前书家沿袭“二王”书法所流传的轻盈、秀丽、瘦硬的风格，颜真卿的楷书点画丰腴劲健，血肉丰满，骨力强健，浑圆厚重，端庄雄伟，其笔法正如他自己所说“如屋漏痕”，其中锋运笔劲力极强，有力透纸背的效果，后人称之为“颜筋”，堪称儒家敦厚美学观的准确诠释（如图 6.1、图 6.2）。

图 6.1　（唐）颜真卿　颜勤礼碑

---

① 宗白华：《美学散步》，上海人民出版社 1981 年版，第 53 页。

② 上海书画出版社、华东师范大学古籍整理研究室编：《历代书法论文选》，上海书画出版社 1979 年版，第 176 页。

图 6.2 （唐）颜真卿 麻姑仙坛记

（二）中和与线的简朴美

自孔子始，儒家就将中庸作为一种最高德行来推崇，《论语·庸也篇》载：“中庸之为德也，其至矣乎！民鲜久矣。”[①]《礼记·中庸》明确提出“中和”的观念：“喜怒哀乐之未发，谓之中；发而皆中节，谓之和。中也者，天下之大本也；和也者，天下之达道也。致中和，天地位焉，万物育焉。”[②] 孔子评论艺术作品秉持中和的观念，《论语·尧曰》有云：“君子惠而不费，劳而不怨，欲而不贪，泰而不骄，威而不猛。”[③] 在艺术批评上，孔子也以中和为标准，他评价《诗经·关雎》说其“乐而不淫，哀而不伤”，又提出“尽善尽美”的说法。刘勰在《文心雕龙·宗经》中提出文学批评标准：“一则情深而不诡，二则风清而不杂，三则事信而不诞，四则义贞而不回，五则体约而不芜，六则文丽而不

① 杨伯峻：《论语译注》，中华书局 1984 年版，第 64 页。

② 《礼记校注》，陈戍国校注，岳麓书社 2004 年版，第 416 页。

③ 杨伯峻：《论语译注》，中华书局 1980 年版，第 210 页。

淫。”① 这几条批评标准都具有中和的特征。唐代张怀瓘在《书断》中评价王羲之的书法：“增损古法，裁成今体。进退宪章，耀文含质。推方履度，动必中庸。”② 他将中和作为王羲之书法之美的价值所在。对于线条笔法的标准，明代书家项穆也持这种中和的立场：“圆而且方，方而复圆，正能含奇，奇不失正，会于中和，斯为美善。”③ 笔法应当方圆奇正恰到好处，互相协调以至于中和，如此才有美感。线条也应该具有中和美的特征，既不偏于某一方面，也不割裂彼此的联系，而是形成彼此交融的和谐状态，既不过分华丽，也不粗鄙简陋。在这一点上，应该说儒、道的美学思想殊途同归，道家讲平淡天真，儒家谈中和平实。

中国传统绘画以中和为美，线条的运用布局亦是如此，以平和朴实为主流，清人董棨曾说：“凡作花卉飞走，必先求笔，勾勒旋转，直中求曲，弱中求力，实中求虚，湿中求渴，枯中求腴。”④ 可见，线的运用也是直曲相应，虚实相生，强弱得当。以山水画为例，就近山与远山，山与水的一般关系而论，近处之山用笔重，线条清晰；远处之山用笔轻，线条虚淡，山形一般用笔或用笔较重，水形用笔轻或者直接取空白，这样线的运用形成了虚实相生的中和协调之美。元代赵孟頫的这幅《重江叠嶂图》（如图 6.3）平远构图，以淡墨为之，山形用笔草草，不求形似，中间水域大片留白，水面有孤舟泛游，近处的松林似龙爪，有李成笔法的痕迹。

图 6.3　（元）赵孟頫《重江叠嶂图》（局部）

① 周振甫：《文心雕龙今译》，中华书局 1986 年版，第 31 页。

② 丛文俊：《中国书法史 · 先秦—秦汉卷》，江苏教育出版社 2002 年版，第 28 页。

③ 上海书画出版社、华东师范大学古籍整理研究室编：《历代书法论文选》，上海书画出版社 1979 年版，第 526 页。

④ 俞剑华：《中国古代画论精读》，人民美术出版社 2011 年版，第 107 页。

（三）格物致知与线的写实性

中国艺术中线的审美特征，有写形与写意的区分，实际上，线的写实性在艺术史上也有突出的体现。中国古代线条艺术写实性的高峰在宋代，这与宋代理学之“格物致知”说关系密切。“格物致知”的说法最早来自儒家经典《大学》，其中有“致知而格物”“格物而后知至”的说法。《大学》从儒家思想的角度谈人的修养，即修身、治国、平天下，讲人的修养时提出格物致知的说法，实际是一种认识论方法，意即认识事物需要仔细去了解它，如此才能认识它，获得知识。这一说法到了宋代被程、朱理学发扬光大，他们将格物与其所推崇的宇宙的真谛“理”结合起来，将格物作为通理的起点和途径。程颢、程颐说：“格犹穷也，物犹理也，若曰穷其理云尔。穷理然后足以致知，不穷则不能致也。”[①] 朱熹更是对此加以明确：“间尝窃取程子之意以补之曰：所谓致知在格物者，言欲致吾之知，在即物而穷其理也。盖人心之灵莫不有知，而天下之论物莫不有理。惟于理有未穷，故其知有不尽也。”[②] 将格物作为致知、穷理的必由之路。北宋理学家邵雍提出了“观之以理”的说法：“观物者非以目观之也，非观之以目，而观之以心也，非观之以心，而观之以理也。”[③] 观物要以理的原则，遵循规律而观，这种富有理性色彩的观物方式影响到艺术各个领域。格物与观物的方法表现在艺术上，推动了写实性的艺术观念的发展。在中国绘画史上，宋代绘画的写实性可谓达到了一个相当的高度，前无古人，后无来者。美术史论家郑午昌认为：“宋人善画，要以一‘理’字为主。”[④] 苏轼在《净因院画记》中提出“常形常理”说：“余尝论画，以为人禽、宫室、器用，皆有常形，至于山石竹木，水波烟云，虽无常形，而有常理。常形之失，人皆知之。常理之不当，虽晓画者有不知。故凡可以欺世而取名者，必托于无常形者也。虽然，常形之失，止于所失，而不能病其全；若常理之不当，则举废之矣。以其形之无常，是以其理不可不谨也。世之工人，或能曲尽其形；而至于其理，非高人逸才不能辨。”[⑤]

宋代绘画作品的写实性在人物、山水、花鸟乃至其他画种之中都有显著的体现。张择端的《清明上河图》（如图 6.4）是流传于世的风俗画臻品，画面形

① 任继愈：《中国哲学史简编》，人民出版社 1973 年版，第 391 页。

② 冯友兰：《中国哲学史新编》（下册），人民出版社 2007 年版，第 167 页。

③ 冯友兰：《冯友兰文集》（第四卷），长春出版社 2008 年版，第 10 页。

④ 郑午昌：《中国画学全史·宋之画学》，上海书画出版社 1985 年版，第 269 页。

⑤ 陈传席：《中国山水画史》，江苏美术出版社 1988 年版，第 254 页。

象丰富，图中士、农、工、商、僧、道各种人物皆有，牛马车辆、勾栏瓦肆、大街小巷均有表现，人物建筑各类形象繁多，但是画家对如此之多的形象都以写实手法处理，所用线条精到，整个画面惟妙惟肖。北宋范宽所作山水画《溪山行旅图》（如图 6.5），写实性特色同样十分鲜明，此画表现的是终南山雄浑磅礴的气势，其笔墨苍劲浑厚，所用皴法方硬，线条硬朗，表现了北方山石的突兀质感。郭熙在《林泉高致》中对山水画的写实性予以肯定："学画山水者，何以异此？盖身即山川而取之，则山水之意度见矣。真山水之川谷，远望之以取其势；近看之以取其质。真山水之云气，四时不同，春融怡，夏蓊郁，秋疏薄，冬黯淡。"[①] 宋代花鸟画重视观察自然，注重写生，《宣和画谱》有云："绘事之妙，多寓兴于此，与诗人相表里焉。故花之于牡丹芍药，禽之于鸾凤孔翠，必使之富贵，而松竹梅菊，鸥鹭雁鹜，必见之幽闲。至于鹤之轩昂，鹰隼之击搏，杨柳梧桐之扶疏风流，乔松古柏之岁寒磊落，展张于图绘，有以兴起人之意者，率能夺造化而移精神遐想，若登临览物之有得也。"[②] 无论是花鸟，还是景物，线条都十分精致细腻，甚至到了细致入微的地步，尤其是院体画更为明显，院体画笔法精谨、细致入微，画禽鸟羽毛，细笔精心勾描，细密非常，画花叶，其脉络缕缕如丝，刻画入微（如图 6.6）。

图 6.4　（北宋）张择端《清明上河图》虹桥

---

① 俞剑华：《中国画论精读》，人民美术出版社 2011 年版，第 275 页。

② 杨大年：《中国画论采英》，江苏教育出版社 2005 年版，第 197 页。

图 6.5　（北宋）范宽《溪山行旅图》

图 6.6　（北宋）李迪《雪树寒禽图》

（四）心学与线的写意性

儒家思想的另一派陆、王心学，则将线的审美特征引向了另一个不同的情境，即写意性。晚明后，阳明心学的影响力超过程、朱理学，这种情况对艺术发展产生了重大的影响。王守仁将陆九渊的心学进一步发展，他提出“心即是理”的观念：“心即理也。天下又有心外之事，心外之理乎？”[①] 他在实践上倡导知行合一，在人格修养上提出“致良知”的主张，他将程、朱理学所倡导的遥远不可及的“理”替换为可以感知的“心”，这就在客观上将道德本体从主体之外拉回到主体之内，将道德本体建立在人心的基础之上，道德的理性崇高便与人的感性知觉结合起来，虽然在阳明心学中，心被分为道心和人心，但是二者是不可分的，道心的实现需要依赖人心。阳明心学对于长期受到理学压抑的文人们来说，无疑是一个适得其时的有力思想武器，迅速在社会上和文人阶层

① 冯友兰：《三松堂全集》（第 3 卷），河南人民出版社 1989 年版，第 361 页。

引起共鸣而被广泛接受，在文学、绘画、书法等各类艺术创作和艺术理论上都出现了时代的呼声，李贽的童心说、公安派的性灵说等都是当时的艺术理论的个性解放潮流。对于艺术中的线而言，那就是线的写意精神得到充分表达，写意不仅作为一种表现手法，而且作为一种艺术观念融入了艺术创作的灵魂，成为有意识的观念形态。

徐渭的绘画为后人称道的是其大写意的花鸟水墨画（如图 6.7），他主张不必盲目追随前人："夫不学而天成者，尚矣；其次则始于学，终于天成。天成者非成于天也，出乎己而不由于人也。"① 他在笔墨运用上打破旧法，尤其将墨的运用发挥至极，大有突破线条形态的极限。陈洪绶以师古为其重要的途径，但是师古却不泥古，其人物绘画形态古雅奇拙但夸张奇特，学前人不是形式，而是发乎内心的情感，受阳明心学致良知的影响，表现内心的情感和独立的人格（如图 6.8）。王铎崇尚晋人笔法，推崇二王之风，但是并不是追寻其形，而是要学其精神，他说草书创作："草书须意兴爽然，形体和畅，如登吾嵩顶长啸时光景，然后落笔。不然机滞，神不飞动，止可写行书。有意无意，不可书草也。"②

图 6.7　（明）徐渭《梅花图》（局部）

---

① 黄淳：《中国书法史·元明卷》，江苏教育出版社 2001 年版，第 351 页。

② 黄惇：《艺术学研究》（第 2 卷），南京大学出版社 2008 年版，第 270 页。

图 6.8 （明）陈洪绶《蕉林酌酒图》

明末清初的书法家傅山的草书艺术也表现出受到心学影响的一面，书法学者白谦慎在《傅山的世界——十七世纪中国书法的嬗变》中对此评价说："在鼓吹探索内在真实自我心学的鼓励以及锋芒毕露的城市文化的刺激下，晚明的一些书法家努力在艺术中追求'奇'的特质，使这一时期的一些书法作品具有表现性、戏剧性、娱乐性。"① 这一说法实际上道出了傅山等晚明清初书论上的一种区别于传统帖学的浪漫书风，他们不再遵从与以二王为代表的经典帖学的典雅优美的审美风格，而带有更多的个性色彩和风格，傅山的笔下的狂草线条更加自由不羁，是其性情的真实流露。

第四节　释家的"梵我一如"与线的单纯美

"梵我一如"的概念最早源自古代印度，是古代印度吠檀多哲学的基本原

① ［美］白谦慎：《傅山的世界——十七世纪中国书法的嬗变》，生活·读书·新知三联书店2006年版，第4页。

理，是古代印度哲学的精华，其影响十分深远，对于后起的包括佛教在内的沙门思潮、印度教等都具有重大的启发意义。古印度的典籍《梵书》《吠陀》以及《奥义书》等对“梵”与“我”的概念进行了阐释，特别是《奥义书》对“梵我一如”的概念进行了比较系统、深入的发挥，随着“梵我一如”概念影响的不断扩大，佛学特别是禅学思想吸收、融合其意义，成为影响中国古代艺术禅学思想的一个重要组成部分。

一、梵我一如概念的起源

关于“梵”与“我”的概念，一般认为产生于古印度奥义书时期，但是在更早的吠陀时期已经有了记载，吠陀时期的代表著作《梨俱吠陀》已经提到“梵”的概念，当时人们认识宇宙的种种现象后将其人格化，认为有一个主宰万物的主神，称为“原人”或“生主”，生主为大我，由生主衍生出小我，二者在本质上是同一的，此为后来“梵我一如”概念的先声。在《梵书》中，梵这个概念被正式提出来，梵的意义是圣智、咒力、祈祷等，被引申为梵天，是主宰宇宙的神，它创造万物，是世界的本原。此时的梵，既是人格化的神，同时也是客观世界的本原。《森林书》是梵书的附属部分，《森林书》在梵书的基础之上，提出“宇宙万有和人生自我都是梵所具有的”，将梵与我的关系进一步密切联系起来。《奥义书》是《森林书》的结尾部分，也是吠陀经典的终结，《奥义书》也被称为吠檀多，因此，梵我一如也被看作吠檀多哲学的核心思想。《奥义书》对梵我一如概念作出了清晰和明确的解释，提出了梵我一如的概念。在《奥义书》中，梵是世界的最高本体，是生命的本原，也是宗教意义上的最高实在，它超越时空，无始无终，不生不灭，无所不在，梵作为宇宙精神在世界中有诸般表象，可以表现为生命万物，可以表现为日月星辰，可表现为不同的天神，也可以表现为存在和非存在、实相和非实相，既是有形的，又是无形的，如《弥勒奥义书》第一章记载：“大梵之态有二：时间与非时间也。”[①]“我”在《奥义书》中被称为阿特曼，意为自我或者灵魂。《唱赞奥义书》记载：“彼‘自我’者，罪恶弗撄，无有老死，无有忧悲，无有饥渴；——所欲者，真理，所志者，真理。”[②]“它（阿特曼）是我的灵魂，处于我心中，小于米粒或麦粒，或芥子，或黍，或黍子核；这个我心中的我（阿特曼），大于天，大于地，大于

---

① 《五十奥义书》，徐梵澄译，中国社会科学出版社 1984 年版，第 463 页。
② 《五十奥义书》，徐梵澄译，中国社会科学出版社 1984 年版，第 243 页。

空，大于万有世界。”[①] 这两段说明了“我”的两重性，“我”既是肉身的，变化而幻灭的，又是超出肉身的，是灵魂的；既是个体的灵魂，又是万物统一而至上的灵魂，是世界统一的原理，至上状态的“我”，没有主客体之分，存于万物之中。经过对梵与“我”的分析，得出的结论是，世界就是“我”，“我”就是世界，“此我实是彼梵”，梵与“我”在本质上是同一的，在终极意义上，二者都是世界的本原。《唱赞奥义书》说：“是涵括一切业、一切欲、一切香、一切味，涵括万事万物而言，静然是定者，是吾内心之‘我’者，大梵是也。而吾身蜕之后，将归于彼焉。诚然，有于此无疑者，将归于彼梵焉。”[②] 总的来说，梵是世界无形的本原，但是又存在于形形色色的万物之中；“我”是个体的生命，但又是世界统一的原理，是至上的灵魂；梵创造了世界，而“我”最终与梵又是相通的，这就是梵我一如的基本含义。

二、禅学的“梵我一如”及其美学观

梵我一如是《奥义书》最核心的观念，对于印度的哲学和宗教思想的发展产生了重大的影响，对于佛教和中国佛学思想而言，这一概念同样意义非凡。《奥义书》在提出梵我一如观念的同时，提出了达到这一至上境界的途径，即轮回解脱。在婆罗门教等教义中，人死后会复归大梵，与其合一，如同车轮一样，不停地轮回，轮回的最高境界即是梵我一如，那么，人就需要通过各种修行的方法来达到此种境界，完成对于生死轮回的解脱，达到自我意识的解放。《奥义书》中提到了各种修行方式，其中的一项是瑜伽。瑜伽是梵文，为结合、相应的意义，通过静坐等方式来控制自身的心理活动，达到个体意识与宇宙精神的高度冥合。作为一种修行方式的瑜伽在《梨俱吠陀》中已有记载，《广森林奥义书》及《鹧鸪氏奥义书》等对其做了进一步的发挥，而瑜伽的修行方式之一包括禅，也就是说，禅作为瑜伽的一种修行方式，是达到梵我一如境界的一种途径。古代印度哲学典籍《瑜伽经》记载了“八支行法”，即禁制、劝制、坐法、调息、制感、执持、禅那、三昧八个修行瑜伽的阶段，其中之一就是禅那。

禅，又称禅那，是梵语的音译，《奥义书》的解释意为静虑、思维、摄念。禅作为一种修行方法是通往梵的途径，是修定过程中的心理活动。《唱赞奥义书》中提到了 29 种修定的心理活动，禅那是其中之一，意为静虑，而最后一个

---

① 《五十奥义书》，徐梵澄译，中国社会科学出版社 1984 年版，第 139 页。

② 《五十奥义书》，徐梵澄译，中国社会科学出版社 1984 年版，第 139 页。

心理过程即是我，修定过程最后要回归到我，禅那是其中的一环。可以说，禅定的最高境界也是达到梵我同一，即“我即一切，一切即我”的心物交融状态。所谓“见到此者不见死，不见疾病与痛苦，见到此者见一切，于一切处得一切。”[①]《白骡奥义》则将《歌者奥义》中的禅那、知识、智等合成为禅那与慧定，而慧定的最终结果便是悟。通过瑜伽学说的发扬，禅的地位得到进一步的提高。禅学思想自印度随佛教传到中国之后，开始了本土化的过程，经过早期小乘禅与大乘禅的传播，经过魏晋南北朝的般若学和佛性论的充实，禅宗在唐代中期终于成为一大宗派，后来成为中国佛教影响力最大的主要宗派。不仅如此，禅宗的思想以其特有的魅力吸引了中国社会各阶层，其影响从宗教领域扩展到社会文化各个领域。

禅学思想的主要观念，是通过明心见性，以至大彻大悟，“戒、定、慧”三学是其修行基本方式和过程，静虑、禅定、修心是其修行的具体方法，最高的状态是心物一体，即“梵我同一”的境界。但是中国佛禅思想中的“梵我同一”的内涵已经完全不同于《奥义书》所说的内涵，中国佛禅思想清除了印度古代哲学中“梵”与“我”的实体化倾向，而以空论思想加以取代，也就是说，不存在实有的、实体化的“梵”与“我”，也没有最高的梵，在禅宗看来，佛与众生只在于是否“悟”，而不在于悟的过程和形式，这就是顿悟，因此可以说，众生即佛，佛即众生，佛教之中慧定乃是一体。《坛经·定慧品》记载：“善知识，我此法门，以定慧为本，大众勿迷，言定慧别。定慧一体，不是二。定是慧体，慧是定用。即慧之时定在慧，即定之时慧在定。若识此义，即是定慧等学。”[②]慧能所代表的禅宗——南宗，一方面将定慧结为一体，另一方面将慧作为更高的层次，中国禅学思想中的“梵我同一”，也就是无我无梵的浑然不觉的状态。

禅的观念对于中国美学和艺术产生了巨大的影响，成熟之后的禅学思想改变了中国以往佛教思想中将人与彼岸世界隔绝的状态。以往的佛教思想普遍认为人所存在的现实世界是不真实和虚幻的，而超越性的彼岸世界是永恒和真实的，但遥不可及，而连接两者需要进行漫长而艰苦的修行。而中国禅宗的思想将此岸与彼岸连接起来，连接的通道就在于“我心”，现实与彼岸本来就不是分离的，其实就是一体的，是同一事物的两面而已。“本来面目（心、佛性、自

① 巫白惠：《印度哲学——吠陀经探义和奥义书解析》，东方出版社 2000 年版，第 239 页。
② 郭朋：《坛经校释》，中华书局 1983 年版，第 26 页。

性）是每个人都具有的。根据禅家的说法，这个本来面目不但是肉体的，也是肉体和形而上的、物质的和精神的、粗的细的、具体的和抽象的”[①]。我心与外物的界限被打破之后，心对外物的体悟可以达到一种超越性的状态，理性与逻辑在禅悟之中也被清除，这种思维方式与艺术的思维方式十分接近，禅的思想被引入和转换到美学和艺术领域也就水到渠成。学者皮朝纲在《静默的美学》一书中提到，禅与艺术相同的本源是“心的妙悟”。妙悟是人们把对艺术的规律的认识从外部拉回到内部，更能突出艺术的审美价值本身的意义，而且妙悟促进了禅与艺的合流。从上文的论述也不难看出，“心”与“悟”可谓禅学思想在美学观念上对艺术思维的两大贡献，“心”是禅的本体论核心范畴，而“悟”则是禅的方法论核心范畴。关于悟的起源，《五灯会元·七佛·释迦牟尼佛》有载：“世尊在灵山会上，拈花示众。是时众皆默然，唯迦叶尊者破颜微笑。世尊曰：‘吾有正法眼藏，涅槃妙心，实相无相，微妙法门，不立文字，教外别传，付嘱摩诃迦叶。”[②] 这就是著名的“拈花一笑”之说。禅宗的悟是明心见性，是对“道”真谛的领会，对生命的礼赞，而艺术同样是对生命与自由的追寻，悟对于艺术来说是不可多得的方法，发生在审美活动之中的悟能够使得审美主体具有直觉性、体验性、超越性的审美感受，跨越艺术载体的局限，而直达更深层次的审美意蕴。对于审美接受者来说，悟也是对艺术规律、艺术技巧的透彻领会与玩味。物我一体时候则是禅境的形成，“人的自性与宇宙法性的冥然合一，生命本体与宇宙本体圆融一体的境界——禅境，乃是一种随缘任适、自然适意、一切皆真、宁静淡远而又生机勃勃的自由境界，它既是禅宗所追求的人生境界，又是禅宗所讴歌的审美境界”[③]。

三、“梵我一如”与线的单纯美

禅对于中国传统艺术产生了巨大的推动作用，作为中国书画艺术构成元素的线条受到的禅学思想怎样的启发呢？主要表现在以下几个方面。

（一）“无”与线的单纯性

慧能认为：“一切般若智，皆从自性而生，不从外入，莫错用意，名为真性

① ［日］铃木大拙：《禅与生活》，刘大悲译，光明日报出版社 1988 年版，第 196 页。

② 杭州大学中文系编：《古书典故辞典》，江西人民出版社 1984 年版，第 260 页。

③ 刘方：《中国当代禅宗美学研究概况》，《西南民族大学学报》（哲学社会科学版）1996 年第 1 期，第 12 页。

自用。"[1] 正因为佛性在心中，人们只要去悟即可，而悟则要做到不执，即无相、无念、无住，禅学思想所说的"无"是一种彻底的解脱状态，而这种解脱并不在遥不可及的彼岸，就在人们的日常生活与情感体验之中。这种观念对于艺术具有十分巨大的启发意义，既然"无"和"悟"能发生在人的生活之中，也就能够发生在艺术创作之中，如果说艺术创作贯穿着这种"无"的思想，艺术创作的方法和元素同样能够表现出这种审美意趣。我们谈中国书画艺术中的线，也能够发现这种特点。

在文人画作尤其是受到禅学思想影响的绘画之中，线的技法运用到最为精巧的时候就是不需要技巧的时候，不用技法便是最高的技法。清初的石涛提出的"一画论"是一个良好的注释。从浅层次来说，一画可以理解为线条，绘画艺术就是从一根线条开始，从一根线条演化成大千世界；从深层次来说，一画又可以理解为艺术的"道"和根本原理。石涛认为："一画者，众有之本，万象之根。"[2] 一画就是作为绘画造型基础的线条，绘画造型的基础正是从线开始的，从一画开始，绘出了万物，线条是"一"，它是万物的抽象和提炼，而万物又是线条的延伸和扩展。虽说一画十分简单，但是这一画中包含了万物，万物与一画彼此须臾不能分离。另一方面，一画又可以生发出万画，一画是一般抽象意义上的线条，而万画则是各种具体形态的线条，石涛认为："一画落纸，众画随之。一理才具，众理附之。"[3] 一画与万画本质上也没有区分，万画是一画的具体表现，而最终要到达"化一"的境界。"一画者，字画下手之浅近功夫也。变画者，用笔用墨之浅近法度也。"[4]《坛经》有云："故知一切万法，尽在自身中，何不从于自心顿现真如本性。"[5] 事物的不同最终没有不同，线的形态不同最终都可归于统一，回到一种单纯的状态。苏轼在《书晁补之所藏与可画竹三首》诗中有云："与可画竹时，见竹不见人。岂独不见人，嗒然遗其身。其身与竹化，无穷出清新。"[6] 如南宋画家牧溪为南宋僧人，法名法常，擅长画佛像、人物、花果、鸟兽、山水等，笔墨技法简当，但是其画作极具禅意，意境

① 《金刚经·心经·坛经》，陈秋平、尚荣译注，中华书局 2007 年版，第 60 页。
② （清）石涛：《石涛画语录》，俞剑华注译，江苏美术出版社 2007 年版，第 1 页。
③ （清）石涛：《石涛画语录》，俞剑华注译，江苏美术出版社 2007 年版，第 7 页。
④ （清）石涛：《石涛画语录》，俞剑华注译，江苏美术出版社 2007 年版，第 4 页。
⑤ 郭朋：《坛经校释》，中华书局 1983 年版，第 30 页。
⑥ 伍蠡甫：《中国画论研究》，北京大学出版社 1983 年版，第 81 页。

深远，线条简略，风格拙朴而放逸（如图 6.9）。

图 6.9　（南宋）牧溪《布袋和尚》

（二）静穆与线的单纯性

宗白华曾说："静穆的观照和活跃的生命构成艺术的两元，也是构成禅的心灵状态。"[①] 可以这样理解，所谓静穆的观照乃是佛禅中所说的"定"，活跃的生命则是佛禅中说的"慧"，定慧合一，或者说动静合一，寓动于静。静穆乃是禅悟、禅修的一个突出特点，无论哪一个时期的禅修，小乘禅或大乘禅，抑或禅宗之北宗或南宗，静穆始终是其一种观察的方式，只是形式不同而已。慧能说："外离相曰禅，内不乱曰定。外若着相，内心即乱。外若离相，心即不乱。"[②] 南宗之前禅定的程序分为四层，从静坐到静心，由静入定，由定而入

① 宗白华：《美学散步》，上海人民出版社 1981 年版，第 65 页。
② 郭朋：《坛经校释》，中华书局 1983 年版，第 37 页。

慧，终至涅槃之境。禅宗则认为修佛性或见佛心不在于从教授而得，而在于从内心而获得。《坛经》有云："佛法在世间，不离世间觉。离世觅菩提，恰如求兔角。"① 人们从世俗之中即可进行禅修而得三昧般若，这种非空非有实际上乃是一种绝对的静，乃是由心而外的纯粹的静穆。禅宗较其他派别，则更为彻底地贯彻了般若空观精神，将"空"不做人为的区分，而是与人更为紧密地结合起来，当这种空观精神进入艺术和美学领域里，就形成一种空寂与静穆的美感。陆机说："罄澄心以凝思，渺众虑而为言。"② 艺术作品中的静穆美是一种深远的美学境界，正如宗白华所说，在静穆之下是极为生动的生命的涌动，静穆实际是极静与极动的高度融合。当整个世界都融合了，世界也就形成一种超然的静穆。王国维提出"有我之境"与"无我之境"，并推崇"无我之境"，他说："有我之境，以我观物，故物皆着我之色彩。无我之境，以物观物，故不知何者为我，何者为物。"③ 无我之境超越了对象性的关系，超越了因果联系。

以南宋牧溪（法常）的《六柿图》（如图6.10）为例，此图画面奇特，六只柿子一字排开，摆放错落而有序，浓淡相间，没有任何背景以及桌、盘等物品的陪衬，柿子周边是一片空白，用笔简率，不求细节刻画，只以笔墨勾画轮廓形态，或圆或方，或润或涩，时而紧密，时而疏旷，用笔有书法之意，有隶、篆笔法的痕迹，墨色变化丰富，简略中透出深邃，整个画面包含了浓淡、虚实、阴阳对应的关系，充满张力，表现了的空灵与静穆的"禅境"之味。中国书法绘画中的线条，寓动于静，透射出一种静穆感。康有为在《广艺舟双楫》中说："书法亦犹佛法，始于戒律，精于定慧，证于心源，妙于了悟，至其极也，亦非口手可传焉。"④ 书法的动静结合、形态的变化与统一，"妙在方圆并用，不方不圆，亦方亦圆，或体方而用圆，或用方而体圆"⑤。线条形态无论怎样变化最终都归于统一，这种单纯而又复杂的体验只有在万物于心中才可能体悟得到，

---

① 《金刚经·心经·坛经》，陈秋平、尚荣译注，中华书局2007年版，第60页。

② 郭绍虞、王文生编：《中国历代文论选》，上海古籍出版社1979年版，第67页。

③ 王国维：《人间词话》，上海古籍出版社1998年版，第1页。

④ ［法］熊秉明：《中国书法理论体系》，天津教育出版社2002年版，第204页。

⑤ 上海书画出版社、华东师范大学古籍整理研究室编：《历代书法论文选》，上海书画出版社1979年版，第843页。

正如项穆在《书法雅言》中所说："融天机于自得，会群妙于一心。"[①]

图 6.10　（南宋）牧溪《六柿图》

绘画之中静穆美的典型体现在山水画之中，山水画之中，山水为主体，但是山水笔墨与线条无不表现出物我一体之感。荆浩在《笔法记》中说："笔者，虽依法则，运转变通，不质不形，如飞如动。"[②] 勾勒、皴染，轻重急涩，线条技法形态变化的最高境界，乃是不质不形，虽静犹动。水墨的融合更加促进了线条单纯性特征的体现，它排除了其他因素的参与，笔墨的勾画布局即可直达真谛，进入"真如"。山水画佳作中很多都是用线简单、画面纯净悠远的作品，山水形象、笔墨形态、线条的运用在山水画之中完全融为一体，山水景物与"我"融为一体。中国山水画给人一种极为静穆宁谧之感，画面很少喧闹躁动的成分，"寂而常照，照而常寂，动静不二，直探生命的本源"[③]。这种具有禅意的静穆之美可以与中国画论史上的逸格联系起来。宋代黄休复在《益州名画录》中说："画之逸格，最难其俦。拙规矩于方圆，鄙精研于彩绘，笔简形具，得之自然，莫可楷模，出于意表，故目之曰逸格尔。"[④] 美学家托马斯·门罗在《东方美学》中评价中国山水画："在山水画中，个人主义盛行。其标准是朦胧的，富于诗意或神秘莫测的。色彩在此为达到凝重、空灵和永恒的主要目标是没有

① 卢辅圣：《中国书画全书》，上海书画出版社 1993 年版，第 80 页。
② 卢辅圣：《中国书画全书》（第一册），上海书画出版社 1993 年版，第 6 页。
③ 宗白华：《艺境》，北京大学出版社 1987 年版，第 156 页。
④ 俞剑华：《中国古代画论精读》，人民美术出版社 2011 年版，第 176 页。

必要的。”[1] 如王维的山水《江干雪霁图》(如图 6.11),此画作平远构图,有坡石、山峦、行舟、丛林、木桥以及屋宇,皴法灵活,用笔稳厚,淡墨渲染,线条曲折率意,刻画工细,风格静穆清朗,意境恬淡,富于天机和意趣。又如南宋玉涧禅师的《洞庭秋月图》(现藏于日本东京文化厅),此图为水墨佳作,笔墨极为清淡,稍作点染,虽然着墨不多,但形象可辨,图中绘有楼阁、圆月和树枝,最吸引人的是空白之处占据了全图画面的绝大部分,左侧有诗一首,整幅画给人以空灵寂静而又超脱之感。

图 6.11 (唐)王维《江干雪霁图》(传)

① [美]托马斯·门罗:《东方美学》,欧建平译,中国人民大学出版社 1990 年版,第 43 页。

第七章　技、象、道的融合：线对于中国当代艺术的启示

从传统到现代，线的艺术发展到今天，变化巨大。中国绘画书法艺术在明末清初，实际上已经开始接触西方的艺术技法和理念，清代乾隆时的宫廷画师意大利人郎世宁将西方绘画的透视明暗法与中国传统技法进行融合，其风格有了明显不同于传统的特点。到了“海上画派”，经过赵之谦、“三任”、吴昌硕、王一亭等人的发展，中国传统的绘画书法开始走向现代，他们从民间美术和西方美术中吸取养料，面向世俗生活和时尚趣味，对传统绘画的技法和审美观念进行了较大的变革。20 世纪更是艺术变革浪潮此起彼伏的时代，“文学革命”“美术革命”的浪潮汹涌澎湃，学习西方艺术成为一时潮流，作为艺术元素的笔墨、线条，同样经历着不断的变革，对线的技法和审美观念的理解与争论从来没有停止过，传统书法、绘画稳定的边界早已被冲破，新材料、新工具、新技法和新观念的大量出现使得线的审美特征、审美风格和审美观念不得不一次次地被反思和修正，写实与非写实、现实主义与非现实主义、中西绘画的融合与距离、笔墨的存在价值等都引起了争论。在这个日新月异的变革时代，如何认识中国传统艺术的线，如何在当代语境下继承和发展艺术遗产，是我们必须要面对的问题。

第一节　游戏的符号——作为自由精神符号的线

作为一种构成形态，线具有极大的自由性，它的运动特性和方向引导性，使得它在视觉意识中，没有最终的开端和结尾，而点与面都不具有这样的特性，

因此，自由成为它的品格，它可以更加自由地表达艺术家的情感体验和心绪波动。当线成为一种自由精神的表现形式时，它对于情感的表达无疑具有巨大的价值，作为一种艺术构成元素，中国古代艺术中的线得到了高度自由和充分的发展，只需要线条，寥寥几笔，形神具备，我们甚至可以将中国的古代艺术称为线条艺术。

那么，为什么中国古代艺术中的线具有高度自由的特性？

如果撇开文化心理、审美趣味、社会环境等诸因素的影响不谈，就形态构成本身来说，笔墨绝对是一个关键性的因素，而笔墨在中国绘画、书法中，直接体现为线条，线的高度自由发展到成熟阶段便是笔墨成为一种游戏的符号，因此便有了"墨戏"的说法，也就是说，线的自由性实际成为游戏的自由性。康德在《判断力批判》中将艺术看作一种游戏："艺术甚至和手艺不同，前者叫作自由的艺术，后者也可以叫作雇佣的艺术。我们把前者看作好像它只能作为游戏，记忆中本身就使人快适的事情而得出合乎目的的结果，而后者是这样，即它能够作为劳动，记忆中本身并不快适（很辛苦）而只是在通过它的结果（如报酬）吸引人的事情、因而强制性地加于人。"① 康德不仅将艺术看作游戏，而且认为自由同时也是艺术的基本特征。席勒认为："只有当人是完全意义上的人，他才游戏；只有当人游戏时，他才完全是人。"② 游戏完成了人的彻底解放，人的自由的完全实现。"墨戏"也就是游戏的表现形式，"墨戏"一词最初由黄庭坚提出，他在《题东坡水石》中说："东坡墨戏，水活石润，与今草书三昧，所谓闭户造车，出门合辙。"③ 简单来说，"墨戏"就是游戏于笔、墨、纸的过程，艺术家在创作中自由挥洒，超越规矩法度。苏轼在《题文与可墨竹并序》中也表达了这种游戏的心态："斯人定何人，游戏得自在。"④ 元人姚隧《题米友仁山水画》云："米敷文之画全法其父，山水树石，不事巨细，多以云烟映带，只喜作横挂，长不三尺，自题曰墨戏。"⑤ 实际上，"墨戏"并非只是偏向于墨的方面，而是说笔墨一体都可为"戏"，因此倪瓒说："逸笔草草，聊以自娱。""墨戏"成为创作主体释放情感、自我表现的有效方式，已经摆脱了

---

① ［德］康德：《判断力批判》，邓晓芒译，杨祖陶校，人民出版社 2002 年版，第 147 页。
② ［德］席勒：《审美教育书简》，冯至、范大灿译，北京大学出版社 1985 年版，第 76 页。
③ 卢辅圣主编：《中国书画全书》（第一册），上海书画出版社 1993 年版，第 703 页。
④ 卢辅圣主编：《中国书画全书》（第二册），上海书画出版社 1993 年版，第 396 页。
⑤ （元）姚燧：《牧庵集》，中华书局 1985 年版，第 396 页。

“助人伦，成教化”功利性局限，从而实现了创作主体的自我解放。姚最说：“不学为人，自娱而已。”① 德国艺术史家罗樾在《中国绘画的个性问题》一文中对于墨戏有这样的评价：“靠直觉去把握真实，并像游戏一样自由地表达它。‘理’不是自我，而是一个世界；而‘墨戏’也不是胡闹，而是一种完全自由和安逸的状态。”②

荷兰文化史家胡伊青加特说：“游戏的最主要的特征，即游戏是自愿的，是事实上的自由。”③ 自宋代以后，“墨戏”成为文人画的创作精神，对于书法以及其他艺术类型也产生了影响。艺术与游戏的这种联系与生俱来，正如德国艺术史学家格罗塞对原始艺术的评价：“原始人的造型工作是既没有宗教意义，更没有其他外在的目的。那许多对我们证明这些图画是由于纯粹的乐趣而产生的人，我们很可以完全信任他们。”④

线所体现的自由精神是中国传统艺术的精华，这种自由是主体个性的自由，是对情感表达的自由，也是艺术创造的自由。美国符号学美学家苏珊·朗格对艺术的定义是：“艺术，是人类情感的符号的创造。”⑤ 艺术是一种人类情感的创造性的符号，这种艺术符号必然贯彻着自由的精神。

中国古代书法和绘画中复古的潮流一直存在，现代以来的书画发展中，求新的各种实验也络绎不绝，复古也好，求新也罢，本没有什么好批评的，盲目地追随前人或者追随他人的形式，都不可取，即使是不断求新求变，也并非是自身的更新变化，而是他人艺术形式的变种而已。所以，复古与求新都只是一个途径和通道，我们可以透过这个通道来表现我们想要表现的观念、想法和情感，自由地展现我们对于世界和艺术的理解，这才是问题的关键。线自身的特性，线在中国传统艺术中的各种表现形式和审美特征，都诠释了它作为一种自由精神的符号的价值所在，这才是古代艺术留给我们的宝贵艺术遗产。在当下的语境下，中国的绘画、书法等艺术类型的特点发生了很大的变化，新的工具材料、新的造型手法和新的艺术观念层出不穷，无论怎样变化，“线”作为自由

---

① 陈君编著：《中国绘画鉴赏》，高等教育出版社 2008 年版，第 58 页。

② 洪再新选编：《海外中国画研究文选》，上海人民美术出版社 1992 年版，第 87 页。

③ [荷] 胡伊青加；《人：游戏者 对文化中游戏因素的研究》，成穷译，贵州人民出版社 1998 年版，第 10 页。

④ [德] 格罗塞：《艺术的起源》，蔡慕晖译，商务印书馆 1984 年版，第 151 页。

⑤ [美] 苏珊·朗格：《情感与形式》，刘大基等译，中国社会科学出版社 1986 年版，第 51 页。

精神的符号，这种特性是我们必须坚守的，这种自由的精神是我们不断创新的原动力。以近代海派绘画大师吴昌硕为例，他大胆吸收新的技法和观念，继承中国古代绘画用线的精髓，借古开今，创造出新的艺术形式。吴昌硕擅长写意花鸟画，以书法入画，尤以篆刻之法入画，具有金石之气，笔势雄劲，纵横恣肆。尤喜画梅，画梅常伴以石，所作的梅石图有多幅，其画以篆籀、草隶之法，拙朴活脱、奔放雄健，开金石作画的先河。在线色关系上，吴昌硕也具有创造性，他改变传统文人画不用重色的风格，打破了文人画重墨轻色的陈规，大胆用色，巧妙地以色助墨，以墨醒色，画面的色彩效果强烈而不刺激，既古朴又鲜艳，既有文人气息又带民间韵味，十分和谐。

第二节　线的独立性和抽象性

中国古代艺术的线是一种“独立”的形式，不但构成了对象的轮廓或骨架，而且本身具有独立的审美价值，不依赖于形体、透视、光影、明暗等因素，这些特点决定了线的抽象性和独立性。西方古典绘画非常重视素描，将其作为造型的基础，但终究把线条作为完成面和形体的准备，它是轮廓，是明暗分界线，是体的转折，是为表现完整对象服务，就这个意义来说，线并不具有完全的独立性。中国古代艺术的线的发展却日益强化了线的独立性和抽象性。

中国艺术中线的独立性和抽象性对于现代艺术，具有重要的启发意义。西方绘画艺术到近代，从后印象主义开始，线从塑形的藩篱中解放，开始具有独立的意义，也开始了各种对于线的抽象性和形式化的实验，线不再依附于形体，不再一味模仿自然，它可以表现自身，这一观念的转变与中国传统绘画对于线的认识，所谓“意笔”不谋而合。塞尚的作品《静物》（如图 7.1）线条明晰，形态鲜明，曲线、弧线、圆形、直线相互交织，已经开始赋予线的独立意义。“野兽派”画家马蒂斯的作品则将线本身的美感作为重点，线条极为简洁，甚至不惜扭曲形体的和谐。毕加索的立体主义风格，更为鲜明地突出线的抽象性因素，蒙德里安则直接表达了对于艺术元素本身的纯粹抽象性的肯定和追求，其作品《红黄蓝》（如图 7.2）系列，用最为简洁、直接、醒目的直线形态组合置于画面之中，最大限度地发挥了线最为原始的表现力，使得线条富于抽象性、象征性、含蓄性和表现性，使得欣赏者从中体会到艺术元素的纯粹抽象的本质性特征。康定斯基对于线的独立性和价值进行了论述：“自然，外部与内部世界中的每一现象都可以用线给予表现——转换。”[①]

图 7.1　［法国］塞尚《梨子与桃子》　　**图 7.2　［荷兰］蒙德里安《红黄蓝》**

西方现代以来的艺术家对于线的独立性、抽象性有了更为深刻的认识，而这一点实际上在中国古代的绘画、书法等艺术类型中早已在实践，重意不重形，以神取胜，墨戏等观念早已将线从摹形的窠臼中解脱出来，赋予了其独立性意义。20 世纪以来随着艺术观念的发展，形式元素本身的意义和价值越来越受到重视，无论中国或者西方，线的独立性、抽象性、形式化乃至符号化的特点，都被越来越多的艺术家所认同，而这些东西对于中国艺术来说并不陌生。我们除了借鉴之外，更重要的在于继承和转化，因为这些东西本身就在我们的艺术传统之中。

中国现当代艺术家在艺术形式上的变革，在此以林风眠为例进行分析。20 世纪早期在中国绘画的变革上，林风眠是致力于继承改造中国传统绘画线条笔法的先驱，他并没有一味追随当时所流行的以西方写实手法改造中国画的时代潮流，而是按照继承传统、借鉴西方、融合中西的方式来思考中国画的发展。对于如何借鉴西方艺术，他认为，与西方古典绘画相比，注重内心感受、注重表现方式的西方现代艺术才是改造中国传统绘画的正确选择，因此，他比较倾向于吸收西方印象派、野兽派、表现主义绘画的优点。林风眠的绘画创作注重线的简洁、形式化和抽象化，他超越了文人画用笔发展到后来的程式化缺陷，吸收汉、唐拙朴流畅的线条笔触。他高度评价南宋梁楷的线条笔法，称其为

① ［俄］康定斯基：《康定斯基论点线面》，罗世平等译，中国人民大学出版社 2003 年版，第 43 页。

"自由的，冲破一切的创造"[1]，认为这种笔法开启了新的流派和时代。在林风眠的笔下，毛笔同样可以像硬笔一样画出流畅、简练、单纯的线条效果，并且他吸收了马蒂斯绘画中线条简洁、富于情感表现的特点，形成了自己的风格，较好地实现了中西融合的艺术追求，对于中国传统绘画的线条笔法的发展起到了重要作用（如图7.3）。

图7.3 （现代）林风眠《仕女图》

线的符号化与形式化在中国现代书法中表现得更为突出，狭义的中国现代书法是1985年开始的、在审美观念和艺术形式上对于传统书法形式均有较大突破的书法形态，现代书法更突出线条的视觉感受和形式意义，往往打破了传统书法规矩方整的线性结构，而呈现出跳跃性、间断性，字体结构的中轴线被消解了，如现代书法家邱振中的书法作品立足于现代视野，希冀对传统书法从观念上进而在形式上进行现代转换，其代表作品四个系列——"新诗系列""语词系列""众生系列"和"待考文字系列"从各个角度对传统书法形态形成了冲击力，对中国传统书法在章法、结体及笔法方面进行了颠覆性的"实验"，"力图从抽象的结构中去重塑书法线条的内涵"。如《待考文字系列》（如图7.4），以不识的古文字或偏旁加以拆解重组书写形成，由此带来的结果是"字形与字义"

---

① 谷流、彭飞：《林风眠谈艺录》，河南美术出版社1999年版，第122页。

的分离。字形与语义在传统书法之中是天然联系的，字形组合的结果是形成完整的“字”，也就是能够阐释意义的字，这系列作品则将两者的关联切断，传统字形限制了形式和线条本身的自由，在此，这种束缚不再存在，线条不再构成完整的方块形字体，而是自由地洒落在纸上，线的构成形成了无限的可能性，篇幅上形成了凌乱而令人费解的局面。虽然现代书法引起诸多争论，但是这种探索精神还是值得思考的。

图 7.4 （现代）邱振中《书法·待考文字系列》

凝固、僵化最终会导致艺术的消亡，作为艺术元素的线同样如此。文人画是中国传统艺术的精华，赵孟頫、倪瓒、八大山人、傅山、王铎等书画大家的笔墨与线条为后代树立了典范，是时代的结晶，但是，属于那个时代的线条不可能完全不变地延续到今天。中国艺术中的线必须有发展，必须具有时代精神，只要我们把握住中国传统线条艺术的内在精髓，就不会在发展变化中迷失，这其中的一个精髓就是线的独立性，只要把握了这一点，我们就不是在抛弃传统，而是在转化、继承传统。正如宗白华谈中国画发展时所说：“艺术本当与文化生命同向前进，中国画此后的道路，不但须恢复我国传统运笔线纹之美及其伟大的表现力，尤当倾心于注目于彩色流韵的真景，创造浓丽的清新的色相世界，更须在现实生活的体验中表达出时代的精神节奏。”①

① 宗白华：《美学散步》，上海人民出版社 1981 年版，第 135 页。

第三节 技、象、道的融合

中国艺术中的线的历史源远流长，从工具与方法来说，线所使用的主要工具是笔和墨，笔墨又形成了各种各样的技法，通过不同的技法所呈现出来的视觉形象就是线的各种形态，而且线的各种形态具有各自的美感和审美价值，形成一定的审美标准。而作为“有意味的形式”，线不仅仅停留在作为一种方法或者视觉形象上，它是一种复合体，以绘画书法来说，线就是笔墨的表征，而笔墨作为工具的同时，也是一种审美欣赏对象，而当笔墨上升到墨戏的阶段时，它又成为一种文化符号，是文化精神的体现。因此可以说，中国艺术中的线留给我们的最大文化遗产就是它可以成为技、象、道的复合体，或者说它就是一个审美存在。

苏轼对于艺术创作提出了“技道两进”的观点，这与中国古代长期流行的“以文载道”“以文明道”的观念大相径庭，后者是先有道，后有文，文是道的载体和工具，说到底就是艺术工具论。苏轼则提出另一种看法，他在《书李伯时山庄图后》中说：“虽然，有道有艺。有道而不艺，则物虽形于心，不形于手。”[①] 苏轼肯定了艺术创作本身规律的重要性，认为艺术形式和艺术技巧同样十分重要，他在《书唐氏六家书后》中说：“今世称善草书者或不能真、行，此大妄也。真生行，行生草，真如立，行如行，草如走，未有未能行立而能走者也。今长安犹有长史真书《郎官石柱记》，作字简远，如晋、宋间人。”[②] 也就是说，书法创作要依据书体的不同，掌握各自的艺术方法，在此，苏轼肯定了艺术之技的重要性。

但是，仅仅强调技与道的重要性是不够的。一般来说，技的发展越充分，象的表现性才会越丰富。不过，如果将技、象、道的关系理解为前后相接的逻辑过程，就过于片面了。对于中国艺术的线来说，从一开始，就不能够也不需要将其发展的过程归于这种螺旋形的上升结构。线不是从一个从感性到理性，从初级到高级的不断运动过程，线的技、线的象以及线的道都只是同一个对象的不同呈现方式，也就是说是同一个事物的不同切面，可以说，线是技，也是

---

① 卢辅圣主编：《中国书画全书》（第一册），上海书画出版社 1993 年版，第 637 页。

② 卢辅圣主编：《中国书画全书》（第四册），上海书画出版社 1993 年版，第 165 页。

象，同时也是道，技即是道，道即是技。所谓道不是隐藏在线的背后，需要透过现象去看本质，实际上，它就是线的现象本身。借用海德格尔的话来说，线就是一种存在，是存在本身的自我实现。海德格尔曾说：“艺术就是自行置入作品的真理。”[①] 我们可以将海德格尔对于艺术是真理的自然呈现的观念加以完善，真理也就是所谓的道，就是艺术本身，它既是美的，也是真理性的，或者呈现为工具，或者呈现为视觉形态，或者呈现为文化观念或者符号，问题在于接受者以怎样的角度来接受它。以绘画来说，20 世纪中国画家以不同的方式，诠释着中国古代艺术线的意义和价值。齐白石将水墨的特性做了进一步发挥，其笔下的虾的形态生动，笔墨浓淡相宜，虾身具有半透明的质感，头部用浓墨进行破墨，形成头与身体的浓淡对比营造出线条的透明感，墨色交融，浓淡相间，层次分明，韵味更足（如图 7.5）。徐悲鸿首次明确以西法改造中国画，特别重视素描的作用，强调光线和造型，讲求对象的解剖结构，他的奔马图以西画与笔墨结合，线条精练准确，由形入神，用简笔勾勒马的轮廓和骨架；用粗黑线条突出马的颈部、腹部、腿部，用浓墨点其胸和肩部肌肉，以凸显其雄壮之力；用浓墨皴其毛和尾，以显飞扬；用淡墨或染或勾以显质感、层次感、立体，干湿浓淡相互呼应衬托，精确、简练地刻画出了马的形体和神态，如《奔马图》（如图 7.6）。黄宾虹是现代山水画一代宗师，晚年画法以黑密厚重、黑里透亮为特色，人称“黑宾虹”，其积墨法独具特色，笔墨厚重浓密，线条风格浑厚华滋。虽用积墨，但层次井然，能以实中见虚的手法，使之实而不塞，满而不闷，虚中有实，实中有虚；虚而不空，实而不塞，气韵生动。潘天寿作山水则用方笔入画，独树一帜，多以隶书与魏碑运笔，多方折而大起大落，布阵严正雄阔，刚劲、挺拔、古拙、生辣，方折的线条形态具有骨力美，同时，笔底指间都流露出“野气”和“霸气”。他一反文人画的“书卷气”和文雅之风，用金钢杵般的笔力去“强其骨”，即使空谷幽兰也以“霸悍”之笔写出，具有鲜明个性。以上这些现代以来的绘画大家一方面继承传统，另一方面吸收外来绘画的精华，捕捉时代的气息，创造出具有自身特点的新形式和新风格，如《黄山汤口》（图 7.7）即是其代表作。

---

① ［德］海德格尔：《海德格尔选集》（上），孙周兴译，生活·读书·新知三联书店 1996 年版，第 259 页。

图 7.5　(现代) 齐白石《群虾图》

图 7.6　(现代) 徐悲鸿《奔马图》

图 7.7　(现代) 黄宾虹《黄山汤口》

20 世纪以来，中国线条艺术的各种实验以及发展，线的载体从书画扩展到设计、装置、影像以及各类新媒体，如果固守以往的本质化或者中心化的观点，线的艺术将无法获得发展。事实证明，在当代文化语境下，只有以开放的观念和发展的心态看待这一艺术元素，它才有可能在将来取得新的变化，我们要做的就是让线本身不要被遮蔽，而要让其敞开无限的可能。

主要参考资料

一、国内专著

（一）研究专著

[1] 杨身源．西方画论辑要［M］．南京：江苏美术出版社，2010.

[2] 林夏水．分形的哲学漫步［M］．北京：首都师范大学出版社，1999.

[3] 宗白华．美学散步［M］．上海：上海人民出版社，1981.

[4] 蒋玄佁．中国绘画材料史［M］．上海：上海书画出版社，1986.

[5] 赵维华．绘画媒介与造型样式——中西传统绘画造型语言比较研究［M］．南宁：广西美术出版社，2008.

[6] 潘天寿．潘天寿论艺［M］．卢炘，选编．上海：上海书画出版社，2010.

[7] 段鹏．传播学基础［M］．北京：中国传媒大学出版社，2006.

[8] 王一川．美学教程［M］．上海：复旦大学出版社，2004.

[9] 邓福星．美术概论［M］．上海：上海人民美术出版社，2009.

[10] 曹之．中国印刷术的起源［M］．武汉：武汉大学出版社，1994.

[11] 潘天寿．潘天寿画论［M］．郑州：河南人民出版社，1999.

[12] 黄宾虹．黄宾虹谈艺录［M］．潘公凯，编．郑州：河南美术出版社，1998.

[13] 黄宾虹．黄宾虹谈艺录［M］．张同标，编．郑州：河南美术出版社，2007.

[14] 黄宾虹．黄宾虹画论［M］．郑州：河南人民出版社，1999.

[15] 周积寅．中国画论辑要［M］．南京：江苏美术出版社，2005.

[16] 沈子丞．历代论画名著汇编［M］．北京：文物出版社，1982.

[17] 潘天寿. 潘天寿美术文集 [M]. 北京：人民美术出版社，1983.
[18] 上海书画出版社、华东师范大学古籍整理研究室. 历代书法论文选 [M]. 上海：上海书画出版社，1979.
[19] 卢辅圣. 中国书画全书 [M]. 上海：上海书画出版社，1993.
[20] 俞剑华. 中国古代画论精读 [M]. 北京：人民美术出版社，2011.
[21] 王伯敏. 书学集成 [M]. 石家庄：河北美术出版社，2002.
[22] 曹宝麟. 中国书法史·宋辽金卷 [M]. 南京：江苏教育出版社，1999.
[23] 陈传席. 中国山水画史 [M]. 天津：天津人民美术出版社，2001.
[24] 葛路. 中国画论史 [M]. 北京：北京大学出版社，2009.
[25] 王伯敏. 中国绘画史 [M]. 北京：文化艺术出版社，2009.
[26] 王朝闻. 中国美术史 [M]. 济南：齐鲁书社，2000.
[27] 屈健. 在传统与现代之间：屈健艺术文集 [M]. 西安：西北大学出版社，2007.
[28] 叶朗. 中国美学史大纲 [M]. 上海：上海人民出版社，1985.
[29] 中国美术学院中国画系. 形神与笔墨 [M]. 杭州：中国美术学院出版社，2008.
[30] 张尧均. 隐喻的身体 [M]. 杭州：中国美术学院出版社，2006.
[31] 金丹元. 比较文化和艺术哲学 [M]. 昆明：云南教育出版社，1989.
[32] 张晓凌. 中国原始艺术精神 [M]. 重庆：重庆出版社，1992.
[33] 朱天曙. 中国书法史 [M]. 北京：文化艺术出版社，2009.
[34] 丛文俊. 中国书法史：先秦·秦代卷 [M]. 南京：江苏教育出版社，2002.
[35] 赵权利. 中国古代绘画技法·材料·工具史纲 [M]. 南宁：广西美术出版社，2006.
[36] 李泽厚. 美的历程 [M]. 天津：天津社会科学院出版社，2002.
[37] 张凤云. 中国古代绘画艺术 [M]. 延边：延边大学出版社，2005.
[38] 王伯敏. 中国美术通史 [M]. 济南：山东教育出版社，1987.
[39] 陈振濂. 书法美学 [M]. 济南：山东人民出版社，2006.
[40] 华人德. 中国书法史：两汉卷 [M]. 南京：江苏教育出版社，1999.
[41] 毛万宝，黄君. 中国古代书论类编 [M]. 合肥：安徽教育出版社，2009.

[42] 潘公凯. 潘天寿谈艺录 [M]. 郑州：河南人民出版社，1999.
[43] 崔尔平. 历代书法论文选续编 [M]. 上海：上海书画出版社，1993 .
[44] 潘运告. 中晚唐五代书论 [M]. 长沙：湖南美术出版社，1997.
[45] 周群，谢建华. 徐渭评传 [M]. 南京：南京大学出版社，2006.
[46] 吕澎. 欧洲现代绘画美学 [M]. 广州：岭南美术出版社，1989.
[47] 俞剑华. 中国画论类编 [M]. 北京：人民美术出版社，1986.
[48] 杨成寅. 造型艺术美学 [M]. 杭州：浙江美术学院出版社，1987.
[49] 迟轲. 西方美术理论文选 [M]. 南京：江苏教育出版社，2005.
[50] 北京大学哲学系中国哲学教研室. 中国哲学史 [M]. 北京：北京大学出版社，2003.
[51] 俞剑华. 中国绘画史 [M]. 南京：东南大学出版社，2009.
[52] 潘运告. 明代画论 [M]. 长沙：湖南美术出版社，2002.
[53] 吕凤子. 中国画法研究 [M]. 上海：上海人民美术出版社，1978.
[54] 宗白华. 艺境 [M]. 北京：北京大学出版社，1987.
[55] 杨大年. 中国历代画论采英 [M]. 南京：江苏教育出版社，2005.
[56] 宗白华. 美学与艺境 [M]. 北京：人民出版社，2009.
[57] 张承安. 中国园林艺术辞典 [M]. 武汉：湖北人民出版社，1994.
[58] 李世葵.《园冶》园林美学研究 [M]. 北京：人民出版社，2010.
[59] 万叶，叶永元. 园林美学 [M]. 北京：中国林业出版社，2001.
[60] 金学智. 中国园林美学 [M]. 北京：中国建筑工业出版社，1990.
[61] 梁思成. 中国建筑史 [M]. 天津：百花文艺出版社，1998.
[62] 潘谷西. 中国建筑史 [M]. 北京：中国建筑工业出版社，2009.
[63] 王子云. 中国雕塑艺术史 [M]. 北京：人民美术出版社，1988.
[64] 顾森. 中国雕塑 [M]. 北京：中国国际广播出版社，2011.
[65] 常任侠. 常任侠文集（卷一）[M]. 合肥：安徽教育出版社，2002.
[66] 梁思成. 中国雕塑史 [M]. 北京：生活·读书·新知三联书店，2011.
[67] 任继愈. 中国哲学史 [M]. 北京：人民出版社，1963.
[68] 侯外庐. 中国思想史纲 [M]. 北京：中国青年出版社，1963.
[69] 徐复观. 中国艺术精神 [M]. 桂林：广西师范大学出版社，2007.
[70] 于安澜. 画论丛刊 [M]. 北京：人民美术出版社，1989.
[71] 翦伯赞. 中国史纲要 [M]. 北京：人民出版社，1983.

[72] 北京大学哲学系. 西方哲学原著选读 [M]. 北京：商务印书馆，1982.

[73] 郭绍虞，王文生. 中国历代文论选 [M]. 上海：上海古籍出版社，2001.

[74] 彭修银. 中国绘画艺术论 [M]. 太原：山西教育出版社，2001.

[75] 曹俊峰. 康德美学引论 [M]. 天津：天津教育出版社，1999.

[76] 刘恒. 中国书法史：清代卷 [M]. 南京：江苏教育出版社，1999.

[77] 韩玮. 线描艺术概论 [M]. 济南：山东大学出版社，1999.

[78] 潘耀昌. 中国美术名作鉴赏辞典 [M]. 杭州：浙江文艺出版社，1999.

[79] 周积寅，王凤珠. 郑板桥年谱 [M]. 济南：山东美术出版社，1991.

[80] 温肇桐. 中国古代画论要籍简介 [M]. 天津：天津人民美术出版社，1980.

[81] 赵永纪. 古代诗话精要 [M]. 天津：天津古籍出版社，1989.

[82] 朱立元. 当代西方文艺理论 [M]. 上海：华东师范大学出版社，2005.

[83] 傅抱石. 中国绘画理论 [M]. 南京：江苏教育出版社，2005.

[84] 郑午昌. 中国画学全史 [M]. 上海：上海书画出版社，1985.

[85] 蔡仲德. 中国古代音乐美学史资料注译 [M]. 北京：人民音乐出版社，1990.

[86] 董欣宾，郑奇. 中国绘画对偶范畴论 [M]. 天津：天津人民美术出版社，2005.

[87] 傅抱石. 傅抱石美术文集 [M]. 叶宗镐，选编. 南京：江苏文艺出版社，1986.

[88] 杨振国. 中国绘画 [M]. 上海：上海人民美术出版社，2005.

[89] 黄念然. 中国古代文艺美学论稿 [M]. 桂林：广西师范大学出版社，2010.

[90] 萧元. 书法美学史 [M]. 长沙：湖南美术出版社，1990.

[91] 伍蠡甫. 中国画论研究 [M]. 北京：北京大学出版社，1983.

[92] 彭修银. 东方美学 [M]. 北京：人民出版社，2008.

[93] 康中乾. 魏晋玄学 [M]. 北京：人民出版社，2008.

[94] 冯友兰. 中国哲学史新编 [M]. 北京：人民出版社，1962.
[95] 王镇远. 中国书法理论史 [M]. 合肥：黄山书店，1990.
[96] 任继愈. 中国哲学史简编 [M]. 北京：人民出版社，1973.
[97] 刘鄂培. 张岱年文集（第六卷）[M]. 清华大学出版社，1995.
[98] 金开诚. 文艺心理学概论 [M]. 北京：人民文学出版社，1998.
[99] 张岱年. 中国哲学大纲 [M]. 北京：中国社会科学出版社，1982.
[100] 邱紫华. 东方美学史 [M]. 北京：商务印书馆，2003.
[101] 佚名. 五十奥义书 [M]. 徐梵澄，译. 北京：中国社会科学出版社，1984.
[102] 巫白惠. 印度哲学：吠陀经探义和奥义书解析 [M]. 上海：东方出版社，2000.
[103] 祁志祥. 中国佛教美学史 [M]. 北京：北京大学出版社，2010.
[104] 王国维. 人间词话 [M]. 上海：上海古籍出版社，1998.

（二）古籍类

[1] 许慎. 说文解字 [M]. 北京：中华书局，1963.
[2] 李民，王健. 尚书译注 [M]. 上海：上海古籍出版社，2004.
[3] 周振甫. 周易译注 [M]. 北京：中华书局，1991.
[4] 杨伯峻. 论语译注 [M]. 北京：中华书局，1980.
[5] 杨伯峻. 孟子译注 [M]. 北京：中华书局，2010.
[6] 陈鼓应. 老子译注及评介 [M]. 北京：中华书局，1984.
[7] 高士奇. 左传纪事本末 [M]. 北京：中华书局，1979.
[8] 罗欣. 物原 [M]. 北京：中华书局，1985.
[9] 郭若虚. 图画见闻志 [M]. 俞剑华，注译. 上海：上海人民美术出版社，1964.
[10] 王气中. 艺概笺注 [M]. 贵阳：贵州人民出版社，1986.
[11] 黄休复. 益州名画录 [M]. 何韫若，林孔翼，注. 成都：四川人民出版社，1982.
[12] 佚名. 宣和画谱 [M]. 俞剑华，注译. 南京：江苏美术出版社，2007.
[13] 王充. 论衡 [M]. 上海：上海人民出版社，1974.

[14] 张彦远. 历代名画记 [M]. 俞剑华，注译. 上海：上海人民美术出版社，1964.
[15] 徐渭. 青藤书屋文集（第一册）[M]. 北京：中华书局，1985.
[16] 周振甫. 诗经译注 [M]. 北京：中华书局，2002.
[17] 沈宗骞. 芥舟学画编（第四卷）[M]. 史怡公，注译. 北京：人民美术出版社，1959.
[18] 姜夔. 续书谱 [M]. 朱友舟，注译. 南京：江苏美术出版社，2008.
[19] 谢赫，姚最. 古画品录·续画品录 [M]. 王伯敏，标点注释. 北京：人民美术出版社，1959.
[20] 何良俊. 四友斋丛说 [M]. 北京：中华书局，1997.
[21] 董其昌. 画禅室随笔 [M]. 屠友祥，校注. 南京：江苏教育出版社，2005.
[22] 吴光田. 黄庭坚书论全辑注 [M]. 石家庄：河北教育出版社，2008.
[23] 董平. 陈亮文萃 [M]. 杭州：浙江古籍出版社，2006.
[24] 计成. 园冶 [M]. 陈植，注释. 北京：中国建筑工业出版社，1988.
[25] 钱泳. 履园丛话 [M]. 上海：上海古籍出版社，2012.
[26] 桓谭. 新论 [M]. 上海：上海人民出版社，1977.
[27] 荆浩. 笔法记 [M]. 王伯敏，注译. 北京：人民美术出版社，1963.
[28] 徐震堮. 世说新语校笺 [M]. 北京：中华书局，1984.
[29] 宗炳，王微. 画山水序·叙画 [M]. 陈传席，译解. 北京：人民美术出版社，1985.
[30] 郦道元. 水经注 [M]. 北京：商务印书馆，1958.
[31] 叶燮，沈德潜. 原诗 说诗晬语 [M]. 孙之梅，周芳，批. 南京：凤凰出版集团，2010.
[32] 陈鼓应. 庄子今注今译 [M]. 北京：中华书局，1983.
[33] 苏易简. 文房四谱 [M]. 北京：中华书局，1985.
[34] 李渔. 闲情偶寄 [M]. 单锦珩，校点. 杭州：浙江古籍出版社，1985.
[35] 周振甫. 文心雕龙今译 [M]. 北京：中华书局，1986.
[36] 朱熹. 四书集注 [M]. 陈戍国，点校. 长沙：岳麓书社，2004.
[37] 楼宇烈. 荀子新注 [M]. 北京：中华书局，2018.
[38] 郭朋. 坛经校释 [M]. 北京：中华书局，1983.

[39] 楼鉴明，洪丕谟．历代书论选注［M］．上海：复旦大学出版社，1987.
[40] 陈一平．淮南子校注校译［M］．广州：广东人民出版社，1994.
[41] 黄寿祺，张善文．周易译注［M］．上海：上海古籍出版社，2007.
[42] 国语·战国策［M］．李维琦，标点．长沙：岳麓书社，1988.
[43] 管子．管子［M］．房玄龄，注．上海：上海古籍出版社，2015.
[44] 杨天宇．礼记译注（下）［M］．上海：上海古籍出版社，1997.
[45] 周礼·仪礼·礼记［M］．陈戍国，点校．长沙：岳麓书社，1988.
[46] 林尹．周礼今注今译［M］．北京：书目文献出版社，1985.
[47] 辛战军．老子译注［M］．北京：中华书局，2008.
[48] 姜涛．管子新注［M］．济南：齐鲁书社，2006.
[49] 张载．张载集［M］．章锡琛，点校．北京：中华书局，1978.
[50] 黎靖德．朱子语类［M］．王星贤，点校．北京：中华书局，1986.
[51] 程颢，程颐．二程遗书［M］．上海：上海古籍出版社，1992.
[52] 邵雍．皇极经世［M］．郑州：中州古籍出版社，2007.
[53] 周振甫．诗品译注［M］．北京：中华书局，1998.
[54] 陈秋平，尚荣译注．金刚经·心经·坛经［M］．北京：中华书局，2007.
[55] 姚鼐．惜抱轩全集［M］．北京：中国书店，1991.
[56] 康有为．广艺舟双楫［M］．崔尔平，校注．上海：上海书画出版社，2005.
[57] 石涛．石涛画语录［M］．俞剑华，注译．南京：江苏美术出版社，2007.
[58] 王先谦．庄子集解［M］．上海：上海书店，1986.
[59] 王先谦．荀子集解［M］．北京：中华书局，1981.
[60] 金学智．书概评注［M］．上海：上海书画出版社，2007.
[61] 朱熹．四书章句集注［M］．北京：中华书局，1983.
[62] 洪丕谟．书论选读［M］．郑州：河南美术出版社，1988.
[63] 郭庆藩．庄子集释［M］．北京：中华书局，1983.
[64] 朱谦之．老子校释［M］．北京：中华书局，1984.
[65] 姚燧．牧庵集［M］．北京：中华书局，1985.

二、国外专著

[1] 赫伯特·里德. 艺术的真谛 [M]. 王柯平，译. 沈阳：辽宁人民出版社，1987.

[2] 达·芬奇. 芬奇论绘画 [M]. 戴勉，编译. 北京：人民美术出版社，1986.

[3] 威廉·荷加斯. 美的分析 [M]. 杨成寅，译. 北京：人民美术出版社，1984.

[4] 亚里士多德. 诗学 [M]. 陈中梅，译. 北京：商务印书馆，1996.

[5] 鲁道夫·阿恩海姆. 艺术与视知觉 [M]. 滕守尧，朱疆源，译. 成都：四川人民出版社，1998.

[6] 海因里希·沃尔夫林. 艺术风格学——美术史的基本概念 [M]. 潘耀昌，译. 北京：中国人民大学出版社，2004.

[7] 麦克卢汉. 理解媒介——论人的延伸 [M]. 何道宽，译. 北京：商务印书馆，2000.

[8] 海德格尔. 诗·语言·思 [M]. 彭富春，译. 北京：文化艺术出版社，1991.

[9] 杜威. 艺术即经验 [M]. 高建平，译. 北京：商务印书馆，2007.

[10] 沃林格. 抽象与移情 [M]. 王才勇，译. 沈阳：辽宁人民出版社，1987.

[11] 熊秉明. 中国书法理论体系 [M]. 天津：天津教育出版社，2002.

[12] 普列汉诺夫. 普列汉诺夫美学论文集 [M]. 曹葆华，译. 北京：人民出版社，1983.

[13] 博厄斯. 原始艺术 [M]. 金辉，译. 上海：上海文艺出版社，1989.

[14] 列维·布留尔. 原始思维 [M]. 丁由，译. 北京：商务印书馆，2004.

[15] 贡布里希. 秩序感——装饰艺术的心理研究 [M]. 范景中，杨思梁，徐一维，译. 长沙：湖南科学技术出版社，1999.

[16] 列维·斯特劳斯. 野性的思维 [M]. 李幼蒸，译. 北京：商务印书馆，1987.

[17] 塔塔科维兹. 古代美学 [M]. 杨力，等译. 北京：中国社会科学出版社，1990.

[18] 沃林格尔. 哥特形式论 [M]. 张坚，周刚，译. 杭州：中国美术学院出版社，2004.

[19] 贡布里希. 艺术与错觉 [M]. 林夕，等译. 杭州：浙江摄影出版社，1987.

[20] 恩斯特·卡西尔. 人论 [M]. 甘阳，译. 上海：上海译文出版社，1985.

[21] 柏拉图. 文艺对话集 [M]. 朱光潜，译. 北京：人民文学出版社，1980.

[22] 格罗塞. 艺术的起源 [M]. 蔡慕晖，译. 北京：商务印书馆，1984.

[23] 潘诺夫斯基. 图像学研究 [M]. 戚印平，范景中，译. 上海：上海三联书店，2011.

[24] 文杜里. 西方艺术批评史 [M]. 迟柯，译. 海口：海南人民出版社，1987.

[25] 苏立文. 东西方美术的交流 [M]. 陈瑞林，译. 南京：江苏美术出版社，1998.

[26] 狄德罗. 狄德罗美学论文选 [M]. 张冠尧，桂裕芳，译. 北京：人民文学出版社，2008.

[27] 康定斯基. 康定斯基论点线面 [M]. 罗世平，等译. 北京：中国人民大学出版社，2003.

[28] 黑格尔. 美学（第三卷）[M]. 朱光潜，译. 北京：商务印书馆，1979.

[29] 汤森德. 美学导论 [M]. 王柯平，等译. 北京：高等教育出版社，2005.

[30] 门罗. 西方美学简史 [M]. 高建平，译. 北京：北京大学出版社，2006.

[31] 黑格尔. 逻辑学（上卷）[M]. 杨一之，译. 北京：商务印书馆，1966.

[32] 亚里士多德. 形而上学 [M]. 吴寿彭，译. 北京：商务印书馆，1959.

[33] 康德. 判断力批判 [M]. 邓晓芒，译. 北京：人民出版社，2002.

[34] 席勒. 审美教育书简 [M]. 冯至，范大灿，译. 北京：北京大学出版

社，1985.

[35] 白谦慎. 傅山的世界——十七世纪中国书法的嬗变 [M]. 孙静如，等译. 北京：生活·读书·新知三联书店，2006.

[36] 铃木大拙. 禅与生活 [M]. 刘大悲，译. 北京：光明日报出版社，1988.

[37] 胡伊青加. 人：游戏者——对文化中游戏因素的研究 [M]. 成穷，译. 贵阳：贵州人民出版社，1998.

[38] 苏珊·朗格. 情感与形式 [M]. 刘大基，等译. 北京：中国社会科学出版社，1986.

[39] 亚里士多德. 诗学 [M]. 罗念生，译. 北京：人民文学出版社，1982.

[40] 海德格尔. 海德格尔选集 [M]. 孙周兴，译. 北京：生活·读书·新知三联书店，1996.

三、期刊论文

[1] 胡晓英. 视觉艺术与眼球生理 [J]. 中国实用眼科杂志，2005 (4)：331-334.

[2] 何迈. 论点与线的审美价值 [J]. 合肥工业大学学报（社会科学版），1990 (1)：27-32.

[3] 张晶. 艺术媒介论 [J]. 文艺研究，2011 (12)：50-58.

[4] 杜书瀛. 论媒介及其对审美—艺术的意义 [J]. 文学评论，2007 (4)：17-41.

[5] 李倍雷. 视觉心像成因元素：中国画的工具材料与基本技法研究 [J]. 书画艺术，2011 (6)：22-26.

[6] 朱志荣. 中国岩画的线性特征 [J]. 艺术学界，2009 (1)：97-102.

[7] 曾成钢. 青铜艺术的启示 [J]. 新美术，1994 (2)：41-43.

[8] 薛永年. 国画与国学 [J]. 美术观察，2008 (3)：8-9.

[9] 樊波. 中国书画笔墨属性内涵的基本规定 [J]. 艺术百家，2012 (2)：29-134.

[10] 陈龙海. “线的艺术”文化寻根 [J]. 华中师范大学学报（人文社会科学版），2005 (1)：15-21.

[11] 张丽华. 线 [J]. 齐鲁艺苑，1989 (3)：17-21.

[12] 刘曦林. 写意与写意精神 [J]. 美术研究，2008 (4)：56-62.

[13] 魏东. 古今绘画用线之比较 [J]. 文艺争鸣，2010 (9)：165-166.

[14] 潘勤. 从“线”的意义看中西绘画价值体系之别 [J]. 文艺争鸣，2010 (10)：20-24.

[15] 梁彤. 线的魅力——论中国书画的用笔 [J]. 艺术百家，2007 (3)：186-188.

[16] 董文运. 书法入画论 [J]. 新美术，1997 (4)：19-24.

[17] 徐书城. 书画同源辨——原始艺术的释义问题 [J]. 美术研究，1998 (2)：48-50.

[18] 罗世平. 线描：中国画文脉传承的基石 [J]. 美术研究，2008 (4)：121-122.

[19] 张锡坤. 气韵范畴考辨 [J]. 中国社会科学，2000 (2)：154-209.

[20] 李志刚. 以书入画的文化内涵与美学意蕴 [J]. 浙江学刊，2009 (6)：93-97.

[21] 成玉宁. 中国古典园林审美的基本特征 [J]. 东南文化，1993 (1)：272-284.

[22] 滕宗骞. 形神观：中国传统文化的缩影 [J]. 甘肃理论学刊，1993 (3)：60-64.

[23] 徐书城. 论程式化 [J]. 美术研究，1993 (1)：51-57.

[24] 罗莹. “线形象”的起源与功能 [J]. 武汉理工大学学报（社会科学版），2008 (4)：622-625.

[25] 朱良志. 八大山人绘画的“怪诞”问题 [J]. 文艺研究，2008 (8)：101-109.

[26] 刘凌沧. 中国人物画的线描 [J]. 美术，1977 (6)：15-16.

[27] 陈绶祥. 国画的视觉机制 [J]. 美术观察，2008 (3)：97-99.

[28] 邓福星. 绘画中的抽象因素——中国绘画中的笔墨情趣和离形得似 [J]. 文艺研究，1983 (3)：110-120.

[29] 张锡坤，王景海. 心地妙用——中国禅阐释 [J]. 社会科学战线，1992 (4)：131-135.

[30] 朱宇南. 论线描人物画的形式美及其追求 [J]. 福建师范大学学报

(哲学社会科学版)，1993 (4)：132-137.

[31] 郁沅．艺术形神论之三派 [J]．文艺研究，1989 (6)：35-41.

[32] 胡经之．论审美体验 [J]．北京大学学报 (哲学社会科学版)，1986 (4)：1-9.

[33] 刘纲纪．中西美学比较方法论的几个问题 [J]．文艺研究，1985 (1)：9-12.

[34] 潘公凯．中、西传统绘画的心理差异 [J]．新美术，1985 (3)：20-23.

[35] 张哲，屈健．论中国画线描的表现特色及其审美内涵 [J]．文艺研究，2011 (10)：143-144.

[36] 朱生坚．气韵在中国古代美学中的发展 [J]．社会科学，2002 (2)：75-78.

[37] 杨道圣．趣味的难题与时尚 [J]．文艺研究，2009 (5)：51-57.

[38] 张岱年．中国哲学中“天人合一”思想的剖析 [J]．北京大学学报 (哲学社会科学版)，1985 (1)：1-8.

[39] 张立文．合和艺术哲学论纲 [J]．文史哲，2002 (6)：39-46.

[40] 张立文．关于和合美学体系的构想 [J]．文艺研究，1996 (6)：43-55.

[41] 汤一介．论天人合一 [J]．中国哲学史，2005 (2)：5-10.

[42] 张立文．中国文化的精髓——和合学源流的考察 [J]．中国哲学史，1996 (1)：43-57.

[43] 达照．“梵我一如”的演绎及其意义 [J]．南亚研究，2001 (1)：67-72.

[44] 卢辅圣．二十世纪书法史鸟瞰 [J]．文艺研究，1998 (5)：102-110.

[45] 顾黎明．线论——绘画中线的呈现 [D]．杭州：中国美术学院，2009.

[46] 吴为山．我看中国雕塑艺术的风格特质 [J]．文艺研究，2005 (6)：122-126.

后　记

本书是基于我的博士学位论文整理修改后而成的。博士毕业至今已有数载，我一直存有将博士论文整理出版的愿望，今有幸得到湖北省社科基金一般项目和教育部人文社科基金青年项目等基金项目的支持，为此书的出版提供了契机。在获得基金支持后，我便着手对博士论文进行修改，力图将论文的结构进一步完善，在细节上进一步斟酌，在论点的阐述上仔细推敲。关于线的理论化阐释存在着诸多困难，用范畴的理论话语体系来观照一种造型语言，这实属是一种挑战，尤其是面对中国古代艺术的宝库，内容的丰富以及材料的浩繁往往都会让人望而却步。以跨越性的视角在普遍意义上来分析其中所隐含的规律，更是增加了研究的难度。虽然面对诸多困难，师友们仍鼓励我进行勇敢的尝试，实在不敢说自己在这方面的研究能达到何种高度，只是深感这个问题确有挖掘的必要。当前，弘扬中华传统文化精神已成为整个社会的共识，因此，通过审美范畴的视角，研究作为中国古代艺术造型语言的线，形成某种理论认识的框架，为传统文化的研究提供一种视角，即是本书的写作目的所在。书稿的整理修改，一直与自己的日常工作交错而行，给自己的心力提出了极大的挑战，我时时感到无形的压力，但是，无形的责任也督促着我继续前行。

书稿的出版得到了诸多良师益友的指导和帮助。感谢我的导师彭修银教授，博士在读期间，我的博士学位论文写作就得到了先生的诸多提点，之后在此书稿内容写作上先生又给予了大量指导，花费了大量心血，先生对学生循循善诱之心至今难以忘怀。感谢华中师范大学出版社的领导和编辑，他们针对书稿具体细节提出了许多宝贵意见，为书稿的完善花费了不少心力。还要感谢华中师范大学美术学院的领导和老师，他们的鼓励与支持，始终鞭策着我不敢有丝毫懈怠。

喻　颖

2020 年 11 月于桂子山

后　记